精品课程配套教材
21世纪应用型人才培养"十四五"规划教材
"双创"型人才培养优秀教材

Bootstrap 技术教程

主　编　段巧灵　钟　军　万晓明

Bootstrap
JISHU
JIAOCHENG

湖南大学出版社·长沙

内 容 简 介

本书共 7 章,包括初识 Bootstrap、Bootstrap4 布局、CSS 通用样式、Bootstrap 组件(上)、Bootstrap 组件(下)、Bootstrap 插件、项目实训——学院网站项目等内容。

本书可作为高等院校计算机专业的教材和计算机从业人员的参考书,也可作为前端框架设计爱好者和 Bootstrap 技术的初学者自学用书。

图书在版编目(CIP)数据

Bootstrap 技术教程/段巧灵,钟军,万晓明主编. — 长沙:湖南大学出版社,2021.1

ISBN 978-7-5667-2061-0

Ⅰ.①B… Ⅱ.①段… ②钟… ③万… Ⅲ.①程序语言-程序设计-教材 Ⅳ.①TP312

中国版本图书馆 CIP 数据核字(2020)第 221919 号

Bootstrap 技术教程
Bootstrap JISHU JIAOCHENG

主　　编：	段巧灵　钟　军　万晓明
责任编辑：	张建平
印　　装：	北京俊林印刷有限公司
开　　本：	787 mm×1092 mm　1/16　印张：19.5　字数：463 千
版　　次：	2021 年 1 月第 1 版　印次：2021 年 1 月第 1 次印刷
书　　号：	ISBN 978-7-5667-2061-0
定　　价：	48.00 元

出 版 人：李文邦
出版发行：湖南大学出版社
社　　址：湖南·长沙·岳麓山　邮　　编：410082
电　　话：0731-88822559(发行部),88820006(编辑室),88821006(出版部)
传　　真：0731-88822264(总编室)
网　　址：http://www.hnupress.com
电子邮箱：371771872@qq.com

版权所有,盗版必究
图书凡有印装差错,请与发行部联系

《Bootstrap 技术教程》
编写委员会

主　编：段巧灵　钟　军　万晓明

副主编：谢　倩　张　莉　刘灵敏　封　莉

　　　　杨　帆　钟　琨　黄　琨　谢莉莉

　　　　刘绍廷　杨孟英　宋超然

前　言

Bootstrap 是目前最受欢迎的前端框架之一。Bootstrap 基于 HTML、CSS、JAVASCRIPT，它简洁灵活，使得 Web 开发更加快捷，因此深受广大前端开发人员的喜爱。Bootstrap 是 2011 年 8 月在 GitHub 上发布的开源产品。目前使用较广的是版本 3 和版本 4，其中 Bootstrap3 的最新版本是 3.3.7，Bootstrap4 的最新版本是 4.4.1。市面上关于 Bootstrap 的图书较多的还是 Bootstrap3，本书以 Bootstrap4.4.1 为基础进行讲解。

本书内容简明易懂，循序渐进，实例丰富实用，每个知识点都结合具体实例来展示其效果。每章最后还配有综合案例。全书共 7 章。

第 1 章介绍 Bootstrap4 的历史由来、特性、Bootstrap 的下载，以及如何在项目中使用 Bootstrap。

第 2 章介绍 Bootstrap4 的布局容器、网格系统的工作原理及应用，包括自动布局、响应式网格、重排序、列偏移、列嵌套等。最后用一个电商网站商品展示的案例演示了网格系统的实际应用。

第 3 章介绍 Bootstrap4 的通用样式，包括排版、列表、代码、图片、Flex 布局、表格和工具类等。最后用一张个人简历网页的案例演示了 CSS 样式的实际应用。

第 4 章介绍 Bootstrap4 的组件，包括按钮、按钮组、下拉菜单、导航、导航栏、面包屑导航和巨幕。最后介绍如何使用导航等组件模仿实现某高校网站首页导航效果。

第 5 章介绍 Bootstrap4 的其他组件，包括分页、表单、输入框组、徽章、警告框、进度条、列表组、卡片和媒体。最后介绍如何使用卡片等组件模仿实现某科技网站游戏案例推荐效果。

第 6 章介绍 Bootstrap 框架中各 JavaScript 插件的使用，包括警告框、按钮、轮播、折叠、模态框、下拉菜单、工具提示、弹窗、滚动监听、选项卡。最后的案例实现了仿当当图书推荐区。

第 7 章以一个综合案例详细讲解如何从零开始搭建一个具体的 Bootstrap 网站——某学院官网首页的制作。

本书由长期教授 Web 前端设计课程、具有丰富教学经验的一线教师编写。本书除了可用作高等院校计算机专业的教材和参考书外，还可作为计算机从业人员的参考书，也适合作为前端框架设计爱好者和 Bootstrap 技术初学者的自学用书。

在本书的编写过程中，参考和引用了许多专家、学者的著作，在书中未能一一注明。在此谨向相关参考文献的作者表示衷心的谢意。限于编者的水平，本书难免存在不足和不当之处，恳请读者批评指正。

编　者

2020 年 7 月

目　录

第1章　初识 Bootstrap ······ 1
1.1　Bootstrap 概述 ······ 1
1.2　Bootstrap 特性 ······ 1
1.3　下载 Bootstrap ······ 2
1.4　安装 Bootstrap ······ 5
1.5　Bootstrap 应用浏览 ······ 6
1.6　第一个 Bootstrap 实例 ······ 8
1.7　本章小结 ······ 10

第2章　Bootstrap4 布局 ······ 11
2.1　布局基础 ······ 11
2.2　网格系统 ······ 17
2.3　案例：电商网站商品展示 ······ 30
2.4　本章小结 ······ 34

第3章　CSS 通用样式 ······ 35
3.1　排版 ······ 35
3.2　列表 ······ 43
3.3　代码 ······ 48
3.4　图片 ······ 49
3.5　Flex 布局 ······ 52
3.6　表格 ······ 69
3.7　工具类 ······ 85
3.8　案例：制作个人简历网页 ······ 101
3.9　本章小结 ······ 105

第4章　Bootstrap 组件（上） ······ 107
4.1　按钮 ······ 107

4.2 按钮组 ……………………………………………………………………………… 111
4.3 下拉菜单 …………………………………………………………………………… 116
4.4 导航 ………………………………………………………………………………… 124
4.5 导航栏 ……………………………………………………………………………… 132
4.6 面包屑导航 ………………………………………………………………………… 142
4.7 巨幕 ………………………………………………………………………………… 144
4.8 案例：仿某高校网站首页导航 …………………………………………………… 146
4.9 本章小结 …………………………………………………………………………… 151

第 5 章 Bootstrap 组件（下） ……………………………………………………… 153
5.1 分页 ………………………………………………………………………………… 153
5.2 表单 ………………………………………………………………………………… 158
5.3 输入框组 …………………………………………………………………………… 168
5.4 徽章 ………………………………………………………………………………… 173
5.5 警告框 ……………………………………………………………………………… 177
5.6 进度条 ……………………………………………………………………………… 180
5.7 列表组 ……………………………………………………………………………… 186
5.8 卡片 ………………………………………………………………………………… 192
5.9 媒体 ………………………………………………………………………………… 210
5.10 案例：仿白鹭科技网站游戏案例推荐 ………………………………………… 215
5.11 本章小结 ………………………………………………………………………… 219

第 6 章 Bootstrap 插件 ……………………………………………………………… 221
6.1 插件概述 …………………………………………………………………………… 221
6.2 警告框 ……………………………………………………………………………… 223
6.3 按钮 ………………………………………………………………………………… 225
6.4 轮播 ………………………………………………………………………………… 228
6.5 折叠 ………………………………………………………………………………… 235
6.6 模态框 ……………………………………………………………………………… 242
6.7 下拉菜单 …………………………………………………………………………… 251
6.8 工具提示 …………………………………………………………………………… 255
6.9 弹窗 ………………………………………………………………………………… 262
6.10 滚动监听 ………………………………………………………………………… 268
6.11 选项卡 …………………………………………………………………………… 272

6.12 案例：仿当当图书推荐区 ……………………………………………… 277
6.13 本章小结 ……………………………………………………………… 282

第7章 项目实训——学院网站项目 ………………………………………… 284
7.1 项目设计概述 …………………………………………………………… 284
7.2 页面布局设计 …………………………………………………………… 285
7.3 logo 与站内搜索框的制作 …………………………………………… 286
7.4 导航栏的制作 …………………………………………………………… 288
7.5 新闻图片轮播的制作 …………………………………………………… 291
7.6 通知公告列表和学校新闻列表卡片的制作 …………………………… 292
7.7 快速通道的制作 ………………………………………………………… 296
7.8 专题网站的制作 ………………………………………………………… 298
7.9 底部链接及版权信息的制作 …………………………………………… 300

参考文献 ……………………………………………………………………… 304

第1章

初识 Bootstrap

本章将介绍 Bootstrap 框架的基本概念,并对 Bootstrap 的使用进行讲解。

1.1 Bootstrap 概述

Bootstrap 是由美国 Twitter 公司开发的一种前端框架,用来快速开发响应式布局、移动设备优先的 Web 项目。Bootstrap 基于 HTML、CSS、JAVASCRIPT,它简洁灵活,使得 Web 开发更加快捷,是目前最受欢迎的前端框架之一。

Bootstrap 提供了优雅的 HTML 和 CSS 规范,它由动态 CSS 语言 Less 写成。Bootstrap 一经推出后颇受欢迎,一直是 GitHub 上的热门开源项目,包括 NASA 的 MSNBC(微软全国广播公司)的 Breaking News 都使用了该项目。许多优秀的前端框架如 WeX5 等,也是基于 Bootstrap 源码进行性能优化而来。目前使用比较广的是版本 3 和 4,其中 Bootstrap3 的最新版本是 v3.4.1, Bootstrap4 的最新版本是 v4.4.1。

Bootstrap 框架中提供了丰富的 Web 组件,包括字体图标、下拉菜单、输入框组、导航、警告框、列表组、媒体对象、面板等组件,开发人员可以使用这些组件快速搭建一个漂亮、完备的网站。

Bootstrap 框架还自带了多个 jQuery 功能插件,包括模态框、下拉菜单、滚动监听、标签页、工具提示、折叠、轮播等插件,这些插件为组件赋予了"生命",主要用来帮助开发者实现与用户进行交互的功能。

开发人员还可以根据实际需求,通过自定义 Bootstrap 组件、Less 变量和 jQuery 插件,定制一份属于自己的 Bootstrap 版本。

1.2 Bootstrap 特性

Bootstrap 是非常优秀的前端开发工具包,主要有以下特色:

(1)移动设备优先

现在越来越多的用户使用移动设备,为了让 Bootstrap 开发的网站对移动设备友好,自 Bootstrap3 版本开始,设计目标是移动设备优先,然后才是桌面设备。Bootstrap 框架包含了贯穿于整个库的移动设备优先的样式。

（2）响应式Web设计

响应式Web设计是指让用户通过各种尺寸的设备浏览网站获得良好的视觉效果的方法。Bootstrap提供了完整的响应式特性，所有的组件都能自适应台式机、平板电脑和手机，从而提供良好的用户体验。

（3）浏览器支持

目前主流的新版本的浏览器都支持Bootstrap，如IE、Firefox、Google等浏览器。但是一些低版本的浏览器如IE8以下的版本是不支持Bootstrap的。

（4）容易上手

Bootstrap适应不同技术水平的从业者，只需具备HTML、CSS和JavaScript的基础知识即可。使用Bootstrap可以开发出简单的应用，也能构建更为复杂的系统。

（5）网格布局

Bootstrap拥有一个强大的移动优先的网格系统，随着屏幕或视口（viewport）尺寸的增加，系统会自动分为最多12列，使用该系统可以用来创建各种形状和尺寸的布局。

（6）丰富的组件及插件

Bootstrap框架中提供了丰富的Web组件和插件，开发人员可以使用这些组件快速搭建一个漂亮、完备的网站，而这些插件为组件赋予了"生命"，主要用来帮助开发者实现与用户进行交互的功能。

（7）使用LESS构建动态样式

LESS是一门CSS预处理语言，它扩展了CSS语言，增加了变量、Mixin、函数等特性。使用LESS，编辑CSS就可以像使用编程语言一样，可以编写更灵活的CSS样式表。

（8）支持HTML5和CSS3

Bootstrap支持HTML5标签和语法，也支持CSS3所有属性和标准。

（9）开源

Bootstrap是开源的，项目托管于GitHub（http：//github.com/），并借助GitHub平台实现社区化开发和共建。

1.3 下载Bootstrap

Bootstrap提供了几个快速上手的方式，每种方式都针对不同级别的开发者和不同的使用场景。Bootstrap压缩包包含两个版本，一个是供学习使用的完整版，另一个是供直接引用的编译版。

1.3.1 下载Bootstrap

Bootstrap的官网是http：//www.getbootstrap.com/，界面如图1.1所示。可以在官网下载最新的版本和详细的使用说明文档。

第 1 章 初识 Bootstrap

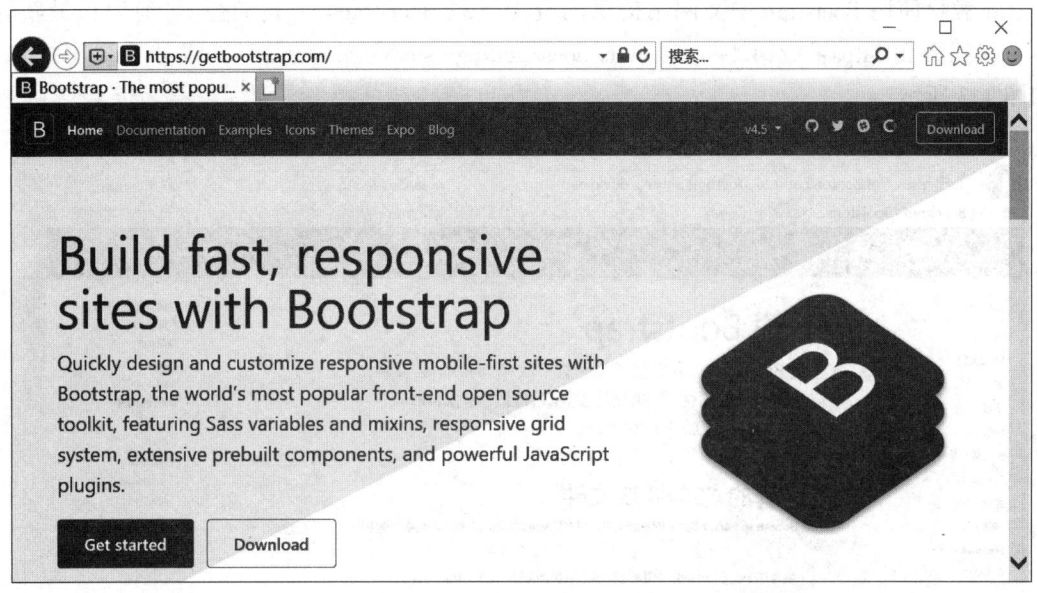

图 1.1　Bootstrap 官网

也可以在 Bootstrap 中文网站 http：//www.bootcss.com/上下载所需要版本的工具包，界面如图 1.2 所示。

图 1.2　Bootstrap 中文网

— 3 —

本教材使用 Bootstrap 中文网站提供的资源下载 Bootstrap4.4.1，它是目前为止最新版本。找到页面 https：//v4.bootcss.com/docs/getting-started/download/，即可下载压缩包，如图1.3所示。

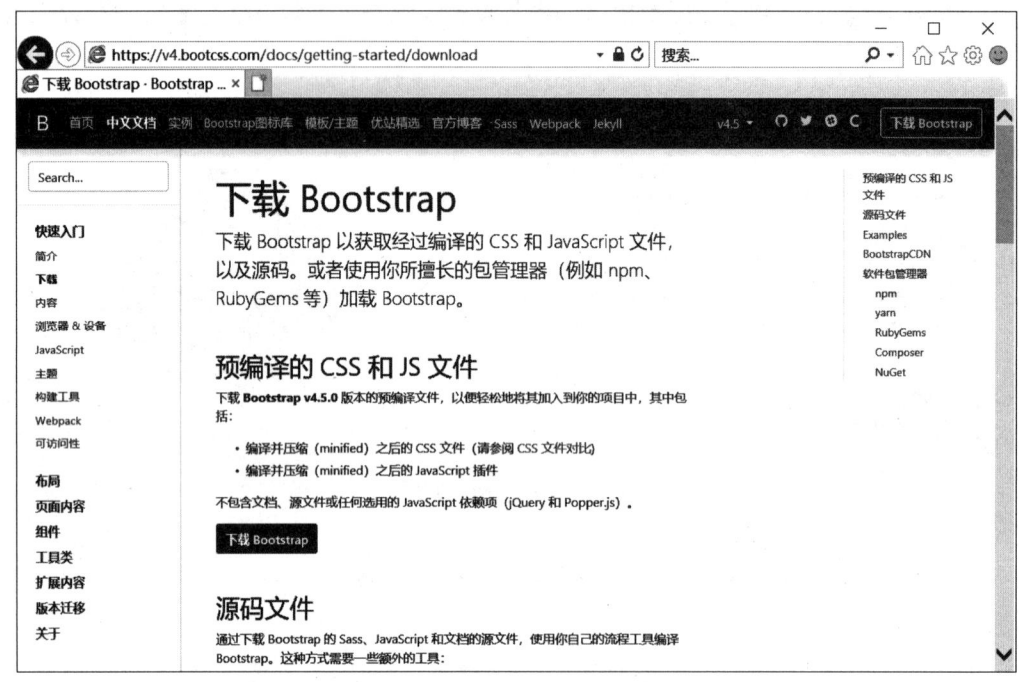

图1.3 Bootstrap4 下载页面

在图1.3中，点击"下载 Bootstrap"按钮，可以下载得到经过编译、压缩后的发布版，文件名为"bootstrap-4.4.1-dist.zip"的压缩包。点击"下载源文件"按钮，可以下载得到包含 Bootstrap 库中的所有源文件以及参考文档，文件名为"bootstrap-4.4.1.zip"的压缩包。

1.3.2 目录结构

上面下载得到的2个不同的压缩包，解压后的目录结构也是不同的。下面针对两种不同下载方式下得到的文件解压后的目录结构进行简单说明。

（1）编译版 Bootstrap 的文件结构

Bootstrap4.4.1编译版包中包含 css 和 js 文件夹。将文件夹展开后如图1.4所示。

在 css、js 文件夹中都提供了两种类型的文件，压缩的和未压缩的文件。其中 bootstrap.*是预编译的文件，bootstrap.min.*是编译且压缩后的文件，用户可以根据需要选择引用。bootstrap.*.map 格式的文件，是 Source map 文件，需要在特定的浏览器开发者工具下才可使用。

（2）源码版 Bootstrap 的文件结构

Bootstrap4.4.1源代码包中包含了预编译的 CSS 和 JavaScript 资源，以及源 Sass、JavaScript、例子和文档，核心结构如图1.5所示，说明如下。

①dist 文件夹：包含了编译版 Bootstrap4.4.1 包中的所有文件。
②docs 文件夹：是开发者文件夹。
③examples 文件夹：是 Bootstrap 例子文件夹。
④scss 文件夹：CSS 源码文件夹。
⑤js 文件夹：JavaScript 源码文件夹。

其他文件则是对整个 BootStrap 4.4.1 开发、编译提供支持的文件以及授权信息和支持文档。

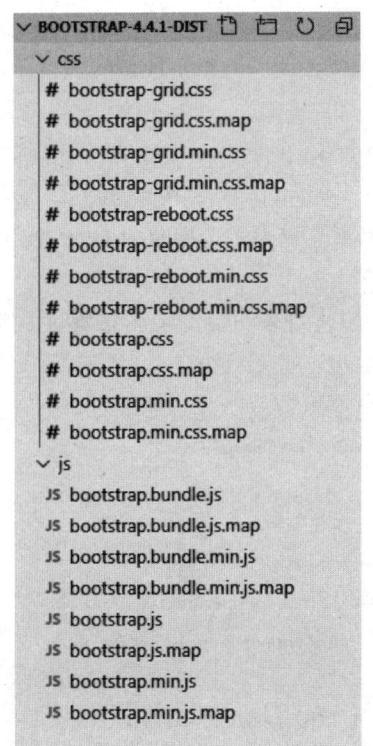

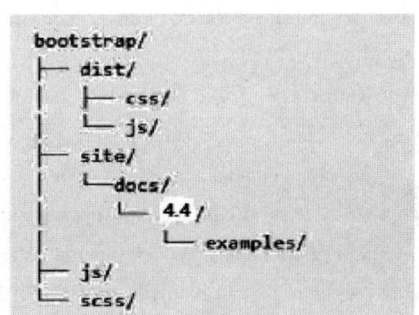

图 1.4　Bootstrap4.4.1 编译版包文件结构　　图 1.5　Bootstrap4.4.1 源代码包核心文件结构

1.4　安装 Bootstrap

在网站中使用 Bootstrap，需要在页面中引入相应的 Bootstrap 样式表文件和 jQuery 插件。下面介绍一个使用了 Bootstrap 的基本 HTML 模板，代码如下：

```
<! DOCTYPE html>
<html lang=" en">
<head>
    <meta charset=" UTF-8">
    <meta name=" viewport" content=" width=device-width, initial-scale=1.0">
```

```
        <title>Document</title>
        <link href="bootstrap/css/bootstrap.css" rel="stylesheet">
        <script src="bootstrap/js/jquery.js"></script>
        <script src="bootstrap/js/Popper.js"></script>
        <script src="bootstrap/js/bootstrap.js"></script>
    </head>
    <body>
    </body>
</html>
```

上面代码中，使用 link 标签引入 bootstrap.css 文件，使用 script 标签引入了 jquery.js、Popper.js、bootstrap.js 文件。

其中，jquery.js 是 jQuery 库基础文件；Popper.js 是一些 Bootstrap 插件依赖的文件，例如，弹窗插件、工具提示插件、下拉菜单插件等；bootstrap.js 是 Bootstrap 的 jQuery 插件的源文件。所以一定要注意把 jquery.js 文件和 Popper.js 文件在 bootstrap.min.js 文件之前引用。

另外，可以使用 CDN 加速服务。访问速度快，加速效果明显。国内推荐使用 Staticfile CDN 上的库。具体代码如下：

```
<!--新 Bootstrap4 核心 CSS 文件-->
<link rel="stylesheet" href="https://cdn.staticfile.org/twitter-bootstrap/4.4.1/css/bootstrap.min.css">
<!-- jQuery 文件。务必在 bootstrap.min.js 之前引入 -->
<script src="https://cdn.staticfile.org/jquery/3.2.1/jquery.min.js"></script>
<!-- bootstrap.bundle.min.js 用于弹窗、提示、下拉菜单,包含了 popper.min.js -->
<script src="https://cdn.staticfile.org/popper.js/1.15.0/umd/popper.min.js"></script>
<!--最新的 Bootstrap4 核心 JavaScript 文件 -->
<script src=https://cdn.staticfile.org/twitter-bootstrap/4.4.1/js/bootstrap.min.js>
</script>
```

1.5 Bootstrap 应用浏览

自从 Bootstrap 在 Github 上开源之后，互联网上涌现的很多优秀的网站都是基于 Bootstrap 建设的。目前使用 Bootstrap 的著名案例有 NASA 和 MSNBC 的 breaking News。另外很多 CMS 系统也在使用 Bootstrap 框架，比如 WordPress、Drupal 等。如果希望了解更多的 Bootstrap 案例，可以参考 Bootstrap 优站精选 https://www.youzhan.org/。

下面介绍三种不同的国内网站，分别从不同方面展示了 Bootstrap 在开发中的应用效果。

(1) 白鹭时代 (https://www.egret.com/)

白鹭时代 (Egret Technology) 是一家技术公司网站，致力于 HTML5 引擎技术和工具研发、H5 游戏制作。页面整体效果美观、大方，如图 1.6 所示。

图 1.6　白鹭时代网站首页

（2）乐鱼网（http：//www.leyu.net/）

乐鱼网可以免费预约兼职互联网技术人员，是一个专业的设计师兼职招聘平台。页面效果如图 1.7 所示。

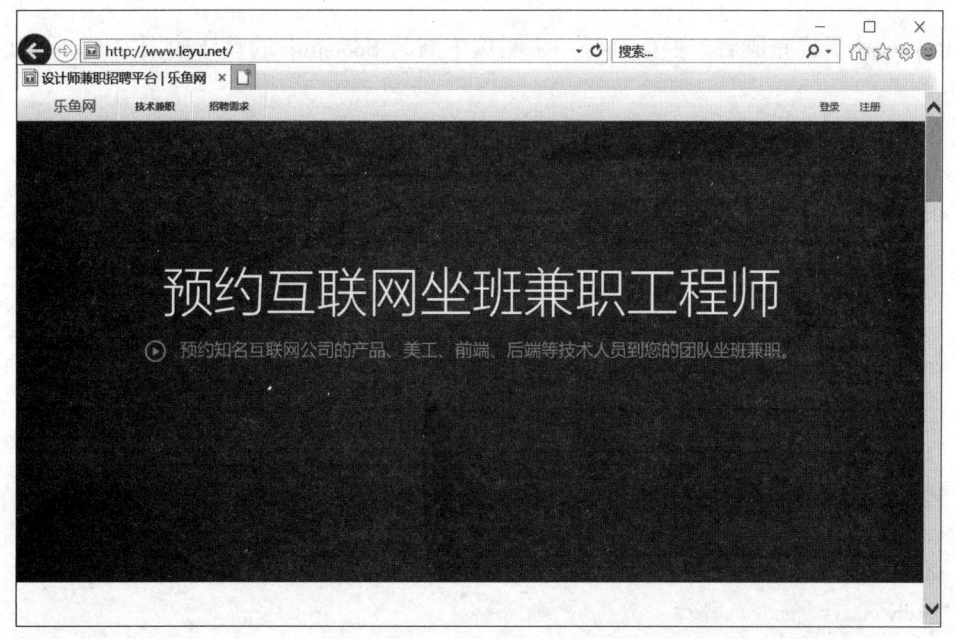

图 1.7　乐鱼网网站首页

(3)星巴克(https://www.starbucks.com.cn/)

星巴克是一家连锁咖啡公司。网站页面布局巧妙,左边的菜单已经隐藏,如图1.8所示。

图 1.8　星巴克网站首页

1.6　第一个 Bootstrap 实例

Bootstrap 下载完成后,下面结合一个实例来演示 Bootstrap 的具体使用方法。页面代码如下:

```
<!DOCTYPE html>
<html>
<head>
    <title>Bootstrap 实例</title>
    <meta charset="utf-8">
    <meta name="viewport" content="width=device-width, initial-scale=1">
    <link rel="stylesheet" href="css/bootstrap.min.css">
    <script src="js/jquery.min.js"></script>
    <script src="js/bootstrap.min.js"></script>
</head>
<body>
<div class="container">
    <div class="jumbotron">
        <h1>我的第一个 Bootstrap 页面</h1>
```

<p>重置窗口大小,查看响应式效果！</p>

</div>

<div class="row">

  <div class="col-sm-4">

    <h3>第一列</h3>

    <p>Bootstrap 是目前最受欢迎的前端框架之一。</p>

  </div>

  <div class="col-sm-4">

    <h3>第二列</h3>

    <p>Bootstrap 用于快速开发响应式布局、移动设备优先的 WEB 项目。</p>

  </div>

  <div class="col-sm-4">

    <h3>第三列</h3>

    <p>Bootstrap 是基于 HTML、CSS、JAVASCRIPT</p>

  </div>

</div>

</div>

</body>

</html>

在 Chrome 浏览器上的运行效果如图 1.9 所示，从图 1.9 看出，页面在全屏状态下分成了三列显示。调整浏览器窗口的大小，随着窗口宽度越来越小，页面由三列变成了一列，如图 1.10 所示。

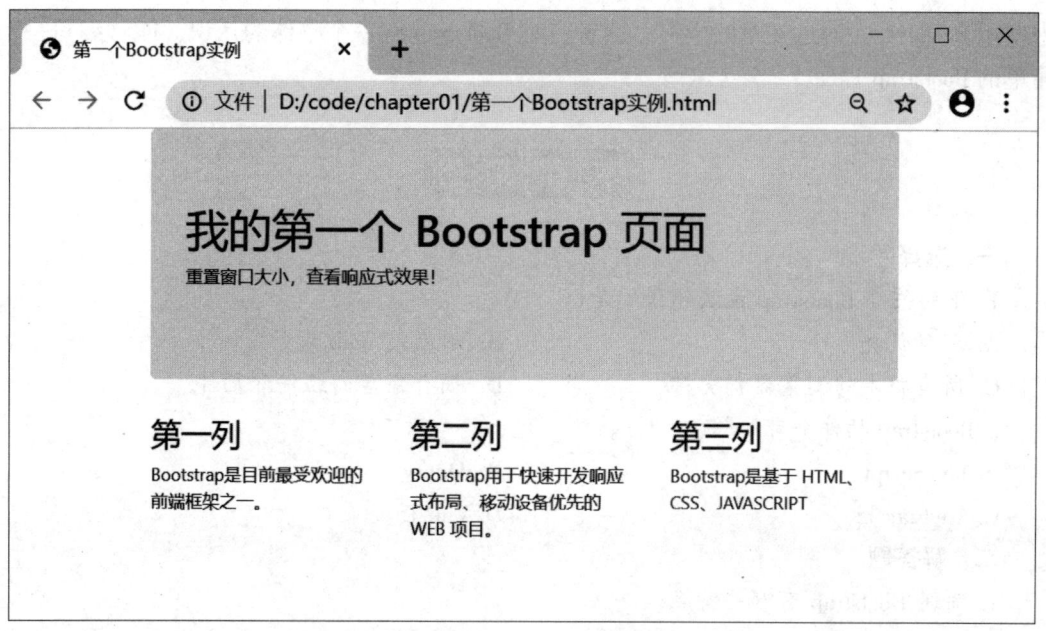

图 1.9　第一个 Bootstrap 实例页面效果

图 1.10 调整浏览器窗口大小后的效果

1.7 本章小结

本章主要讲解了 Bootstrap4 的概念、特性、下载和安装，应用浏览，以及如何在项目中使用 Bootstrap。通过本章的学习，读者应对 Bootstrap 有一个整体的认识，能够编写一个简单的 Bootstrap 程序。

本章习题

一、选择题

1. 下列关于 Bootstrap 说法错误的是（　　）。

A. 移动优先　　　　　　　　　　B. 响应式 Web 设计

C. 所有版本的浏览器都支持　　　D. 拥有丰富的组件和插件

2. Bootstrap 插件全部依赖（　　）。

A. JavaScript　　　　　　　　　B. jQuery

C. Angluar JS　　　　　　　　　D. Vue JS

二、解答题

1. 简述 Bootstrap 有哪些特点。

2. 下载 Bootstrap 压缩包，并简述 Bootstrap 压缩包的结构以及它们的作用。

第 2 章

Bootstrap4 布局

响应式设计是目前流行的 Web 应用技术，Bootstrap 响应式布局主要依靠强大的网格系统来实现。网格系统可以根据屏幕大小来使相应的类生效，从而更好地适配不同的设备。网格系统在 Bootstrap4 中得到了加强，从原先的 4 个响应尺寸增加到现在的 5 个。本章将介绍布局基础、网格系统等知识。

2.1 布局基础

Bootstrap4 布局基础包括布局容器、响应断点、z-index 堆叠样式属性，下面分别进行介绍。

2.1.1 布局容器

容器是 Bootstrap 中最基本的布局元素，并且在使用默认网格系统时是必需的。Bootstrap4.4 有三个不同的容器类，container，container-fluid，container-{breakpoint}。图 2.1 说明了各个容器在每个断点处的最大宽度。

	Extra small <576px	Small ≥576px	Medium ≥768px	Large ≥992px	Extra large ≥1200px
.container	100%	540px	720px	960px	1140px
.container-sm	100%	540px	720px	960px	1140px
.container-md	100%	100%	720px	960px	1140px
.container-lg	100%	100%	100%	960px	1140px
.container-xl	100%	100%	100%	100%	1140px
.container-fluid	100%	100%	100%	100%	100%

图 2.1 各个容器在每个断点处的最大宽度比较

(1) container 类

container 容器是一个响应式，固定宽度的容器。它根据屏幕宽度的不同，利用媒体查询设定固定的宽度，当改变浏览器的大小时，页面会呈现阶段性变化。意味着 container 容器的最大宽度在每个断点都发生变化。

.container 类样式如下：

```
.container {
    width: 100%;
    padding-right: 15px;
    padding-left: 15px;
    margin-right: auto;
    margin-left: auto;
}
```

在每个断点中，container 容器的最大宽度如下列代码所示：

```
@media (min-width: 576px) {
    .container {
        max-width: 540px;
    }
}
@media (min-width: 768px) {
    .container {
        max-width: 720px;
    }
}
@media (min-width: 992px) {
    .container {
        max-width: 960px;
    }
}
@media (min-width: 1200px) {
    .container {
        max-width: 1140px;
    }
}
```

(2) container-fluid 类

container-fluid 容器会保持全屏大小，不管屏幕宽度是多少，始终保持 100% 的宽度。当一个元素需要横跨整个视口时，可以应用 container-fluid 类。

.container-fluid 类样式如下：

```
.container-fluid {
    width: 100%;
    padding-right: 15px;
    padding-left: 15px;
}
```

margin-right: auto;
　　margin-left: auto;
}

(3) container-sm、container-md、container-lg、container-xl 类

container-sm、container-md、container-lg、container-xl 称作响应式容器，是 Bootstrap4.4 中的新增功能。它可以允许指定一个 100% 宽度的类，直到达到指定的断点为止，此后对每个较高的断点应用 max-width。

container-sm、container-md、container-lg、container-xl 类样式如下：

.container-sm, .container-md, .container-lg, .container-xl {
　　width: 100%;
　　padding-right: 15px;
　　padding-left: 15px;
　　margin-right: auto;
　　margin-left: auto;
}

在每个断点中，container-sm、container-md、container-lg、container-xl 容器的最大宽度如下列代码所示：

@media (min-width: 576px) {
.container-sm {
　　max-width: 540px;
}
}

@media (min-width: 768px) {
.container-sm, .container-md {
　　max-width: 720px;
}
}

@media (min-width: 992px) {
.container-sm, .container-md, .container-lg {
　　max-width: 960px;
}
}

@media (min-width: 1200px) {
.container-sm, .container-md, .container-lg, .container-xl {
　　max-width: 1140px;
}
}

例 2-1　分别使用 container 和 container-fluid、container-sm、container-md、container-lg、container-xl 类来创建容器。

```
<body>
    <div class="container border py-2 bg-light">
```

```
            container 容器
        </div>
        <div class="container-fluid border py-2 bg-light">
            container-fluid 容器
        </div>
        <div class="container-sm border py-2 bg-light">container-sm 容器</div>
        <div class="container-md border py-2 bg-light">container-md 容器</div>
        <div class="container-lg border py-2 bg-light">container-lg 容器</div>
        <div class="container-xl border py-2 bg-light">container-xl 容器</div>
</body>
```

上面例中的 border、py-2 和 bg-light 类，分别用来设置容器的边框、上下内边距和背景色。

当浏览器窗口>=1200px 时，页面效果如图 2.2 所示。此时，container 的宽度为 1140px，container-fluid 的宽度为 100%，container-sm 的宽度为 1140px，container-md 的宽度为 1140px，container-lg 的宽度为 1140px，container-xl 的宽度为 1140px。

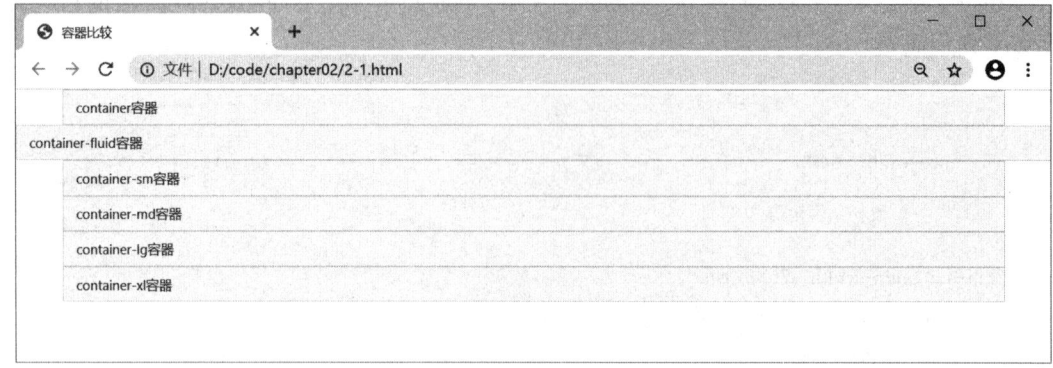

图 2.2　浏览器窗口>=1200px 页面效果

当 992px<=浏览器窗口<1200px 时，页面效果如图 2.3 所示。此时，container 的宽度为 960px，container-fluid 的宽度为 100%，container-sm 的宽度为 960px，container-md 的宽度为 960px，container-lg 的宽度为 960px，container-xl 的宽度为 960px。

图 2.3　992px<=浏览器窗口<1200px 页面效果

当768px<=浏览器窗口<992px 时，页面效果如图 2.4 所示。此时，container 的宽度为 720px，container-fluid 的宽度为 100%，container-sm 的宽度为 720px，container-md 的宽度为 720px，container-lg 的宽度为 720px，container-xl 的宽度为 720px。

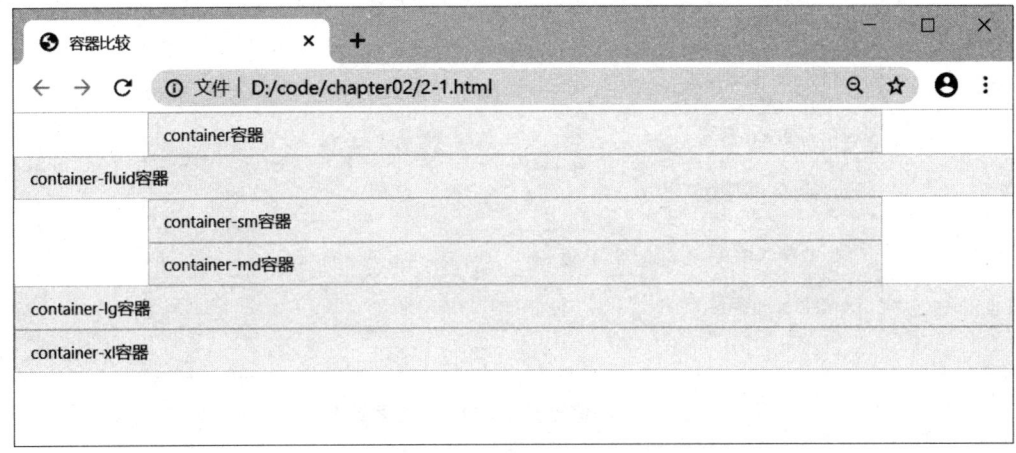

图 2.4 768px<=浏览器窗口<992px 页面效果

当576px<=浏览器窗口<768px 时，页面效果如图 2.5 所示。此时，container 的宽度为 540px，container-fluid 的宽度为 100%，container-sm 的宽度为 540px，container-md 的宽度为 540px，container-lg 的宽度为 540px，container-xl 的宽度为 540px。

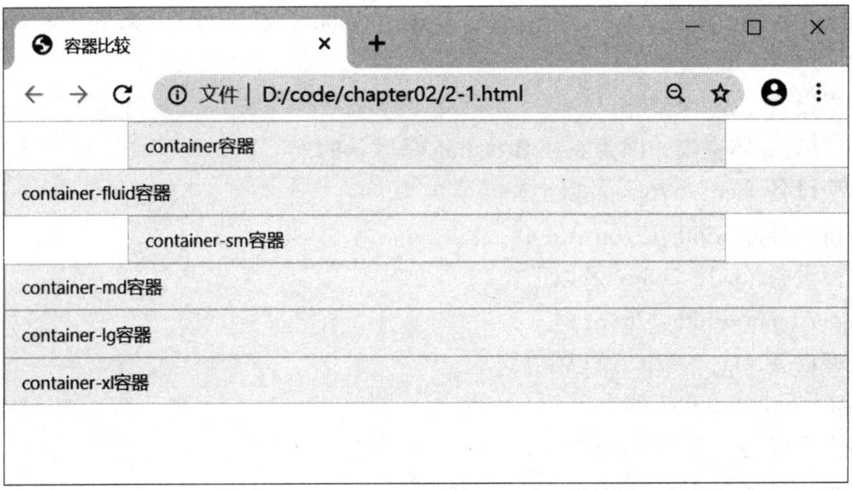

图 2.5 576px<=浏览器窗口<768px 页面效果

当浏览器窗口<576px 时，页面效果如图 2.6 所示。此时，container 的宽度为 100%，container-fluid 的宽度为 100%，container-sm 的宽度为 100%，container-md 的宽度为 100%，container-lg 的宽度为 100%，container-xl 的宽度为 100%。

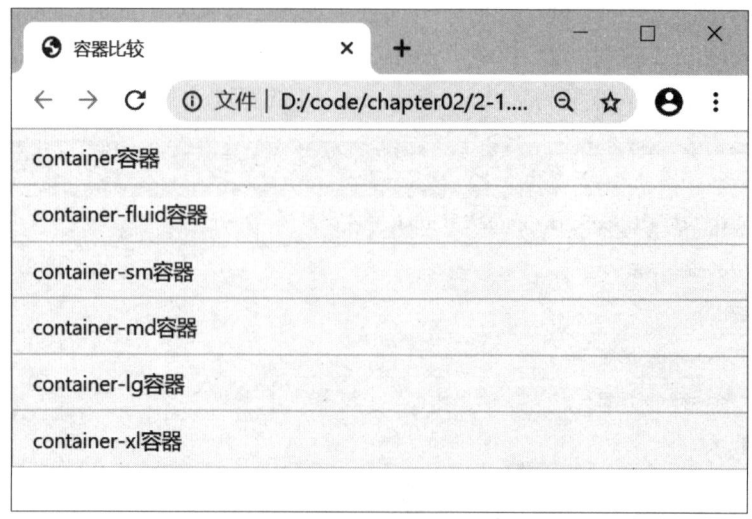

图 2.6 浏览器窗口<576px 页面效果

2.1.2 响应断点

Bootstrap 开发是基于移动设备优先的,为了适应不同的设备,Bootstrap 采用了媒体查询来为布局和界面创建合理的断点。这些断点主要基于最小视口宽度,并允许随着视口的变化扩展元素。

Bootstrap 主要使用源 Sass 文件中的以下媒体查询范围(或断点)来处理布局、栅格系统和组件。

```
//超小设备 (xs, <576px)
// xs 没有媒体查询,因为它在 Bootstrap 是默认的
//小型设备 (sm, 576px 及以上)
@ media (min-width: 576px) {...}
//中型设备 (md, 768px 及以上)
@ media (min-width: 768px) {...}
//大型设备 (lg, 992px 及以上)
@ media (min-width: 992px) {...}
//超大型设备 (xl, 1200px 及以上)
@ media (min-width: 1200px) {...}
```

从上面代码可以看出,设置了四个断点,576px、768px、992px、1200px,四个断点值将设备分成了超小型、小型、中型、大型、超大型。

由于在 Sass 中编写源 CSS,因此所有的媒体查询都可以通过 Sass mixins 获得:

```
// xs 断点不需要媒体查询,因为实际上它是@ media (min-width: 0) {...}
@ include media-breakpoint-up(sm) {...}
@ include media-breakpoint-up(md) {...}
```

@include media-breakpoint-up(lg) { ... }
@include media-breakpoint-up(xl) { ... }

2.1.3 z-index

在 Bootstrap4 中，一些组件使用了 z-index 样式属性。z-index 属性指定一个元素的堆叠顺序。拥有更高堆叠顺序的元素总是会处于堆叠顺序较低的元素的前面。Bootstrap4 可以利用该属性来安排内容，帮助控制布局。

在 Bootstrap4 中定义了相应的 z-index 标度，可以使用下面这些默认的值对导航、工具提示和弹出窗口、模态框等进行分层。

$ zindex-dropdown: 1000 ! default;
$ zindex-sticky: 1020 ! default;
$ zindex-fixed: 1030 ! default;
$ zindex-modal-backdrop: 1040 ! default;
$ zindex-modal: 1050 ! default;
$ zindex-popover: 1060 ! default;
$ zindex-tooltip: 1070 ! default;

Bootstrap4 对一些组件设置了较高的 z-index 值，主要是尽量避免与其他元素的 z-index 发生冲突。不推荐自定义 z-index 属性值，如果改变了其中一个，可能需要改变所有的。

2.2 网格系统

Bootstrap 提供了一套强大的响应式、移动设备优先的弹性网格系统。通过一个 12 列系统，5 种响应尺寸，Sass 变量和 mixin，数十个预定义类，来创建各种形状和尺寸的布局。

2.2.1 工作原理

Bootstrap 的网格系统使用一系列容器类(container)、行(row)和列(column)的组合来创建页面布局。下面介绍 Bootstrap4 网格系统的规则。

- 网格中每一行需要放在设置了 container（固定宽度）类或 container-fluid（全屏宽度）类的容器中，以便自动设置一些外边距与内边距。
- 使用行来创建水平的列组。并且内容需要放置在列中，只有列可以是行的直接子节点。
- 预定义的类如 row 和 col-sm-4 可用于快速制作网格布局。
- 列通过填充创建列内容之间的间隙。这个间隙是通过 rows 类上的负边距设置第一行和最后一列的偏移。

- 网格系统中的列通过指定 1~12 的值来表示其跨越的范围。例如，设置三个相等的列，需要使用三个 col-sm-4 来设置。
- Bootstrap 3 和 Bootstrap4 最大的区别在于 Bootstrap4 使用 flexbox（弹性盒子）而不是浮动。Flexbox 的一大优势是，没有指定宽度的网格列将自动设置为等宽与等高列。

例 2-2 网格示例。

```
<body>
    <div class="container">
        <div class="row">
            <div class="col-sm-1 border">col-sm-1</div>
            <div class="col-sm-1 border">col-sm-1</div>
            <div class="col-sm-1 border">col-sm-1</div>
            <div class="col-sm-1 border">col-sm-1</div>
            <div class="col-sm-1 border">col-sm-1</div>
            <div class="col-sm-1 border">col-sm-1</div>
            <div class="col-sm-1 border">col-sm-1</div>
            <div class="col-sm-1 border">col-sm-1</div>
            <div class="col-sm-1 border">col-sm-1</div>
            <div class="col-sm-1 border">col-sm-1</div>
            <div class="col-sm-1 border">col-sm-1</div>
            <div class="col-sm-1 border">col-sm-1</div>
        </div>
        <div class="row">
            <div class="col-sm-9 border">col-sm-9</div>
            <div class="col-sm-3 border">col-sm-3</div>
        </div>
        <div class="row">
            <div class="col-sm-6 border">col-sm-6</div>
            <div class="col-sm-6 border">col-sm-6</div>
        </div>
        <div class="row">
            <div class="col-sm-4 border">col-sm-4</div>
            <div class="col-sm-4 border">col-sm-4</div>
            <div class="col-sm-4 border">col-sm-4</div>
        </div>
    </div>
</body>
```

在 Chrome 浏览器的运行效果如图 2.7 所示。

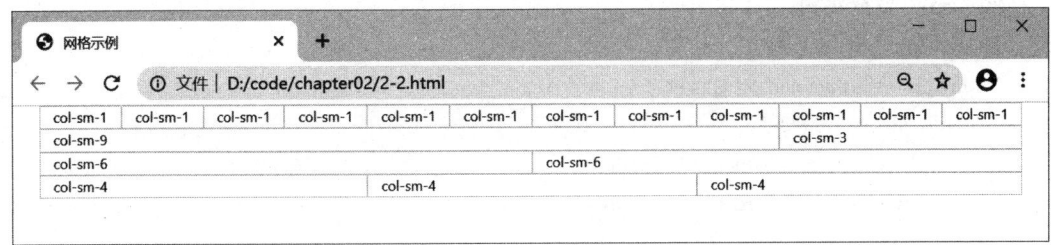

图 2.7 浏览器显示效果

说明：

(1) 本例中，一共显示了 4 行内容，网页内容整体居中显示。容器 container 包含 row，行 row 包含列 col-sm-*。

(2) col-sm-* 为列，表示占了 * 号列的宽度，值可以是 1~12。例如，col-sm-3 表示该列占了 12 列中 3 列的宽度。

(3) col-sm- 为小型设备列的前缀。依此类推，col-md- 为中型设备列的前缀，col-lg- 为大型设备列的前缀，col-xl- 为超大型设备列的前缀。

Bootstrap4 的网格系统在各种屏幕和设备上的约定如表 2.1 所示。

表 2.1 网格系统表

	超小屏幕设备 (<576px)	小型屏幕设备 (≥576px)	中型屏幕设备 (≥768px)	大型屏幕设备 (≥992px)	超大型屏幕设备 (≥1200px)
容器最大宽度	None(auto)	540px	720px	960px	1140px
类前缀	.col-	.col-sm-	.col-md-	.col-lg-	.col-xl-
列数量和	12				
间隙宽度	30px(列两侧分别 15px)				
可嵌套	Yes				
列排序	Yes				

2.2.2 自动布局列

利用特定于断点的列类来轻松调整列大小，而无需使用显式编号的类，例如 .col-sm-6。

1. 等宽列

下面的例子，展示了一行两列、一行三列、一行四列等宽的布局。方法就是同一行的每个列应用 col 类，则这一行的每个列宽度相等。一行应用两个 col 类，每列的宽度都为 50%。一行应用三个 col 类，则每列的宽度都为 33.33%。一行应用四个 col 类，则每列的宽度都为 25%，以此类推。应用 col 类的好处就是不需要在每个 col 上添加数字，让 Bootstrap 自动处理布局。

例2-3 等宽示例。
```html
<body>
  <div class="container">
    <div class="row">
      <div class="col border">1/2</div>
      <div class="col border">1/2</div>
    </div>
    <div class="row">
      <div class="col border">1/3</div>
      <div class="col border">1/3</div>
      <div class="col border">1/3</div>
    </div>
    <div class="row">
      <div class="col border">1/4</div>
      <div class="col border">1/4</div>
      <div class="col border">1/4</div>
      <div class="col border">1/4</div>
    </div>
  </div>
</body>
```
在Chrome浏览器的运行效果如图2.8所示。

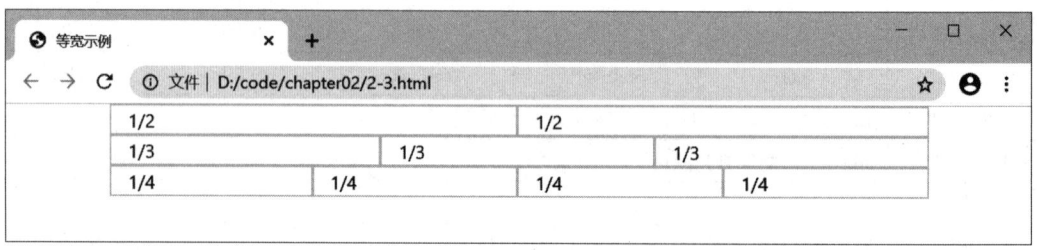

图2.8 浏览器显示效果

2. 等宽多行

创建跨多个行的等宽列,方法是插入w-100通用样式类,将列拆分为新行。下面这个例子通过插入w-100样式类,实现了将多个等宽列在两行显示。

例2-4 等宽多行示例。
```html
<body>
  <div class="container">
    <div class="row">
      <div class="col border">col</div>
      <div class="col border">col</div>
      <div class="w-100"></div>
```

```
            <div class="col border">col</div>
            <div class="col border">col</div>
        </div>
    </div>
</body>
```

在 Chrome 浏览器的运行效果如图 2.9 所示。

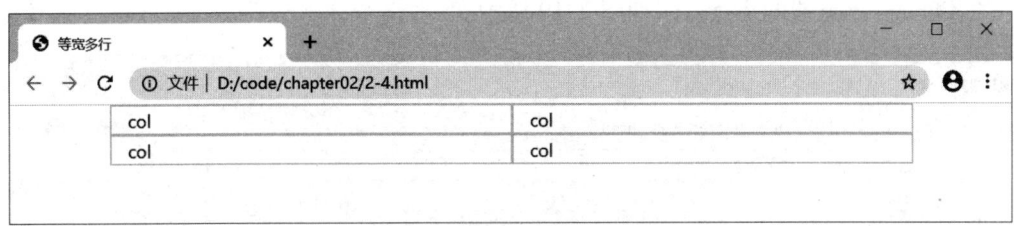

图 2.9　浏览器显示效果

3. 设置一个列宽

Flexbox 网格列的自动布局，可以在一行多列的情况下，设置一列的宽度，其他列则会自动调整大小。

下面的例子中，为第一行中的第 2 列设置了 col-8 类，为第 2 行的第 1 列设置 col-5 类。

例 2-5　设置一个列宽示例。

```
<div class="container">
    <div class="row">
        <div class="col border">
            col
        </div>
        <div class="col-8 border">
            col-8
        </div>
        <div class="col border">
            col
        </div>
    </div>
    <div class="row">
        <div class="col-5 border">
            col-5
        </div>
        <div class="col border">
            col
        </div>
        <div class="col border">
```

```
            col
        </div>
    </div>
</div>
```

上面代码中 col-8、col-5 表示占该行的 2/3、5/12。第一行中间列占 2/3，另外两列等宽，都为 1/6。第二行第一列占 5/12，另外两列等宽，都为 7/24。

在 Chrome 浏览器的运行效果如图 2.10 所示。

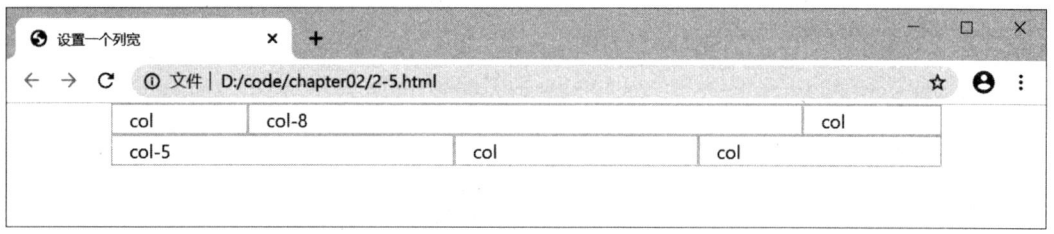

图 2.10　浏览器显示效果

4. 可变宽度内容

使用 col-{breakpoint}-auto 类，可根据其内容的自然宽度来调整列的大小。

例 2-6　可变宽度内容示例。

```
<body>
    <div class="container">
        <div class="row justify-content-md-center">
            <div class="col col-lg-2 border">
                左
            </div>
            <div class="col-md-auto border">
                中(当屏幕尺寸大于等于768px时,可根据内容自动调整列宽度)
            </div>
            <div class="col col-lg-2 border">
                右
            </div>
        </div>
        <div class="row">
            <div class="col border">
                左
            </div>
            <div class="col-md-auto border">
                中(当屏幕尺寸大于等于768px时,可根据内容自动调整列宽度)
            </div>
            <div class="col col-lg-2 border">
```

　　　　　右
　　　　</div>
　　</div>
</div>
</body>

在 Chrome 浏览器运行，当屏幕<768px 时，效果如图 2.11 所示。

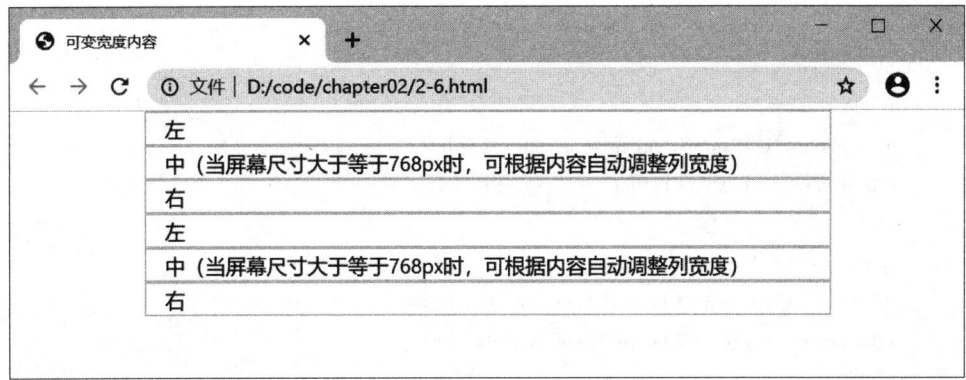

图 2.11　屏幕<768px 时效果

768px<=屏幕<992px 时，显示的效果如图 2.12 所示。

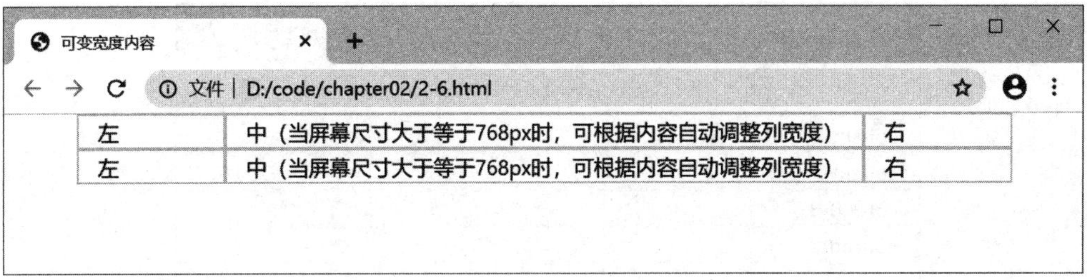

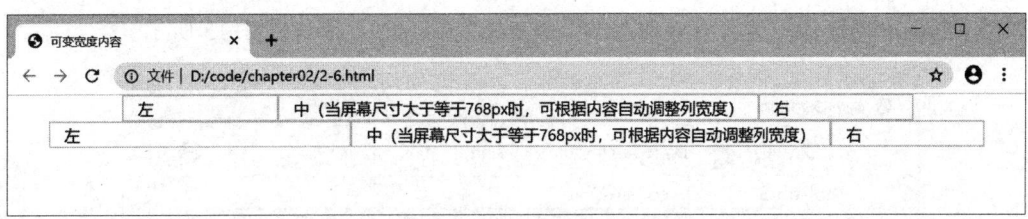

图 2.12　768px<=屏幕<992px 时效果

屏幕>=992px 时，显示的效果如图 2.13 所示。

图 2.13　屏幕>=992px 时效果

2.2.3 响应式网格

Bootstrap4 的网格系统提供了五种预定义类，即超小型 col、小型 col-sm-*、中型 col-md-*、大型 col-lg-*或超大型 col-xl-*，通过在不同设备上自定义列的大小，可以构建复杂的响应式布局。

例 2-7 响应式网格示例。

```
<body>
  <div class="container">
    <div class="row">
      <div class="col-sm-3 border">col-sm-3</div>
      <div class="col-sm-9 border">col-sm-9</div>
    </div>
    <div class="row">
      <div class="col-md-3 border">col-md-3</div>
      <div class="col-md-9 border">col-md-9</div>
    </div>
  </div>
</body>
```

在 Chrome 浏览器中运行，在超小型设备上(<576px)时效果如图 2.14 所示。

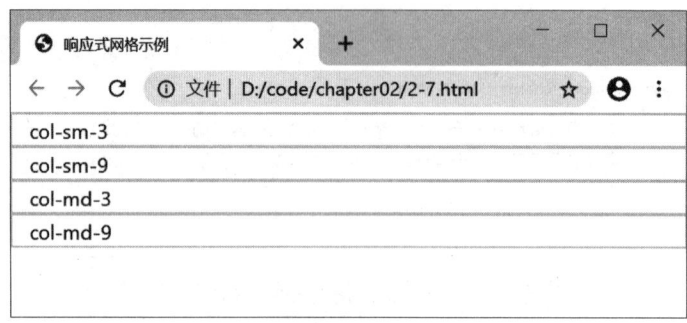

图 2.14 超小型设备上的页面效果

在 Chrome 浏览器中运行，在小型设备上(≥576px)时效果如图 2.15 所示。

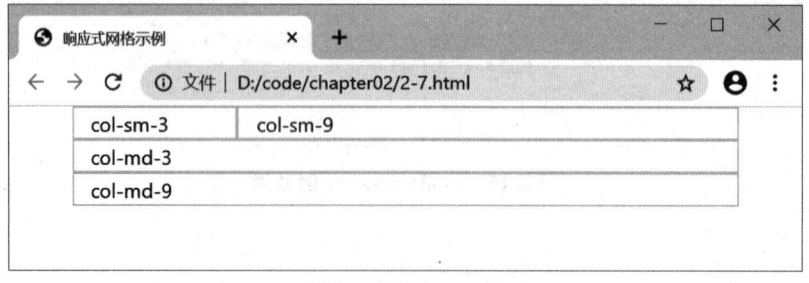

图 2.15 小型设备上的页面效果

在 Chrome 浏览器中运行,在中型及以上设备上(≥768px)时效果如图 2.16 所示。

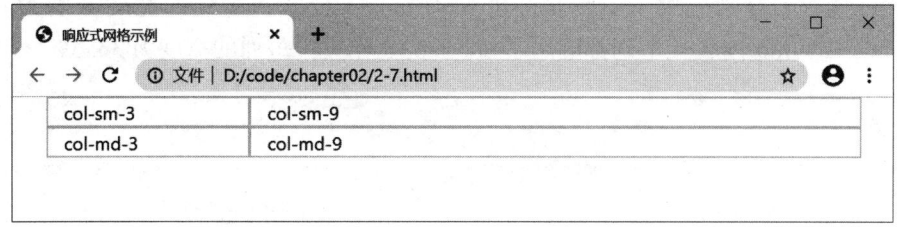

图 2.16　中型及以上设备上的页面效果

可以在同一个元素上应用不同类型的列样式,以适配不同尺寸的屏幕。

例 2-8　混合搭配示例。

```
<body>
  <div class="container">
    <div class="row">
      <div class="col-12 col-md-8 border">.col-12 .col-md-8</div>
      <div class="col-6 col-md-4 border">.col-6 .col-sm-4</div>
    </div>
    <div class="row">
      <div class="col-6 col-md-4 border">.col-6 .col-md-4</div>
      <div class="col-6 col-md-4 border">.col-6 .col-md-4</div>
      <div class="col-6 col-md-4 border">.col-6 .col-md-4</div>
    </div>
  </div>
</body>
```

在 Chrome 浏览器中运行,在中型以下设备上<768px 时效果如图 2.17 所示。第一个 row 内,两个列分别应用了 col-12、col-6 样式,每列的宽度分别为 100%、50%。第二个 row 内,三个列都应用了 col-6 样式,每列的宽度为 50%,由于第三个列放不下,则另起一行显示。

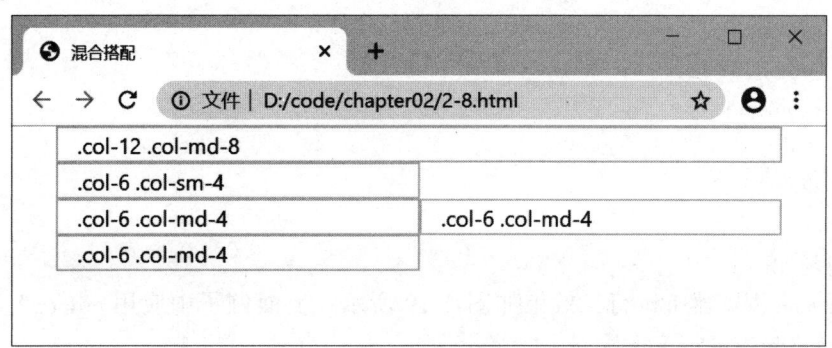

图 2.17　中型以下设备上的页面效果

在 Chrome 浏览器中运行，在中型及以上设备(≥768px)时效果如图 2.18 所示。第一个 row 内，两个列分别应用了 col-md-8、col-md-4 样式，每列的宽度分别为 66.7%，33.3%。第二个 row 内，三个列都应用了 col-md-6 样式，每列的宽度为 33.3%。

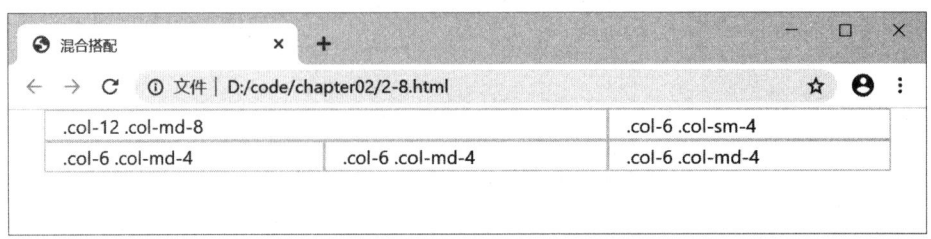

图 2.18　中型及以上设备的页面效果

2.2.4　重排序

Bootstrap4 提供了 order-* 类控制网页元素的排列顺序。order-* 类从 order-1(排在最前)到 order-12(排在最后)一共 12 个级别。这些类是响应式的，可以按断点设置顺序(例如.order-1 .order-md-2)。如果元素没有定义 order-* 类，则默认排在前面。

例 2-9　排列顺序示例。

```
<body>
  <div class="container">
    <div class="row">
      <div class="col border">
        col
      </div>
      <div class="col order-12 border">
        order-12
      </div>
      <div class="col order-1 border">
        order-1
      </div>
      <div class="col order-5 border">
        order-5
      </div>
    </div>
  </div>
</body>
```

在 Chrome 浏览器中运行，效果如图 2.19 所示。上面例子中应用 order-1、order-5、order-12 类将元素进行了重排列。

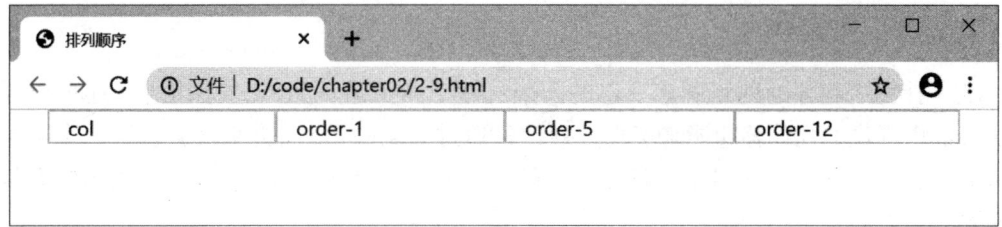

图 2.19 页面效果

Bootstrap4 中还提供了 order-first 类、order-last 类，可以快速更改一个元素到最前面、最后面。

例 2-10 order-first 和 order-last 类示例。

```
<body>
  <div class="container">
    <div class="row">
      <div class="col order-last border">
        First in DOM, ordered last
      </div>
      <div class="col border">
        Second in DOM, unordered
      </div>
      <div class="col order-first border">
        Third in DOM, ordered first
      </div>
    </div>
  </div>
</body>
```

在 Chrome 浏览器中运行，效果如图 2.20 所示。上面示例中应用 order-first 类、order-last 类将元素重新排列在最前面、最后面。

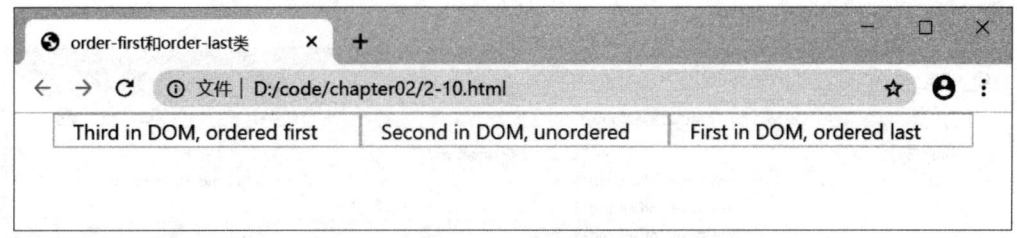

图 2.20 order-first 和 order-last 类的页面效果

2.2.5 列偏移

为了让两个相邻的列元素有一定的间隔,除了给元素设置外边距以外,还可以通过 Bootstrap 中提供的列偏移功能来实现。列偏移通过 offset-*-* 类来设置。第一个 * 可以是 sm、md、lg、xl,表示屏幕设备类型,第二个 * 可以是 1 到 11 的数字,表示向右偏移的列数。

例如,为了在大屏幕显示器上向右偏移 2 列,可以使用 offset-md-2 类。这些类会把一个列的左外边距(margin)增加 2 列,也就是往右移了 2 列。

例 2-11 列偏移示例。

```
<body>
  <div class="container">
    <div class="row">
      <div class="col-md-3 border">.col-md-3</div>
      <div class="col-md-6 offset-md-2 border">.col-md-6 .offset-md-2</div>
    </div>
    <div class="row">
      <div class="col-md-3 offset-md-3 border">.col-md-3 .offset-md-3</div>
      <div class="col-md-3 offset-md-3 border">.col-md-3 .offset-md-3</div>
    </div>
    <div class="row">
      <div class="col-md-6 offset-md-3 border">.col-md-6 .offset-md-3</div>
      <div class="col-md-6 offset-md-3 border">.col-md-2 .offset-md-3</div>
    </div>
  </div>
</body>
```

在 Chrome 浏览器中运行,在中型及以上设备上效果如图 2.21 所示。第 1 行中,第 2 列向右偏移了 3 列。第 2 行中,第 1、2 列都向右偏移了 3 列。第 3 行中,第 1 列向右偏移了 3 列,第 2 列向右偏移了 3 列,但是偏移列和显示列的总和超过了 12 列,所以显示到下一行。

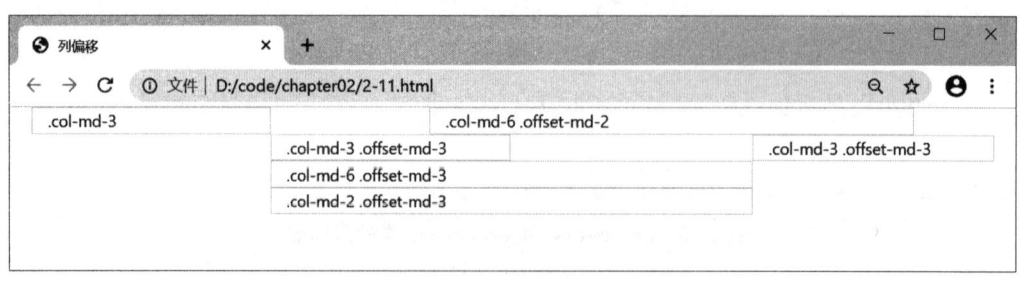

图 2.21 列偏移的页面效果

2.2.6 列嵌套

Bootstrap 网格系统支持列嵌套，即在一个列里可以再定义一个或多个行。内部嵌套的行的宽度为100%，也就是当前外部列的宽度。

例2-12 列嵌套示例。

```
<body>
    <div class="container">
        <div class="row">
            <div class="col-md-3 border">左边列</div>
            <div class="col-md-9 border">
                右边列嵌套了一个row
                <div class="row">
                    <div class="col-md-6 border">
                        第一行第一列
                    </div>
                    <div class="col-md-6 border">
                        第一行第一列
                    </div>
                </div>
                <div class="row">
                    <div class="col-md-6 border">
                        第二行第一列
                    </div>
                    <div class="col-md-6 border">
                        第二行第二列
                    </div>
                </div>
            </div>
        </div>
    </div>
</body>
```

上面例子中，在第2列中嵌套了2行2列。在IE11浏览器中运行，中型及以上设备上效果如图2.22所示。

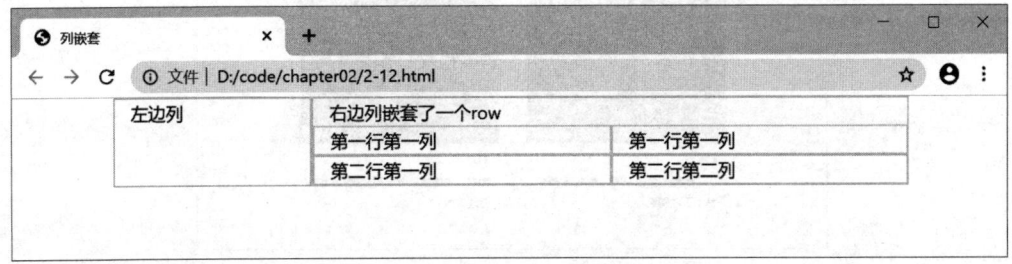

图2.22 列嵌套的页面效果

2.3 案例：电商网站商品展示

本案例是模仿淘宝网站商品展示的页面效果，使用 Bootstrap 的网格系统进行布局，并设置了动画效果。在中型及以上设备上，效果如图 2.23 所示。在小型设备上，效果如图 2.24 所示。

图 2.23 中型以上设备页面效果

图 2.24 小型设备页面效果

当鼠标指针悬浮到内容包含框(product)时,修改包含框的边框颜色,效果如图 2.25 所示。当鼠标指针悬浮到图片包含框(product-image)时,显示找同款和相似产品的包含框(find),并设置了过渡动画,效果如图 2.26 所示。

图 2.25　鼠标指针悬浮到内容包含框时的页面效果

图 2.26　鼠标指针悬浮到图片包含框时的页面效果

下面介绍具体的实现步骤。

第 1 步:使用 Bootstrap 设计结构,并添加响应式,在中屏设备中显示为 1 行 4 列,在小屏设备中显示为 1 行 2 列。

```
<div class="container">
    <div class="row">
        <div class="col-sm-6 col-md-3"></div>
        <div class="col-sm-6 col-md-3"></div>
```

```
            <div class="col-sm-6 col-md-3"></div>
            <div class="col-sm-6 col-md-3"></div>
        </div>
</div>
```

第2步：设计内容。内容部分包括产品图片、价格及产品说明、2个超链接。下面给出第一列的代码，其他三列类似，不同的只是图片、价格、标题，在这里就不再给出。

```
<div class="product">
    <div class="product-image">
        <a href="#"><img src="img/pic1.jpg" class="img-fluid"/></a>
        <span class="find">
            <a href="#" class="same">找同款</a>
            <a href="#" class="simlar">找相似</a>
        </span>
    </div>
    <div class="product-content">
        <div class="price">&yen;66</div>
        <span class="title"><a href="#">第一辑全套10册启蒙早教动画小猪佩奇书英文版绘本</a></span>
    </div>
</div>
```

第3步：设计样式。具体样式代码如下：

```
.product{
    border:1px solid #ddd;
}
.product:hover{
    border:1px solid #f00;
}
.product-image{
    position:relative;
    overflow:hidden;
}
.product-image img{
    width:100%;
}
.product-image .find{
    position:absolute;
    left:0px;
    bottom:-35px;
    display:block;
    width:100%;
    line-height:35px;
```

```css
    background-color: rgba(255, 0, 0, 0.85);
    transition: bottom 0.5s;
}
.product-image .find a {
    display: inline-block;
    width: 50%;
    font-size: 16px;
    color: #fff;
    text-align: center;
    text-decoration: none;
}
.product-image .find a.same {
    float: left;
}
.product-image .find a.similar {
    float: right;
}
.product-image:hover .find {
    bottom: 0px;
}
.product-image:hover .find a {
    border-right: 1px solid #fff;
}
.product-content {
    padding: 5px 10px;
}
.product-content .price {
    font-size: 18px;
    color: #f00;
}
.product-content a {
    font-size: 14px;
    color: #000;
    text-decoration: none;
}
.product-content a:hover {
    color: #f00;
    text-decoration: underline;
}
```

2.4　本章小结

本章主要讲解了 Bootstrap4 的布局容器、网格系统的工作原理及应用，包括自动布局、响应式网格、重排序、列偏移、列嵌套等。最后用一个电商网站商品展示的案例演示了网格系统的实际应用。

本章习题

一、选择题

1. 下列哪个不是 Bootstrap4 的容器类(　　)。
   A..container　　B..container-fluid　　C..container-sm　　D..container-xs

2. 下列关于 Bootstrap4 中网格系统说法错误的是(　　)。
   A. Bootstrap4 包含了一个强大的移动优先的网格系统，它有 5 种响应尺寸
   B. 网格系统使用行来创建水平的列组
   C. 网格系统中的列通过指定 1~12 的值来表示其跨越的范围
   D. 网格系统是一个用于响应式设计的组件

3. 下列选项中，用于设置 100%宽度，占据全部视口(viewport)的容器代码正确的是(　　)。
   A. <div class="container">…</div>
   B. <div class=". container">…</div>
   C. <div class="container-fluid">…</div>
   D. <div class=". container-fluid">…</div>

4. 下面代码表示(　　)等宽的布局。
   ```
   <div class="row">
     <div class="col border">…</div>
     <div class="col border">…</div>
     <div class="col border">…</div>
   </div>
   ```
   A. 1 行 1 列　　B. 1 行 2 列　　C. 1 行 3 列　　D. 1 行 4 列

5. 使用(　　)表示在中型屏幕上向右偏移 3 列。
   A..offset-sm-3　　B..offset-sm-3　　C..offset-md-2　　D..offset-md-3

二、简答题

1. 比较 container 类和 container-fluid 类的不同之处。
2. 简述网格系统的工作原理。

第 3 章 CSS 通用样式

Bootstrap 核心是一个 CSS 框架,它提供了优雅、一致的页面和元素表现,包括排版、代码、表格、表单、按钮、图片等,很容易上手,无须用户再编写大量 CSS 样式,可以使用这些通用样式快速地开发。本章将介绍排版、列表、代码、图片、Flex 布局、表格、工具类等。

3.1 排版

Bootstrap 提供了一套样式,可以快速地修饰 HTML 元素,让页面变得更加整齐和美观,也让排版变得更加简单。

3.1.1 标题

在 Bootstrap 开发中,如果要在网页中显示一个标题,可以使用 HTML 的标题标记 h1 到 h6,也可以使用 Bootstrap 提供的 h1 到 h6 类。在 Bootstrap 中对 HTML 标记 h1 到 h6 的样式进行了定义。

在 Bootstrap4 中,主要对标题样式做了如下规定:

(1) 重设上下外边距,margin-top 值为 0,margin-bottom 为 0.5rem。
(2) 固定所有标题 line-height 为 1.2,font-weight 为 500。
(3) 固定不同级别标题字体大小,一级为 2.5rem,二级为 2rem,三级为 1.75rem,四级为 1.5rem,五级为 1.25rem,六级为 1rem。

例 3-1 h1 到 h6 标签示例。

```
<body>
    <h1>一级标题</h1>
    <h2>一级标题</h2>
    <h3>一级标题</h3>
    <h4>一级标题</h4>
    <h5>一级标题</h5>
    <h6>一级标题</h6>
</body>
```

上面代码,没有使用 Bootstrap 框架样式,在 Chrome 浏览器的运行效果如图 3.1 所示。

应用了 Bootstrap 框架样式的运行效果如图 3.2 所示。

图 3.1　h1 到 h6 标签默认效果　　　　图 3.2　使用 Bootstrap 时效果

例 3-2　h1 到 h6 类示例。

```
<body>
    <div class="h1">一级标题</div>
    <div class="h2">二级标题</div>
    <div class="h3">三级标题</div>
    <div class="h4">四级标题</div>
    <div class="h5">五级标题</div>
    <div class="h6">六级标题</div>
</body>
```

在 Chrome 浏览器的运行效果如图 3.3 所示。可以看出效果与例 3-1 使用 Bootstrap 时效果是一样的。

图 3.3　使用 h * 类效果

在标题内也可以包含<small>标签或应用 small 类的元素，用来设置小型辅助的标题文本。Bootstrap 中关于 small 元素和 small 类的样式定义如下：

```
small,.small{
    font-size:80%;
    font-weight:400;
}
```

其中,small 标签或赋予 small 类的元素 font-weight 设置为 400,font-size 变为父元素的 80%。

例 3-3　small 示例。

```
<body>
    <h1>一级标题<small>副标题</small></h1>
    <h2>二级标题<small>副标题</small></h2>
    <h3>三级标题<small>副标题</small></h3>
    <h4>四级标题<small>副标题</small></h4>
    <h5>五级标题<small>副标题</small></h5>
    <h6>六级标题<small>副标题</small></h6>
</body>
```

在 Chrome 浏览器的运行效果如图 3.4 所示。

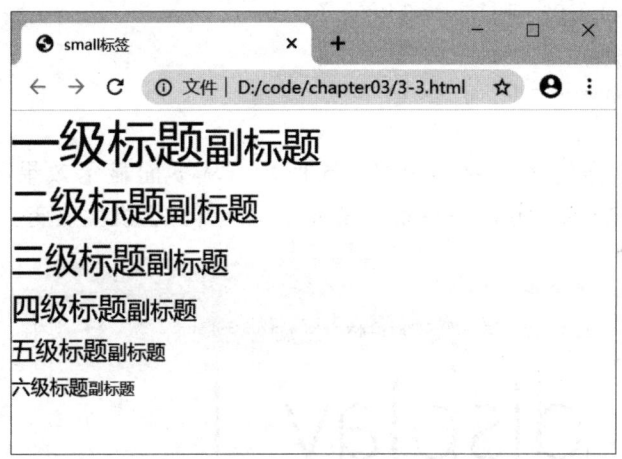

图 3.4　small 标签效果

如果希望突出显示某个标题,可以使用 Bootstrap 提供的 display-1、display-2、display-3、display-4 类,样式定义如下:

```
.display-1{
    font-size:6rem;
    font-weight:300;
    line-height:1.2;
}
.display-2{
    font-size:5.5rem;
    font-weight:300;
```

```
    line-height: 1.2;
}
.display-3 {
    font-size: 4.5rem;
    font-weight: 300;
    line-height: 1.2;
}
.display-4 {
    font-size: 3.5rem;
    font-weight: 300;
    line-height: 1.2;
}
```

从上面样式表可以看出，display-1 的 font-size 值是最大的。

例 3-4　display 示例。

```
<body>
    <h1 class="display-1">display-1</h1>
    <h1 class="display-2">display-2</h1>
    <h1 class="display-3">display-3</h1>
    <h1 class="display-4">display-4</h1>
</body>
```

在 Chrome 浏览器的运行效果如图 3.5 所示。从下面显示效果可以看出，使用了 display-* 类以后，原有标题的 font-size、font-weight 样式会发生改变。

图 3.5　使用 display-* 类的效果

3.1.2 段落

在 Bootstrap4 中，段落标签<p>的样式如下：
```
p {
    margin-top: 0;
    margin-bottom: 1rem;
}
```
上面样式设置上外边距为 0，下外边距为 1rem。

例 3-5 段落示例。
```
<body>
    <h2>《汉江临眺》</h2>
    <h3>王维</h3>
    <p>楚塞三湘接,荆门九派通。</p>
    <p>江流天地外,山色有无中。</p>
    <p>郡邑浮前浦,波澜动远空。</p>
    <p>襄阳好风日,留醉与山翁。</p>
</body>
```
在 Chrome 浏览器的运行效果如图 3.6 所示。

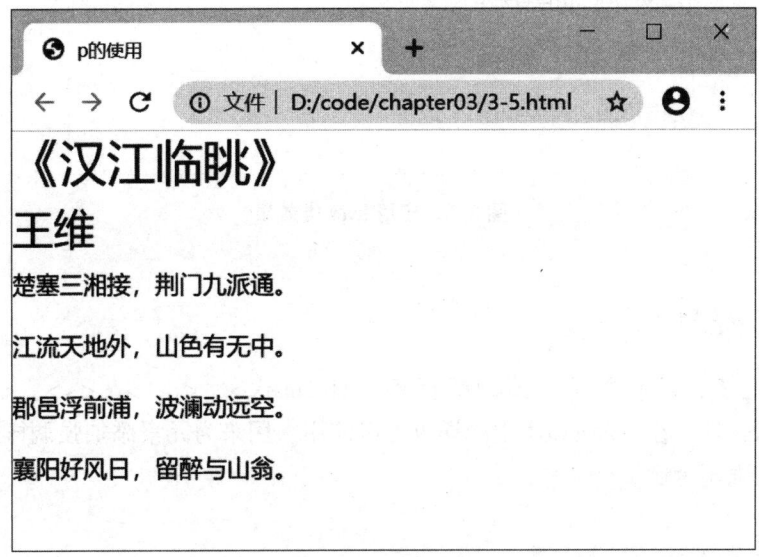

图 3.6 段落效果

可以在段落元素上应用 .lead 类样式，主要作用是可以将段落突出显示，被突出的段落文本字体被放大。CSS 样式代码如下：
```
.lead {
    font-size: 1.25rem;
    font-weight: 300;
```

}

例 3-6 lead 应用示例。

```
<body>
    <h2>《汉江临眺》</h2>
    <h3>王维</h3>
    <p>楚塞三湘接,荆门九派通。</p>
    <p>江流天地外,山色有无中。</p>
    <p class="lead">郡邑浮前浦,波澜动远空。</p>
    <p>襄阳好风日,留醉与山翁。</p>
</body>
```

在 Chrome 浏览器的运行效果如图 3.7 所示。

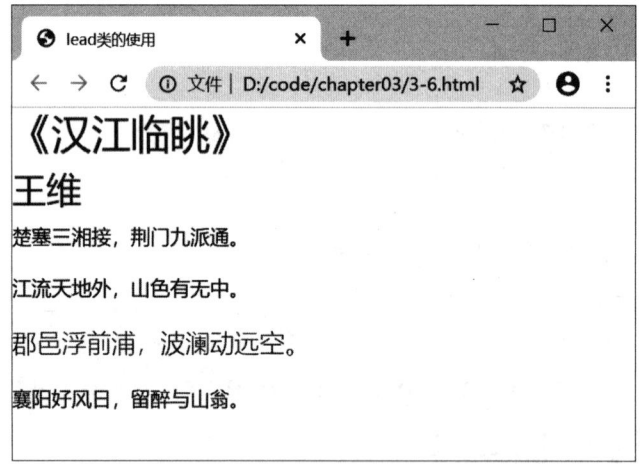

图 3.7 应用 lead 类效果

3.1.3 强调

HTML5 定义了若干个标签强调的标签,有<mark>、<del>、<s>、<ins>、<u>、<strong>、<em>等,在 Bootstrap4 中同样也可以使用,用来为元素添加强调样式。

例 3-7 强调示例。

```
<body>
    <p>使用 mark 标记<mark>高亮</mark>的文本</p>
    <p><del>使用 del 标记,此行文本应视为已删除的文本</del></p>
    <p><s>使用 s 标记,此行文本已被视为不再准确</s></p>
    <p><ins>使用 ins 标记,此行文本应被视为文档的补充。</ins></p>
    <p><u>使用 u 标记,此行文本将带有下划线</u></p>
    <p><strong>使用 trong 标记,此行以粗体显示。</strong></p>
    <p><em>使用 em 标记,此行以斜体显示。</em></p>
</body>
```

在 Chrome 浏览器的运行效果如图 3.8 所示。

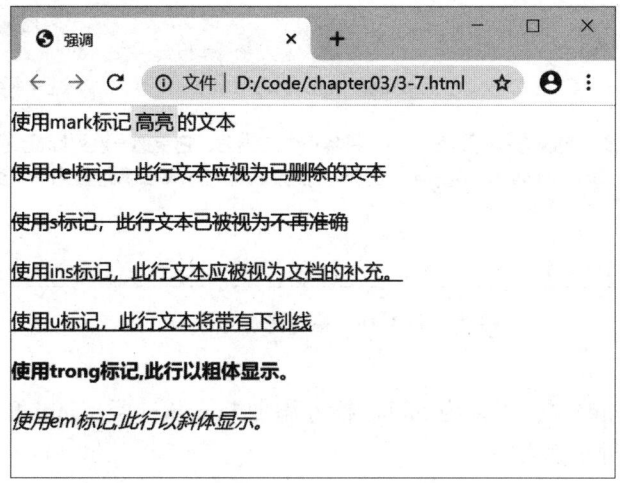

图 3.8 强调效果

3.1.4 缩略语

将 initialism 添加到缩写中，可以使字体大小略小。

缩略语是指在页面中使用缩写的形式表示，当鼠标指针悬停在缩写词上时会显示全部的内容，HTML5 提供的<abbr>标签可用来实现缩略语。

例 3-8 缩略语示例。

```
<body>
    <p><abbr title="HyperText Markup Language">HTML</abbr>称为超文本标记语言,是一种标识性的语言。它包括一系列标签,通过这些标签可以将网络上的文档格式统一,使分散的Internet资源连接为一个逻辑整体。
    </p>
</body>
```

在 Chrome 浏览器的运行效果如图 3.9 所示。

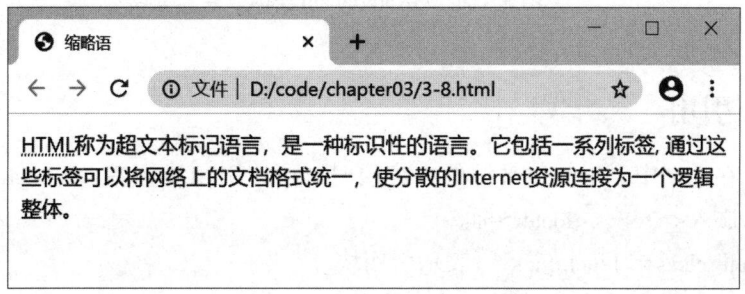

图 3.9 缩略语效果

将鼠标悬停在缩略语上的效果如图 3.10 所示。

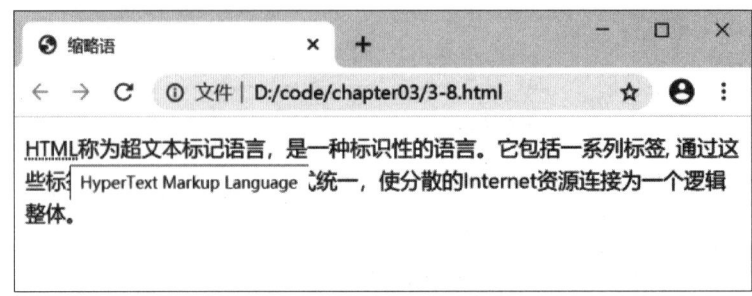

图 3.10 鼠标悬停效果

为了突出显示缩略语，可以为<abbr>标签添加 initialism 类，initialism 类使字体大小缩小 10%，并设置字母全部大写。

例 3-9 添加了 initialism 类的缩略语示例。

<body>
 <p><abbr title = " HyperText Markup Language" class = " initialism" >HTML</abbr>称为超文本标记语言，是一种标识性的语言。它包括一系列标签，通过这些标签可以将网络上的文档格式统一，使分散的 Internet 资源连接为一个逻辑整体。
 </p>
</body>

在 Chrome 浏览器的运行效果如图 3.11 所示。

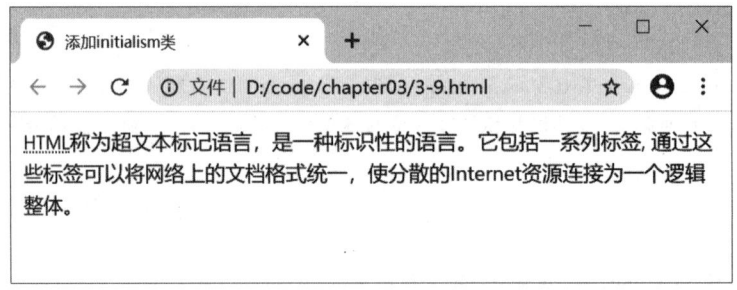

图 3.11 应用 initialism 类的效果

3.1.5 引用

如果需要在文档中引用其他来源的内容块时，可以引用块标签<blockqupte>。在引用块中，还可以嵌入<cite>、<footer>标签。

<blockquote class = " blockquote" >表示引用块。

<cite title = " 标题" >表示引用块内容的来源。

<footer class = " blockquote-footer" >包含引用来源和作者的元素。

Bootstrap4 中定义的 blockquote 类、blockquote-footer 类的样式如下：

```
.blockquote{
    margin-bottom: 1rem;
    font-size: 1.25rem;
}
.blockquote-footer{
    display: block;
    font-size: 80%;
    color: #6c757d;
}
```

例 3-10 引用示例。

```
<body>
    <div class="container">
        <blockquote class="blockquote">
            <p>天空没有翅膀的痕迹,而我已经飞过,思念是翅膀飞过的痕迹。人生的意义不在于留下什么,只要你经历过,就是最大的美好,这不是无能,而是一种超然。</p>
            <footer class="blockquote-footer text-right">泰戈尔<cite>《流萤集》</cite></footer>
        </blockquote>
    </div>
</body>
```

在 Chrome 浏览器的运行效果如图 3.12 所示。

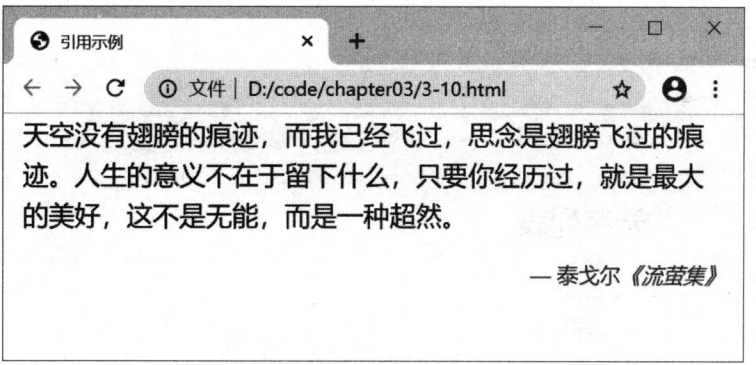

图 3.12 引用效果

上面代码中定义了文本对齐方式 text-right 类,可以将文本内容右对齐。在 Bootstrap4 中,定义了 4 个文本对齐方式类。分别是左对齐 text-left 类、居中对齐 text-center 类、右对齐 text-right 类、两端对齐 text-justify 类。

3.2 列表

HTML 中列表分为三种列表形式:无序列表、有序列表、定义列表。

3.2.1 无序列表和有序列表

无序列表是指没有特定顺序的一组元素，使用项目符号来标识。有序列表是按照顺序排列的一组元素，使用序号来标识。

例 3-11 无序列表和有序列表示例。

```
<body>
    <div class="container">
        <h3>无序列表</h3>
        <ul>
            <li>网页</li>
            <li>资讯</li>
            <li>贴吧</li>
        </ul>
        <h3>有序列表</h3>
        <ol>
            <li>第 1 步骤</li>
            <li>第 2 步骤</li>
            <li>第 3 步骤</li>
        </ol>
    </div>
</body>
```

在 Chrome 浏览器的运行效果如图 3.13 所示。

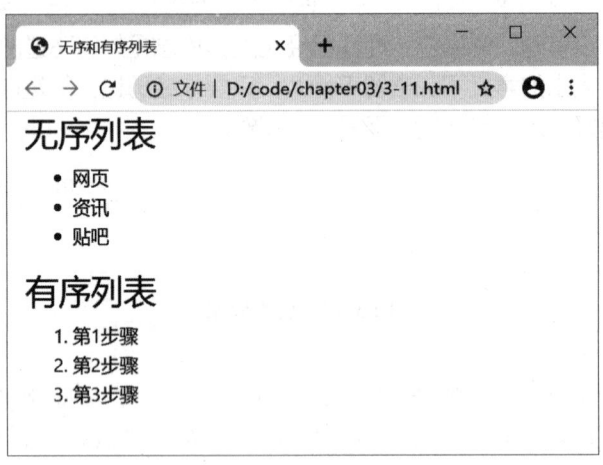

图 3.13 列表效果

列表在默认样式下呈现缩进显示，并带有列表项符号。Bootstrap 定义了 list-unstyled 类样式，使用它可以移除默认的 list-style 样式，并且设置左侧填充为 0。

例 3-12 使用 list-unstyled 类样式的无序列表。

```
<body>
  <div class="container">
    <ul class="list-unstyled">
      <li>学校概况</li>
      <li>组织机构</li>
      <li>教育教学
        <ul>
          <li>本科生教育</li>
          <li>研究生教育</li>
          <li>留学生教育</li>
          <li>继续教育</li>
        </ul>
      </li>
    </ul>
  </div>
</body>
```

在 Chrome 浏览器的运行效果如图 3.14 所示。从页面效果可以看出，list-unstyled 类只是针对直接子元素生效。如果列表项中还有嵌套列表，则必须对嵌套列表也使用 list-unstyled 类，才能具有同样的效果。

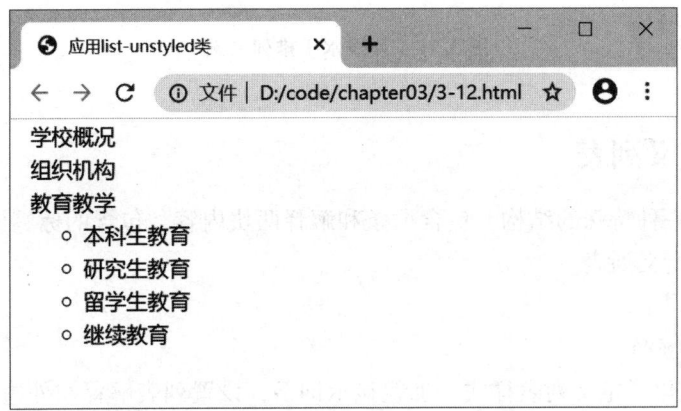

图 3.14　应用 list-unstyled 类的样式效果

如果希望列表项目水平分布，通常的做法是设置列表项的 display 值为 inline-block。Bootstrap4 定义了 list-inline、list-inline-item 两个类分别作用在 ul 和 li 元素上。它们的 CSS 定义如下：

```
.list-inline {
  padding-left: 0;
  list-style: none;
}
.list-inline-item {
```

```
    display:inline-block;
}
```

例3-13 将列表水平排列。

```
<body>
  <divclass="container">
    <ulclass="list-inline">
      <liclass="list-inline-item">学校概况</li>
      <liclass="list-inline-item">组织机构</li>
      <liclass="list-inline-item">教育教学</li>
    </ul>
  </div>
</body>
```

在 Chrome 浏览器的运行效果如图 3.15 所示。

图 3.15　列表水平排列效果

3.2.2　定义列表

定义列表是一种特殊的结构，包含词条和解释两块内容，包含的标签说明如下：
<dl>：标识定义列表。
<dt>：标识词条。
<dd>：标识解释。

Bootstrap4 优化了定义列表样式，加粗显示词条，设置列表解释左外边距为0。具体样式定义如下：

```
dl{
    margin-top:0;
    margin-bottom:1rem;
}
dt{
    font-weight:700;
}
dd{
    margin-bottom:.5rem;
    margin-left:0;
```

例3-14 定义列表示例。
```
<body>
  <div class="container">
    <dl>
      <dt>HTML</dt>
      <dd>超文本标记语言,是一种用于创建网页的标准标记语言。</dd>
      <dt>CSS</dt>
      <dd>层叠样式表,是一种用来表现HTML或XML等文件样式的计算机语言。</dd>
      <dt>JavaScript</dt>
      <dd>简称"JS",是一种具有函数优先的轻量级,解释型或即时编译型的编程语言。</dd>
    </dl>
  </div>
</body>
```
在Chrome浏览器的运行效果如图3.16所示。

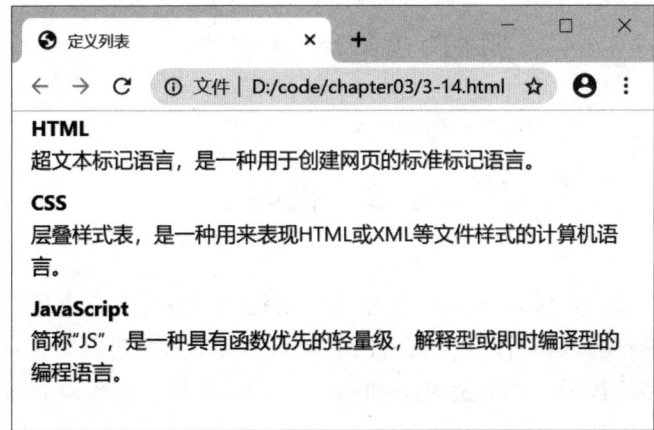

图3.16 定义列表效果

可以使用网格系统预定义的类,将词条和解释水平排列。

例3-15 使用网格系统布局定义列表示例。
```
<body>
  <div class="container">
    <dl class="row">
      <dt class="col-sm-3">HTML</dt>
      <dd class="col-sm-9">超文本标记语言,是一种用于创建网页的标准标记语言。</dd>
      <dt class="col-sm-3">CSS</dt>
      <dd class="col-sm-9">层叠样式表,是一种用来表现HTML或XML等文件样式的计算机语言。</dd>
      <dt class="col-sm-3">JavaScript</dt>
```

        <dd class="col-sm-9">简称"JS",是一种具有函数优先的轻量级,解释型或即时编译型的编程语言。</dd>
      </dl>
    </div>
  </body>

在 Chrome 浏览器的运行效果如图 3.17 所示。

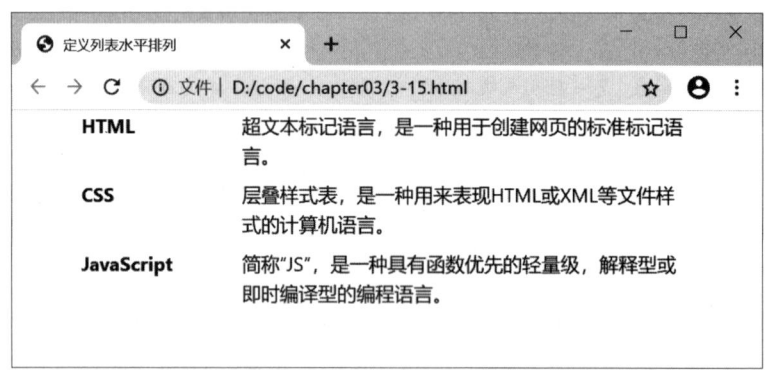

图 3.17 定义列表水平排列效果

3.3 代码

如果想在网页中显示代码,Bootstrap 中有下面几个标签可以完成这个任务。

<code>:包裹行内代码片段。注意 HTML 代码中尖括号要进行转义。

<pre>:包裹多行代码。可以通过添加 pre-scrollable 类,实现垂直滚动,并且设定的最大高度为 340px。

<kbd>:标记用户通过键盘输入的内容。

<samp>:标记程序输出的内容。

<var>:标记变量。

例 3-16 代码示例。

```
<body>
  <div class="container">
    <code>&lt;br&gt;</code>
    <pre>
      int add(int a,int b){
          return a+b;
      }
    </pre>
    <p><kbd>ctrl+c</kbd>复制</p>
```

```
        <p><kbd>ctrl+v</kbd>粘贴</p>
        <p><var>y</var> = <var>m</var><var>x</var> + <var>b</var></p>
        <p><samp>程序输出内容</samp></p>
    </div>
</body>
```

在 Chrome 浏览器的运行效果如图 3.18 所示。

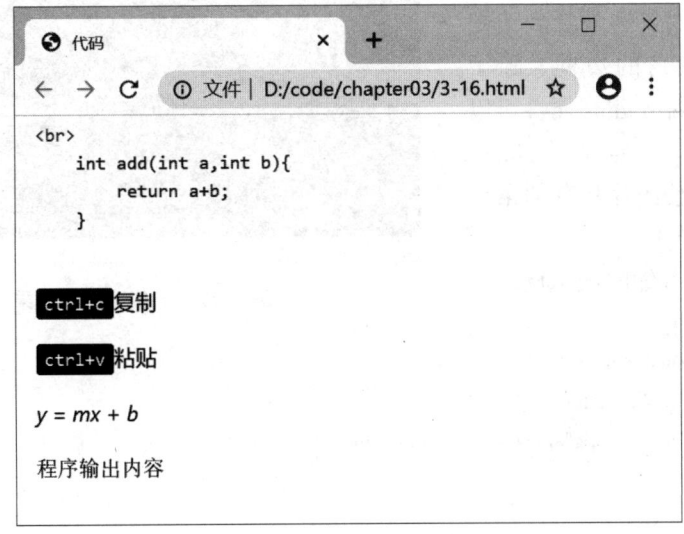

图 3.18 代码效果

3.4 图片

为了更方便地在网页中显示图片，并且不撑破其父元素。Bootstrap4 为图片元素定义了轻量级的样式和响应式的行为。

3.4.1 响应式图片

在 Bootstrap4 中，通过给图片添加 img-fluid 类来实现响应式效果，即图片会随着父元素一起缩放。也可以通过设置 max-width：100%，height：auto 样式，来实现图片响应式效果。

例 3-17 响应式图片示例。

```
<body>
    <div class="container">
        <h3>响应式图片</h3>
        <img src="img/01.jpg" class="img-fluid">
    </div>
</body>
```

在 Chrome 浏览器的运行效果如图 3.19 所示。调整浏览器窗口大小，图片随着窗口的大小同步缩放。

3.4.2 图片缩略图

在浏览网页时，经常看到给图片的四周加了圆角的边框。除了 CSS3 提供的 border-radius 属性可以实现，在 Bootstrap 中定义了 .img-thumbnail 类可以使图片具有圆角且 1px 边界的边框样式。

例 3-18 图片缩略图示例。
```
<body>
    <div class="container">
        <h3>图片缩略图</h3>
        <img src="img/02.jpg" class="img-thumbnail">
    </div>
</body>
```

图 3.19 响应式图片效果

在 Chrome 浏览器的运行效果如图 3.20 所示。从页面效果可以看出，边框与图片之间有一定的间隔。原因是 img-thumbnail 类定义了 0.25rem 的内边距。

图 3.20 图片缩略图效果

3.4.3 图片对齐方式

在 Bootstrap 中，实现图片对齐主要有以下 3 种方式：

（1）使用浮动类 float-left、float-right 分别实现往左浮动和往右浮动。

（2）使用文本类 text-left、text-center、text-right，分别实现水平居左、居中和居右对齐。

（3）使用外边距类 mx-auto 实现水平居中对齐，前提将<img>元素转化为块级元素。

例 3-19　使用浮动类对齐示例。

```
<body>
  <div class="container">
    <h3 class="text-center">使用浮动类左、右对齐</h3>
    <img src="img/03.jpg" class="float-left" width="200">
    <img src="img/03.jpg" class="float-right" width="200">
  </div>
</body>
```

在 Chrome 浏览器的运行效果如图 3.21 所示。

图 3.21　使用浮动类左右对齐效果

例 3-20　使用文本类和外边距类实现对齐示例。

```
<body>
  <div class="container">
    <h3 class="text-center">使用文本类居中对齐</h3>
    <div class="text-center"><img src="img/03.jpg" class="text-center" width="200"></div>
    <h3 class="text-center">使用外边距类居中对齐</h3>
    <img src="img/03.jpg" class="mx-auto d-block" width="200">
  </div>
</body>
```

在 Chrome 浏览器的运行效果如图 3.22 所示。

图 3.22 使用文本类和外边距类实现对齐效果

3.5 Flex 布局

Flex 是 Flexible Box 的缩写，意为弹性布局。Flex 弹性布局是 Bootstrap4 响应灵活的实用程序，可以快速管理网格的列、导航、组件等的布局、对齐和大小。通过进一步地定义 CSS，还可以实现更复杂的展示样式。

Bootstrap4 与 Bootstrap3 最大的区别是 Bootstrap4 使用弹性盒子来布局，而不是使用浮动来布局。弹性盒子也是 CSS 的一种新的布局模式，更适合响应式的设计。

3.5.1 定义弹性盒子

使用 display 通用类 d-flex 或 d-inline-flex 类来创建一个 flexbox 容器，并将子元素转换为 flex 属性。其中，d-flex 类设置对象为弹性伸缩盒子，d-inline-flex 类设置对象为内联块级弹性伸缩盒子。

采用 Flex 布局的元素，被称为 Flex 容器，简称"容器"。其所有子元素自动成为容器成员，称为 Flex 项目(Flex item)，简称"项目"。

下面使用这两个类分别创建弹性盒子容器，并设置三个弹性子元素。

例 3-21 弹性盒子容器示例。

```
<body>
    <div class="container">
        <h4 class="my-3">使用 d-flex 定义弹性盒子</h4>
```

```html
    <div class="d-flex p-3 bg-secondary text-white">
      <div class="p-2 bg-info">Flex item 1</div>
      <div class="p-2 bg-warning">Flex item 2</div>
      <div class="p-2 bg-primary">Flex item 3</div>
    </div>
    <h4 class="my-3">使用 d-inline-flex 定义弹性盒子</h4>
    <div class="d-inline-flex p-3 bg-secondary text-white">
      <div class="p-2 bg-info">Flex item 1</div>
      <div class="p-2 bg-warning">Flex item 2</div>
      <div class="p-2 bg-primary">Flex item 3</div>
    </div>
  </div>
</body>
```

在 Chrome 浏览器的运行效果如图 3.23 所示。

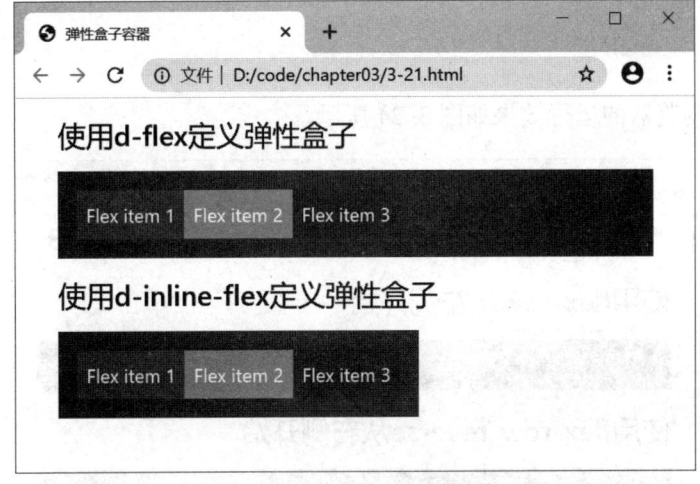

图 3.23 弹性盒子容器效果

对于弹性盒子容器也存在响应变化，可根据不同的断点来设置。响应式类如下：

.d-{sm | md | lg | xl}-flex

.d-{sm | md | lg | xl}-inline-flex

3.5.2 排列方向

弹性盒子中子项目的排列方式包括水平排列和垂直排列，Bootstrap 中定义了相应的类来进行设置。

1. 水平方向

使用 flex-row 类可以设置弹性子元素水平显示，这是默认的。使用 flex-row-reverse 类设置子项目从右侧开始排列。

例 3-22 水平方向示例。

```html
<body>
  <div class="container">
    <h4 class="my-3">使用 flex-row 从左侧开始</h4>
    <div class="d-flex flex-row bg-secondary">
      <div class="p-2 bg-info">Flex item 1</div>
      <div class="p-2 bg-warning">Flex item 2</div>
      <div class="p-2 bg-primary">Flex item 3</div>
    </div>
    <h4 class="my-3">使用 flex-row-reverse 从右侧开始</h4>
    <div class="d-flex flex-row-reverse bg-secondary">
      <div class="p-2 bg-info">Flex item 1</div>
      <div class="p-2 bg-warning">Flex item 2</div>
      <div class="p-2 bg-primary">Flex item 3</div>
    </div>
  </div>
</body>
```

在 Chrome 浏览器的运行效果如图 3.24 所示。

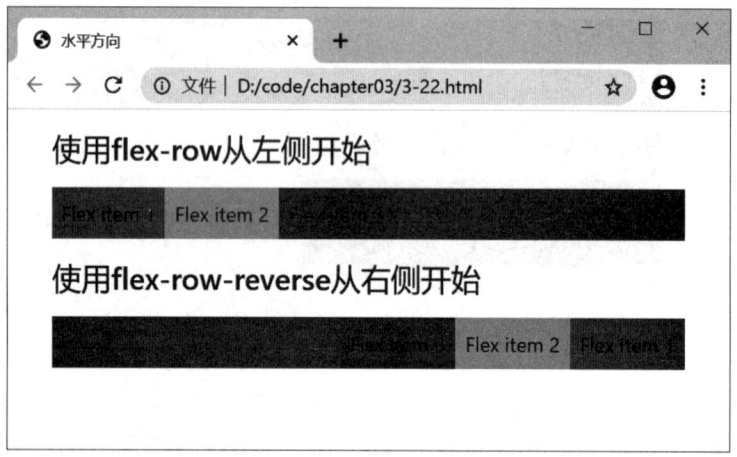

图 3.24 水平方向排列效果

水平方向布局还可以添加响应式的设置，响应式类如下：

.d-{sm|md|lg|xl}-row

.d-{sm|md|lg|xl}-row-reverse

2. 垂直方向

使用 flex-column 类可以设置弹性子元素垂直显示，flex-column-reverse 类设置子项目作垂直方向的反转。

例 3-23 垂直方向示例。

```
<body>
  <div class="container">
    <h4 class="my-3">使用 flex-column 从上往下</h4>
    <div class="d-flex flex-column bg-secondary">
      <div class="p-2 bg-info">Flex item 1</div>
      <div class="p-2 bg-warning">Flex item 2</div>
      <div class="p-2 bg-primary">Flex item 3</div>
    </div>
    <h4 class="my-3">使用 flex-column-reverse 从下往上</h4>
    <div class="d-flex flex-column-reverse bg-secondary">
      <div class="p-2 bg-info">Flex item 1</div>
      <div class="p-2 bg-warning">Flex item 2</div>
      <div class="p-2 bg-primary">Flex item 3</div>
    </div>
  </div>
</body>
```

在 Chrome 浏览器的运行效果如图 3.25 所示。

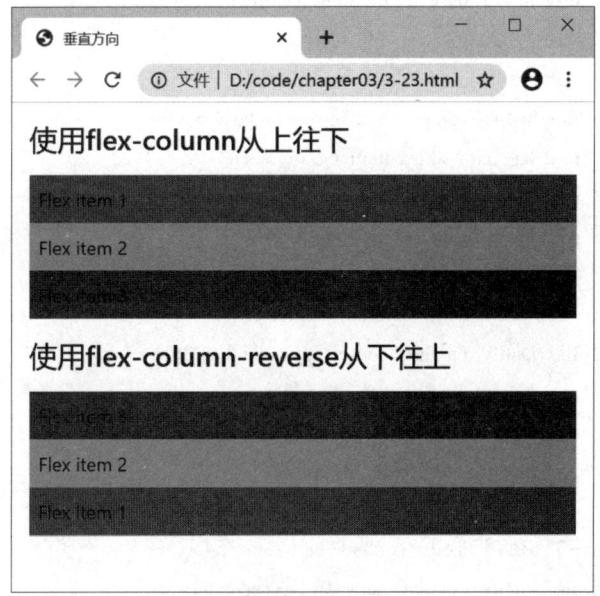

图 3.25 垂直方向排列效果

垂直方向布局也可以设置响应式，响应式类如下：

.d-{sm | md | lg | xl}-column

.d-{sm | md | lg | xl}-column-reverse

3.5.3 内容排列

使用 flexbox 容器上的 justify-content-* 类可以改变 flex 子元素在主轴上的对齐方式（默认 x 轴为主轴，如果 flex-direction：column 则 y 轴为主轴）。* 可以从 start（浏览器默认值）、end、center、between 或 around 中选择。说明如下：

.justify-content-start：子元素位于容器的开头。

.justify-content-center：子元素位于容器的中心。

.justify-content-end：子元素位于容器的结尾。

.justify-content-between：子元素位于各行之间留有空白的容器内。

.justify-content-around：子元素位于各行之前、之间、之后都留有空白的容器内。

例 3-24 内容排列示例。

```
<body>
  <div class="container">
    <h4 class="my-3">使用 justify-content-start</h4>
    <div class="d-flex justify-content-start bg-secondary">
      <div class="p-2 bg-info">Flex item 1</div>
      <div class="p-2 bg-warning">Flex item 2</div>
      <div class="p-2 bg-primary">Flex item 3</div>
    </div>
    <h4 class="my-3">使用 justify-content-end</h4>
    <div class="d-flex justify-content-end bg-secondary">
      <div class="p-2 bg-info">Flex item 1</div>
      <div class="p-2 bg-warning">Flex item 2</div>
      <div class="p-2 bg-primary">Flex item 3</div>
    </div>
    <h4 class="my-3">使用 justify-content-center</h4>
    <div class="d-flex justify-content-center bg-secondary">
      <div class="p-2 bg-info">Flex item 1</div>
      <div class="p-2 bg-warning">Flex item 2</div>
      <div class="p-2 bg-primary">Flex item 3</div>
    </div>
    <h4 class="my-3">使用 justify-content-between</h4>
    <div class="d-flex justify-content-between bg-secondary">
      <div class="p-2 bg-info">Flex item 1</div>
      <div class="p-2 bg-warning">Flex item 2</div>
      <div class="p-2 bg-primary">Flex item 3</div>
    </div>
    <h4 class="my-3">使用 justify-content-around</h4>
    <div class="d-flex justify-content-around bg-secondary">
      <div class="p-2 bg-info">Flex item 1</div>
```

```
            <div class="p-2 bg-warning">Flex item 2</div>
            <div class="p-2 bg-primary">Flex item 3</div>
        </div>
    </div>
</body>
```

在 Chrome 浏览器的运行效果如图 3.26 所示。

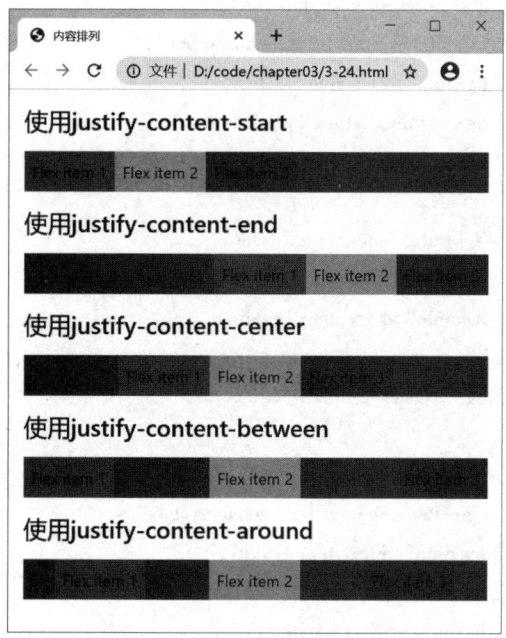

图 3.26 内容排列效果

内容排列布局也可以设置响应式,响应式类如下:

.d-{sm|md|lg|xl}-start

.d-{sm|md|lg|xl}-end

.d-{sm|md|lg|xl}-center

.d-{sm|md|lg|xl}-between

.d-{sm|md|lg|xl}-around

3.5.4 项目对齐

在 flexbox 容器上使用 align-items-* 类可以改变侧轴上 flex 子项目的对齐方式(默认 y 轴为纵轴,如果 flex-direction:column 则 x 轴为纵轴)。* 可从 start、end、center、baseline 或 stretch(浏览器默认值)中选择。

例 3-25 项目对齐示例。

```
<style>
    .box {
```

```html
            width: 100%;
            height: 60px;
        }
    </style>
    <body>
        <div class="container">
            <h4 class="my-3">使用 align-items-start</h4>
            <div class="d-flex align-items-start bg-secondary box">
                <div class="px-2 bg-info">Flex item 1</div>
                <div class="px-2 bg-warning">Flex item 2</div>
                <div class="px-2 bg-primary">Flex item 3</div>
            </div>
            <h4 class="my-3">使用 align-items-end</h4>
            <div class="d-flex align-items-end bg-secondary box">
                <div class="px-2 bg-info">Flex item 1</div>
                <div class="px-2 bg-warning">Flex item 2</div>
                <div class="px-2 bg-primary">Flex item 3</div>
            </div>
            <h4 class="my-3">使用 align-items-center</h4>
            <div class="d-flex align-items-center bg-secondary box">
                <div class="px-2 bg-info">Flex item 1</div>
                <div class="px-2 bg-warning">Flex item 2</div>
                <div class="px-2 bg-primary">Flex item 3</div>
            </div>
            <h4 class="my-3">使用 align-items-baseline</h4>
            <div class="d-flex align-items-baseline bg-secondary box">
                <div class="px-2 bg-info">Flex item 1</div>
                <div class="px-2 bg-warning">Flex item 2</div>
                <div class="px-2 bg-primary">Flex item 3</div>
            </div>
            <h4 class="my-3">使用 align-items-stretch</h4>
            <div class="d-flex align-items-stretch bg-secondary box">
                <div class="px-2 bg-info">Flex item 1</div>
                <div class="px-2 bg-warning">Flex item 2</div>
                <div class="px-2 bg-primary">Flex item 3</div>
            </div>
        </div>
    </body>
```

在 Chrome 浏览器的运行效果如图 3.27 所示。

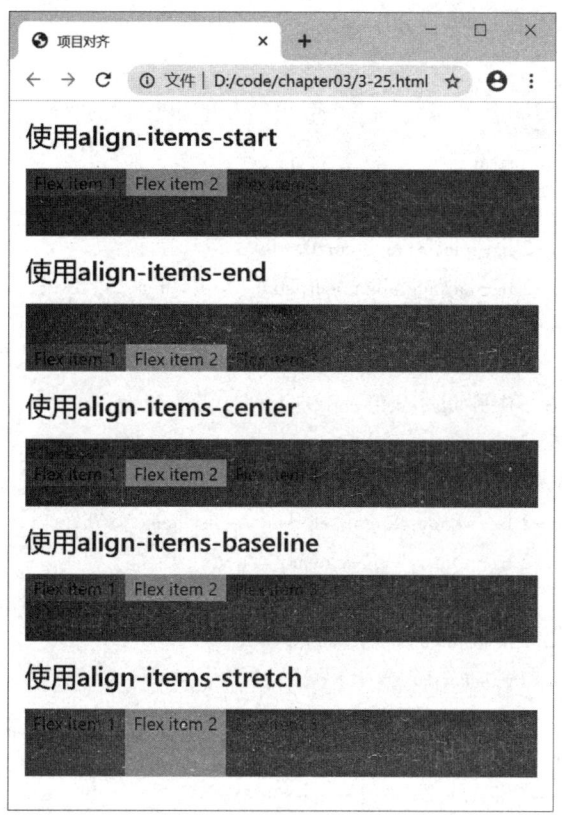

图 3.27 项目对齐效果

项目对齐排列布局也可以设置响应式，响应式类如下：

.align-items-{sm | md | lg | xl}-start

.align-items-{sm | md | lg | xl}-end

.align-items-{sm | md | lg | xl}-center

.align-items-{sm | md | lg | xl}-baseline

.align-items-{sm | md | lg | xl}-stretch

3.5.5 自身对齐

使用 flexbox 容器上的 align-self-* 类单独改变在侧轴上的对齐（默认 y 轴为纵轴，如果 flex-direction：column 则 x 轴为侧轴）。* 拥有与 align-items 相同的可选项：start、end、center、baseline 和 stretch（浏览器默认值）。

例 3-26 自身对齐示例。

```
<style>
  .box {
    width: 100%;
    height: 60px;
```

```html
            }
        </style>
    <body>
        <div class="container">
            <h4 class="my-3">使用 align-self-start</h4>
            <div class="d-flex bg-secondary box">
                <div class="px-2 bg-info">Flex item 1</div>
                <div class="px-2 bg-warning align-self-start ">Flex item 2</div>
                <div class="px-2 bg-primary">Flex item 3</div>
            </div>
            <h4 class="my-3">使用 align-self-end</h4>
            <div class="d-flex bg-secondary box">
                <div class="px-2 bg-info">Flex item 1</div>
                <div class="px-2 bg-warning align-self-end">Flex item 2</div>
                <div class="px-2 bg-primary">Flex item 3</div>
            </div>
            <h4 class="my-3">使用 align-self-center</h4>
            <div class="d-flex bg-secondary box">
                <div class="px-2 bg-info">Flex item 1</div>
                <div class="px-2 bg-warning align-self-center">Flex item 2</div>
                <div class="px-2 bg-primary">Flex item 3</div>
            </div>
            <h4 class="my-3">使用 align-self-baseline</h4>
            <div class="d-flex bg-secondary box">
                <div class="px-2 bg-info">Flex item 1</div>
                <div class="px-2 bg-warning align-self-baseline">Flex item 2</div>
                <div class="px-2 bg-primary">Flex item 3</div>
            </div>
            <h4 class="my-3">使用 align-self-stretch</h4>
            <div class="d-flex bg-secondary box">
                <div class="px-2 bg-info">Flex item 1</div>
                <div class="px-2 bg-warning align-self-stretch">Flex item 2</div>
                <div class="px-2 bg-primary">Flex item 3</div>
            </div>
        </div>
    </body>
```

在 Chrome 浏览器的运行效果如图 3.28 所示。

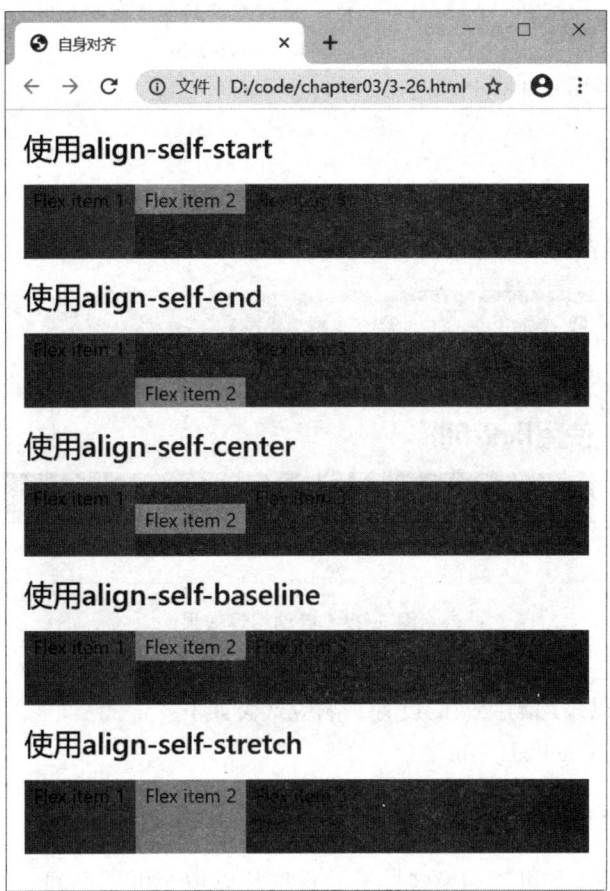

图 3.28 自身对齐效果

自身对齐排列布局也可以设置响应式，响应式类如下：

.align-self-{sm | md | lg | xl}-start

.align-self-{sm | md | lg | xl}-end

.align-self-{sm | md | lg | xl}-center

.align-self-{sm | md | lg | xl}-baseline

.align-self-{sm | md | lg | xl}-stretch

3.5.6 自动相等

在相邻元素上使用 flex-fill 类来强制它们在相同的宽度上分配所有可用的水平空间。

例 3-27　自动相等示例。

```
<body>
    <div class="container">
        <h4 class="my-3">使用 flex-fill</h4>
        <div class="d-flex bg-secondary">
```

```
        <div class="p-2 flex-fill bg-info">Flex item1 包含内容更多</div>
        <div class="p-2 flex-fill bg-warning">Flex item2</div>
        <div class="p-2 flex-fill bg-primary">Flex item3</div>
      </div>
    </div>
</body>
```

在 Chrome 浏览器的运行效果如图 3.29 所示。

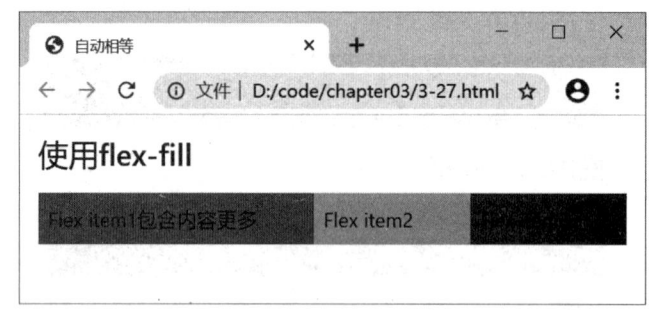

图 3.29 自动相等效果

自动相等也可以添加响应式的设置，响应式类如下：

.flex-{sm | md | lg | xl}-fill

3.5.7 等宽变换

使用 flex-grow-* 类可以切换弹性子元素增长以填充可用空间。如有需要，可以使用 flex-shrink-* 类来切换调整项目的尺寸。

在下面的示例中，第 1 个弹性容器，让子元素使用 flex-grow-1 类，则可以使用所有可用空间，同时允许剩余的两个 Flex 项目具有必要的空间。第 2 个弹性容器，使用 flex-shrink-1 类则让子元素被强制将其内容包装到一个新行，"收缩"以允许更多空间用于上一个具有 w-100 的弹性项目。

例 3-28 等宽变换示例。

```
<body>
  <div class="container">
    <h4 class="my-3">使用 flex-grow-*</h4>
    <div class="d-flex bg-secondary">
      <div class="p-2 flex-grow-1 bg-info">Flex item1</div>
      <div class="p-2 bg-warning">Flex item2</div>
      <div class="p-2 bg-primary">Flex item3</div>
    </div>
    <h4 class="my-3">使用 flex-shrink-*</h4>
    <div class="d-flex bg-secondary">
      <div class="p-2 w-100 bg-warning">Flex item1</div>
```

```
        <div class="p-2 flex-shrink-1 bg-info">Flex item2</div>
      </div>
    </div>
  </body>
```
在 Chrome 浏览器的运行效果如图 3.30 所示。

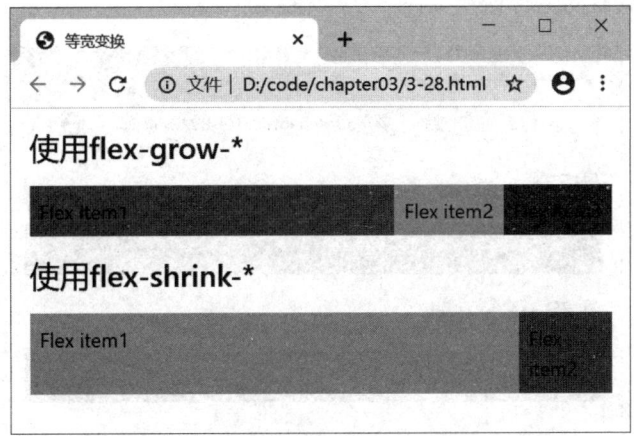

图 3.30　等宽变换效果

等宽变换也可以添加响应式的设置，响应式类如下：
.flex-{sm | md | lg | xl}-grow-0
.flex-{sm | md | lg | xl}-grow-1
.flex-{sm | md | lg | xl}-shrink-0
.flex-{sm | md | lg | xl}-shrink-1

3.5.8　自动边距

可以将 flex 与自动边距混在一起使用，flexbox 也能正常地运行。下面的示例通过自动边距来控制 flex 子元素：向右推两个项目（mr-auto），并向左推两个项目（ml-auto）。

例 3-29　水平方向自动边距示例。
```
  <body>
    <div class="container">
      <h4 class="my-3">使用 mr-auto</h4>
      <div class="d-flex bg-secondary">
        <div class="p-2 mr-auto bg-info">Flex item 1</div>
        <div class="p-2 bg-warning">Flex item 2</div>
        <div class="p-2 bg-primary">Flex item 3</div>
      </div>
      <h4 class="my-3">使用 ml-auto</h4>
      <div class="d-flex bg-secondary">
        <div class="p-2 bg-info">Flex item 1</div>
```

```
            <div class="p-2 bg-warning">Flex item 2</div>
            <div class="p-2 ml-auto bg-primary">Flex item 3</div>
        </div>
    </div>
</body>
```

在 Chrome 浏览器的运行效果如图 3.31 所示。

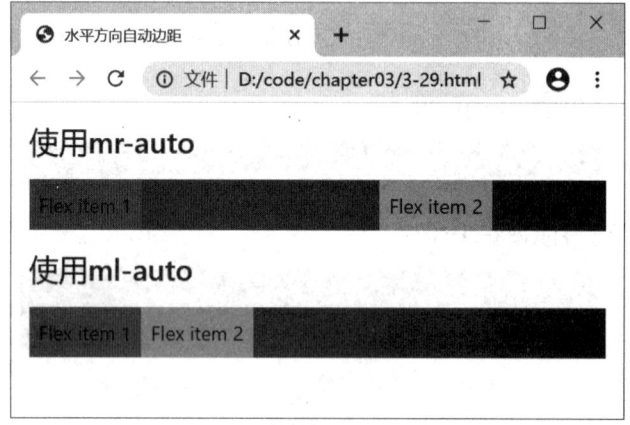

图 3.31　水平方向自动边距效果

混合 .align-items、flex-direction：column 和 margin-top：auto 或 margin-bottom：auto，会将一个 flex 子容器移动到容器的顶部或底部。

例 3-30　垂直方向自动边距示例。

```
<body>
    <div class="container">
        <h4 class="my-3">使用 mb-auto</h4>
        <div class="d-flex align-items-start flex-column bg-secondary" style="height:150px;">
            <div class="mb-auto p-2 bg-info">Flex item 1</div>
            <div class="p-2 bg-warning">Flex item 2</div>
            <div class="p-2 bg-primary">Flex item 3</div>
        </div>
        <h4 class="my-3">使用 mt-auto</h4>
        <div class="d-flex align-items-end flex-column bg-secondary" style="height:150px;">
            <div class="p-2 bg-info">Flex item 1</div>
            <div class="p-2 bg-warning">Flex item 2</div>
            <div class="mt-auto p-2 bg-primary">Flex item 3</div>
        </div>
    </div>
</body>
```

在 Chrome 浏览器的运行效果如图 3.32 所示。

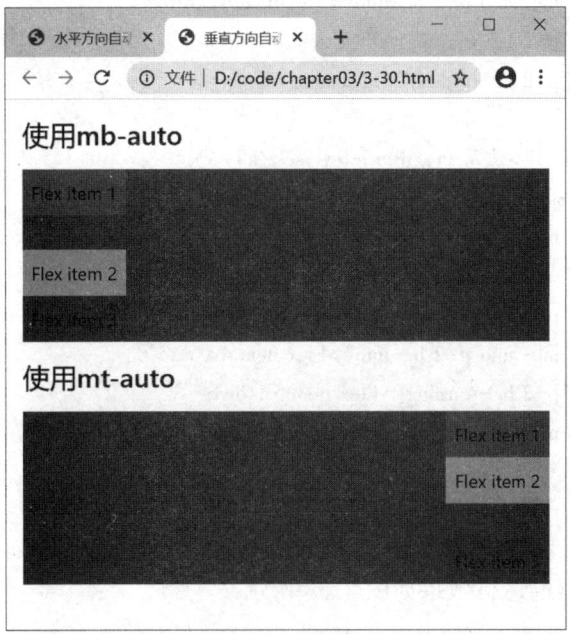

图 3.32 垂直方向自动边距效果

3.5.9 包裹

改变 Flex 子容器在 Flex 容器中的包裹方式（可以实现弹性布局），其中包括无包裹 flex-nowrap 类（浏览器默认）、包裹 flex-wrap 类，或者反向包裹 flex-wrap-reverse 类。

例 3-31 包裹示例。

```
<body>
  <div class="container">
    <h4 class="my-3">使用 flex-nowrap</h4>
    <div class="d-flex flex-nowrap bg-secondary">
      <div class="mb-auto p-2 bg-info">Flex item 1</div>
      <div class="p-2 bg-warning">Flex item 2</div>
      <div class="p-2 bg-primary">Flex item 3</div>
      <div class="mb-auto p-2 bg-info">Flex item 4</div>
      <div class="p-2 bg-warning">Flex item 5</div>
      <div class="p-2 bg-primary">Flex item 6</div>
    </div>
    <h4 class="my-3">使用 flex-wrap</h4>
    <div class="d-flex flex-wrap bg-secondary">
      <div class="mb-auto p-2 bg-info">Flex item 1</div>
      <div class="p-2 bg-warning">Flex item 2</div>
```

```
            <div class="p-2 bg-primary">Flex item 3</div>
            <div class="mb-auto p-2 bg-info">Flex item 4</div>
            <div class="p-2 bg-warning">Flex item 5</div>
            <div class="p-2 bg-primary">Flex item 6</div>
        </div>
        <h4 class="my-3">使用 flex-wrap-reverse</h4>
        <div class="d-flex flex-wrap-reverse bg-secondary">
            <div class="mb-auto p-2 bg-info">Flex item 1</div>
            <div class="p-2 bg-warning">Flex item 2</div>
            <div class="p-2 bg-primary">Flex item 3</div>
            <div class="mb-auto p-2 bg-info">Flex item 4</div>
            <div class="p-2 bg-warning">Flex item 5</div>
            <div class="p-2 bg-primary">Flex item 6</div>
        </div>
    </div>
</body>
```

在 Chrome 浏览器的运行效果如图 3.33 所示。

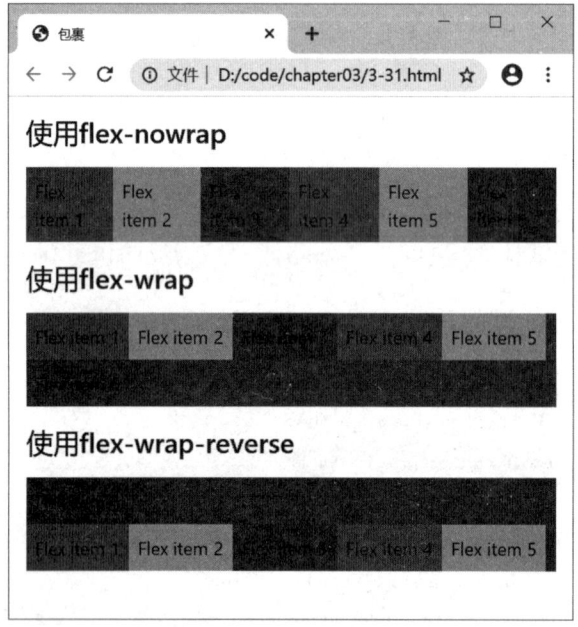

图 3.33 包裹效果

包装布局也可以添加响应式的设置，响应式类如下：

flex-{sm | md | lg | xl}-nowrap

flex-{sm | md | lg | xl}-wrap

flex-{sm | md | lg | xl}-wrap-reverse

3.5.10 排序

使用 order-* 类可以改变 flex 子容器的排序顺序。Bootstrap 仅提供将一个物件排在第一个或最后一个,以及重置 DOM 顺序。由于 order 只能使用整数值(例如 5),对需要的任何额外值则需要自定义 CSS。

例 3-32 排序示例。

```
<body>
  <div class="container">
    <h4 class="my-3">使用 flex-order-*</h4>
    <div class="d-flex bg-secondary">
      <div class="order-3 p-2 bg-info">Flex item 1</div>
      <div class="order-2 p-2 bg-warning">Flex item 2</div>
      <div class="order-1 p-2 bg-primary">Flex item 3</div>
    </div>
  </div>
</body>
```

在 Chrome 浏览器的运行效果如图 3.34 所示。

图 3.34 排列效果

3.5.11 对齐内容

使用 flexbox 容器上的 align-content-* 类可以将 flex 子元素于侧轴上一起对齐。从 start(浏览器预设)、end、center、between、around 或者 stretch 中选择。为了呈现效果,下面示例中加入了 flex-wrap:wrap 及增加了 flex 子容器的数量。因为此特性对于单行的 flex 无作用。

例 3-33 对齐内容示例。

```
<body>
  <div class="container">
    <h4 class="my-3">使用 align-content-start</h4>
    <div class="d-flex flex-wrap align-content-start bg-secondary" style="height:100px">
      <div class="p-2 bg-info">Flex item 1</div>
```

```html
        <div class="p-2 bg-warning">Flex item 2</div>
        <div class="p-2 bg-primary">Flex item 3</div>
        <div class="p-2 bg-info">Flex item 4</div>
        <div class="p-2 bg-warning">Flex item 5</div>
        <div class="p-2 bg-primary">Flex item 6</div>
        <div class="p-2 bg-info">Flex item 7</div>
        <div class="p-2 bg-warning">Flex item 8</div>
        <div class="p-2 bg-primary">Flex item 9</div>
    </div>
  </div>
</body>
```

在 Chrome 浏览器的运行效果如图 3.35 所示。

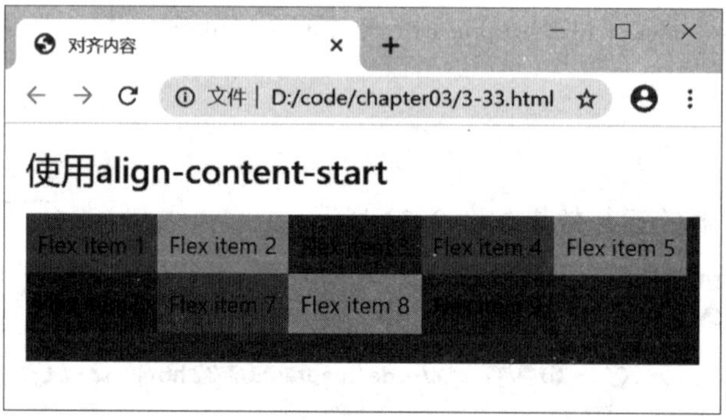

图 3.35　使用 align-content-start 效果

将上面示例中的 align-content-start 换成 align-content-end、align-content-center、align-content-between、align-content-around、align-content-stretch，效果分别如图 3.36、图 3.37、图 3.38、图 3.39、图 3.40 所示。

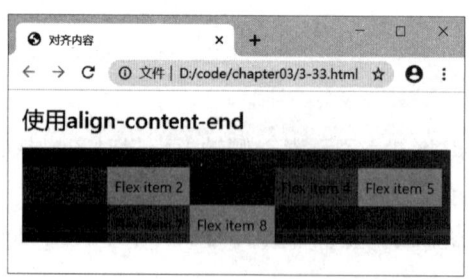

图 3.36　使用 align-content-end 效果

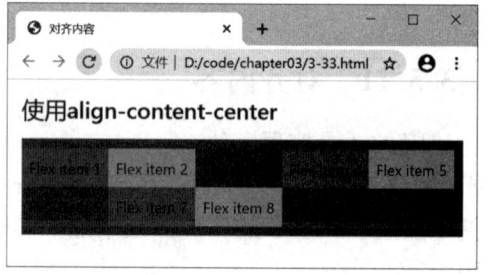

图 3.37　使用 align-content-center 效果

第 3 章 CSS 通用样式

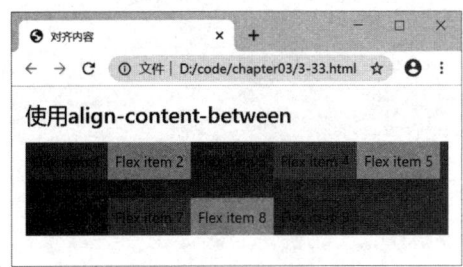

图 3.38 使用 align-content-between 效果　　图 3.39 使用 align-content-around 效果

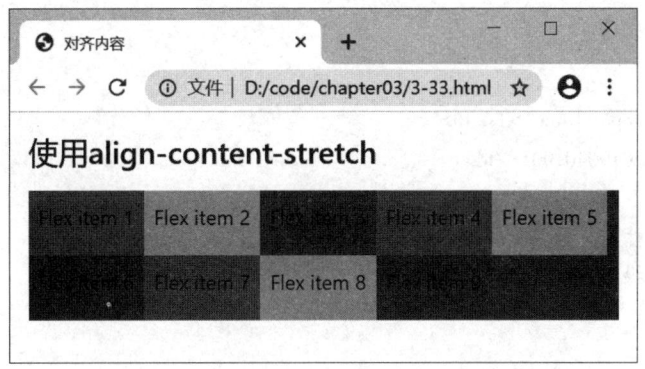

图 3.40 使用 align-content-stretch 效果

对齐内容也可以添加响应式的设置，响应式类如下：

.flex-content-{sm | md | lg | xl}-start

.flex-content-{sm | md | lg | xl}-end

.flex-content-{sm | md | lg | xl}-center

.flex-content-{sm | md | lg | xl}-between

.flex-content-{sm | md | lg | xl}-around

.flex-content-{sm | md | lg | xl}-stretch

3.6 表格

Bootstrap 对表格进行了优化，通过给<table>元素应用 table 类样式便可以得到一个优化的基本的表格。

3.6.1 基本实例

例 3-34　给<table>添加 table 类样式，显示优化后的表格。

```
<body>
  <div class="container">
```

— 69 —

```html
        <table class="table">
          <thead>
            <tr>
              <th scope="col">序号</th>
              <th scope="col">学号</th>
              <th scope="col">姓名</th>
              <th scope="col">专业</th>
              <th scope="col">课程</th>
            </tr>
          </thead>
          <tbody>
            <tr>
              <th scope="row">1</th>
              <td>20190401001</td>
              <td>李莉</td>
              <td>计算机科学与技术</td>
              <td>操作系统</td>
            </tr>
            <tr>
              <th scope="row">2</th>
              <td>20190401002</td>
              <td>张霄</td>
              <td>计算机科学与技术</td>
              <td>操作系统</td>
            </tr>
            <tr>
              <th scope="row">3</th>
              <td>20190401003</td>
              <td>周冰</td>
              <td>计算机科学与技术</td>
              <td>操作系统</td>
            </tr>
          </tbody>
        </table>
      </div>
  </body>
```

在 Chrome 浏览器的运行效果如图 3.41 所示。

第3章 CSS通用样式

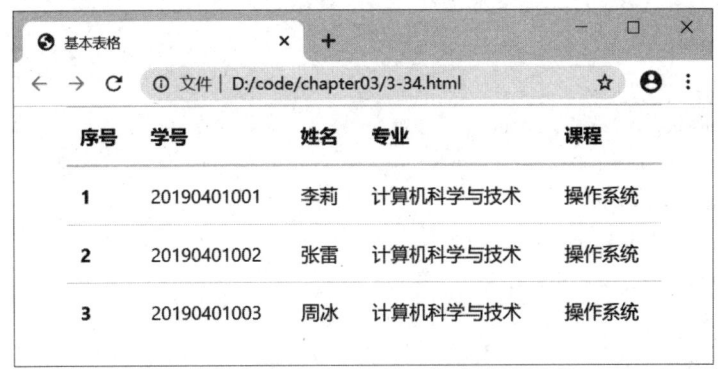

图 3.41 基本表格效果

可以在<table>元素上应用 table-dark 类样式，table-dark 类的作用是通过给单元格设置"background-color：#c6c8ca;"得到一个颜色较暗的表。

例 3-35 给表格添加 .table-dark 样式示例。

```
<body>
  <div class="container">
    <table class="table table-dark">
      <thead>
        <tr>
          <th scope="col">序号</th>
          <th scope="col">学号</th>
          <th scope="col">姓名</th>
          <th scope="col">专业</th>
          <th scope="col">课程</th>
        </tr>
      </thead>
      <tbody>
        <tr>
          <th scope="row">1</th>
          <td>20190401001</td>
          <td>李莉</td>
          <td>计算机科学与技术</td>
          <td>操作系统</td>
        </tr>
        <tr>
          <th scope="row">2</th>
          <td>20190401002</td>
          <td>张雷</td>
          <td>计算机科学与技术</td>
```

```
          <td>操作系统</td>
        </tr>
          <tr>
          <th scope="row">3</th>
          <td>20190401003</td>
          <td>周冰</td>
          <td>计算机科学与技术</td>
          <td>操作系统</td>
        </tr>
      </tbody>
    </table>
  </div>
</body>
```

在 Chrome 浏览器的运行效果如图 3.42 所示。

图 3.42 添加 table-dark 类样式的效果

3.6.2 表头选项

在表头中，可以使用 thead-light 类、thead-dark 类分别使<thead>的背景颜色变成浅灰色、深灰色。

例 3-36 给表头<thead>添加 thead-light 类样式示例。

```
<body>
  <div class="container">
    <table class="table">
      <thead class="thead-light">
        <tr>
          <th scope="col">序号</th>
          <th scope="col">学号</th>
          <th scope="col">姓名</th>
          <th scope="col">专业</th>
```

```
            <th scope="col">课程</th>
          </tr>
        </thead>
        <tbody>
          <tr>
            <th scope="row">1</th>
            <td>20190401001</td>
            <td>李莉</td>
            <td>计算机科学与技术</td>
            <td>操作系统</td>
          </tr>
          <tr>
            <th scope="row">2</th>
            <td>20190401002</td>
            <td>张雷</td>
            <td>计算机科学与技术</td>
            <td>操作系统</td>
          </tr>
          <tr>
            <th scope="row">3</th>
            <td>20190401003</td>
            <td>周冰</td>
            <td>计算机科学与技术</td>
            <td>操作系统</td>
          </tr>
        </tbody>
      </table>
    </div>
  </body>
```

在 Chrome 浏览器的运行效果如图 3.43 所示。也可以给 thead 标签添加 thead-dark 类样式。即<thead class="thead-dark">，效果如图 3.44 所示。

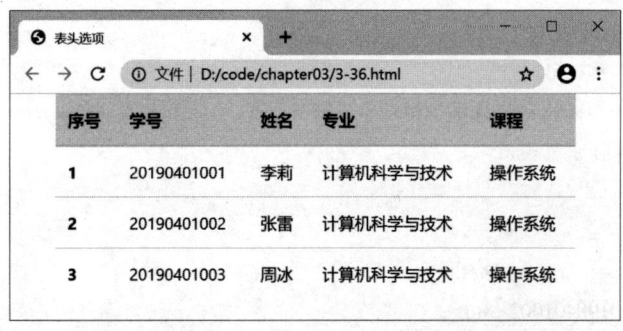

图 3.43　表头添加 thead-light 类样式的效果

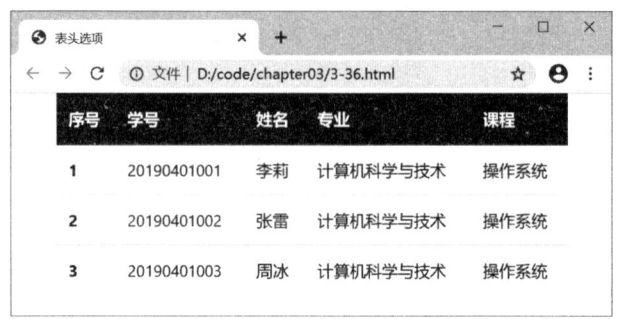

图 3.44 表头添加 thead-dark 类样式的效果

3.6.3 条纹状表格

给<table>添加 table-striped 类样式，可以给表格中<tbody>元素内的任一行添加斑马条纹样式。

例 3-37 给<table>添加 table-striped 类样式示例。

```
<body>
  <div class="container">
    <table class="table table-striped">
      <thead>
        <tr>
          <th scope="col">序号</th>
          <th scope="col">学号</th>
          <th scope="col">姓名</th>
          <th scope="col">专业</th>
          <th scope="col">课程</th>
        </tr>
      </thead>
      <tbody>
        <tr>
          <th scope="row">1</th>
          <td>20190401001</td>
          <td>李莉</td>
          <td>计算机科学与技术</td>
          <td>操作系统</td>
        </tr>
        <tr>
          <th scope="row">2</th>
          <td>20190401002</td>
          <td>张雷</td>
```

```
        <td>计算机科学与技术</td>
        <td>操作系统</td>
      </tr>
      <tr>
        <th scope="row">3</th>
        <td>20190401003</td>
        <td>周冰</td>
        <td>计算机科学与技术</td>
        <td>操作系统</td>
      </tr>
    </tbody>
  </table>
 </div>
</body>
```

在 Chrome 浏览器的运行效果如图 3.45 所示。

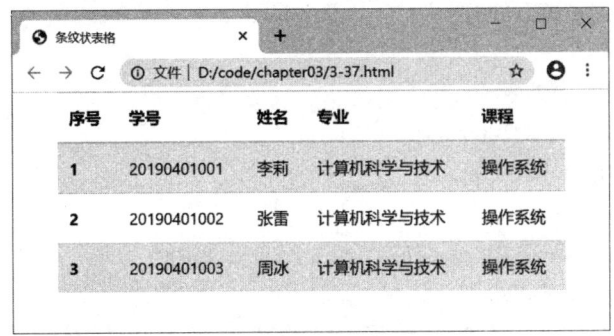

图 3.45 条纹状表格

3.6.4 带边框的表格

给<table>元素添加 table-bordered 类样式，可以给表格中的每个单元格增加边框样式。

例 3-38 给<table>元素添加 table-bordered 类样式。

```
<body>
  <div class="container">
    <table class="table table-bordered">
      <thead>
        <tr>
          <th scope="col">序号</th>
          <th scope="col">学号</th>
          <th scope="col">姓名</th>
          <th scope="col">专业</th>
          <th scope="col">课程</th>
```

```
            </tr>
        </thead>
        <tbody>
            <tr>
                <th scope="row">1</th>
                <td>20190401001</td>
                <td>李莉</td>
                <td>计算机科学与技术</td>
                <td>操作系统</td>
            </tr>
            <tr>
                <th scope="row">2</th>
                <td>20190401002</td>
                <td>张雷</td>
                <td>计算机科学与技术</td>
                <td>操作系统</td>
            </tr>
            <tr>
                <th scope="row">3</th>
                <td>20190401003</td>
                <td>周冰</td>
                <td>计算机科学与技术</td>
                <td>操作系统</td>
            </tr>
        </tbody>
    </table>
  </div>
</body>
```

在 Chrome 浏览器的运行效果如图 3.46 所示。

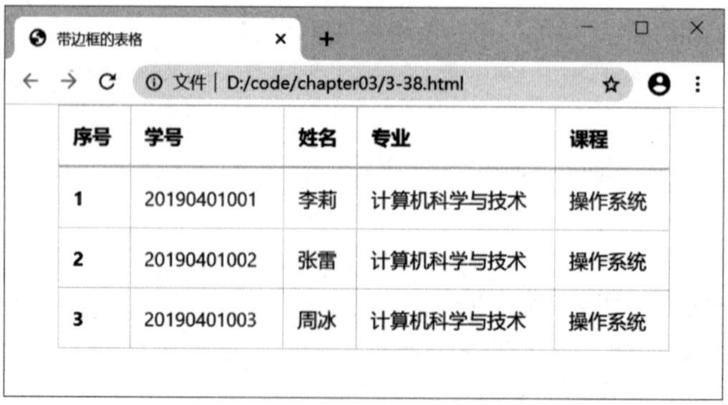

图 3.46　带边框的表格效果

3.6.5 无边框的表格

给<table>元素添加 table-boardeless 类样式,得到一个没有边框的表格。

例 3-39 给<table>元素添加 table-boardeless 类样式。

```
<body>
  <div class="container">
    <table class="table table-borderless">
      <thead>
        <tr>
          <th scope="col">序号</th>
          <th scope="col">学号</th>
          <th scope="col">姓名</th>
          <th scope="col">专业</th>
          <th scope="col">课程</th>
        </tr>
      </thead>
      <tbody>
        <tr>
          <th scope="row">1</th>
          <td>20190401001</td>
          <td>李莉</td>
          <td>计算机科学与技术</td>
          <td>操作系统</td>
        </tr>
        <tr>
          <th scope="row">2</th>
          <td>20190401002</td>
          <td>张雷</td>
          <td>计算机科学与技术</td>
          <td>操作系统</td>
        </tr>
        <tr>
          <th scope="row">3</th>
          <td>20190401003</td>
          <td>周冰</td>
          <td>计算机科学与技术</td>
          <td>操作系统</td>
        </tr>
      </tbody>
    </table>
```

      </div>
    </body>

在 Chrome 浏览器的运行效果如图 3.47 所示。

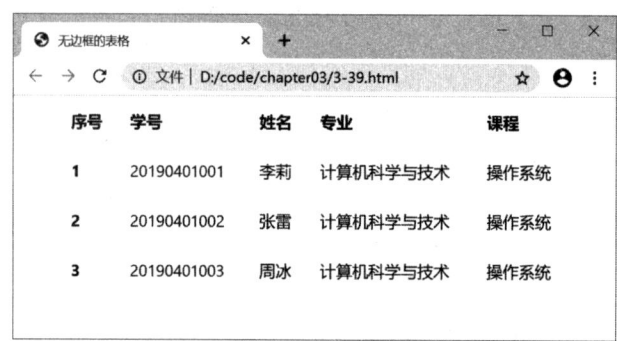

图 3.47　无边框表格效果

3.6.6　鼠标指针悬停

给<table>元素添加 table-hover 类样式,当鼠标放到<tbody>元素内的任一行时都会产生悬停的效果。

例 3-40　给<table>元素添加 table-hover 类样式示例。

```
<body>
  <div class="container">
    <table class="table table-hover">
      <thead>
        <tr>
          <th scope="col">序号</th>
          <th scope="col">学号</th>
          <th scope="col">姓名</th>
          <th scope="col">专业</th>
          <th scope="col">课程</th>
        </tr>
      </thead>
      <tbody>
        <tr>
          <th scope="row">1</th>
          <td>20190401001</td>
          <td>李莉</td>
          <td>计算机科学与技术</td>
          <td>操作系统</td>
        </tr>
        <tr>
          <th scope="row">2</th>
```

```
            <td>20190401002</td>
            <td>张雷</td>
            <td>计算机科学与技术</td>
            <td>操作系统</td>
          </tr>
          <tr>
            <th scope="row">3</th>
            <td>20190401003</td>
            <td>周冰</td>
            <td>计算机科学与技术</td>
            <td>操作系统</td>
          </tr>
        </tbody>
      </table>
    </div>
</body>
```

在 Chrome 浏览器的运行效果如图 3.48 所示。

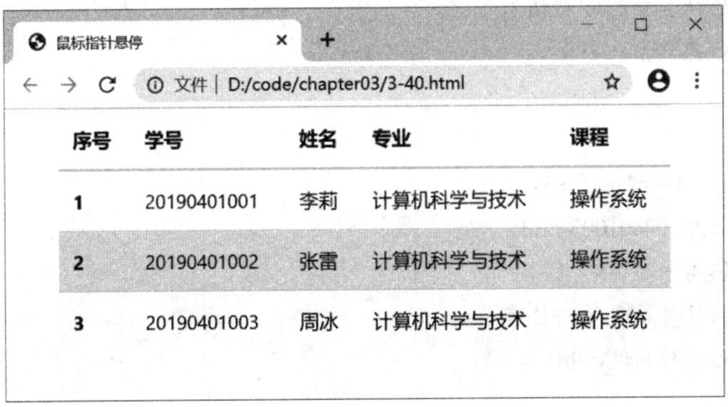

图 3.48 鼠标指针悬停效果

3.6.7 紧凑表格

给 \<table\> 元素添加 table-sm 类样式，通过将单元格填充值减半以使表格看起来更紧凑。

例 3-41 给 \<table\> 元素添加 table-sm 类样式。

```
<body>
    <div class="container">
      <table class="table table-sm">
        <thead>
          <tr>
            <th scope="col">序号</th>
            <th scope="col">学号</th>
```

```
                <th scope="col">姓名</th>
                <th scope="col">专业</th>
                <th scope="col">课程</th>
            </tr>
        </thead>
        <tbody>
            <tr>
                <th scope="row">1</th>
                <td>20190401001</td>
                <td>李莉</td>
                <td>计算机科学与技术</td>
                <td>操作系统</td>
            </tr>
            <tr>
                <th scope="row">2</th>
                <td>20190401002</td>
                <td>张雷</td>
                <td>计算机科学与技术</td>
                <td>操作系统</td>
            </tr>
            <tr>
                <th scope="row">3</th>
                <td>20190401003</td>
                <td>周冰</td>
                <td>计算机科学与技术</td>
                <td>操作系统</td>
            </tr>
        </tbody>
    </table>
</div>
</body>
```

在 Chrome 浏览器的运行效果如图 3.49 所示。

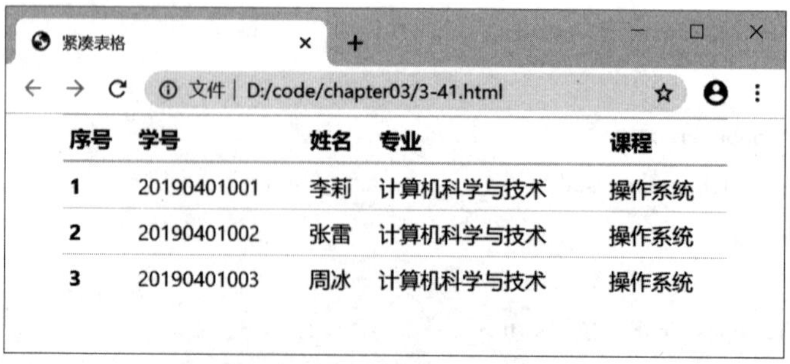

图 3.49　紧凑表格效果

3.6.8 状态类

Bootstrap 为表格提供了五种状态的样式类，这些状态类的主要作用是为表格中的行或单元格设置不同的背景颜色。

.table-success：表示这是一个成功或积极的操作，应用绿色。
.table-active：表示当前活动的信息，应用灰色。
.table-primary：表示这是一个重要的操作，应用蓝色。
.table-warning：表示一个需要注意的警告，应用黄色。
.table-danger：表示一个危险的操作，应用红色。
.table-info：表示内容已变更，应用浅蓝色。
.table-secondary：表示内容不是很重要，应用灰色。
.table-light：浅灰色。
.table-dark：深灰色。

例 3-42　表格背景颜色示例。

```
<body>
  <div class="container">
    <table class="table">
      <thead>
        <tr>
          <th scope="col">序号</th>
          <th scope="col">学号</th>
          <th scope="col">姓名</th>
          <th scope="col">专业</th>
          <th scope="col">课程</th>
        </tr>
      </thead>
      <tbody>
        <tr class="table-success">
          <th scope="row">1</th>
          <td>20190401001</td>
          <td>李莉</td>
          <td>计算机科学与技术</td>
          <td>操作系统</td>
        </tr>
        <tr class="table-active">
          <th scope="row">2</th>
          <td>20190401002</td>
          <td>张雷</td>
          <td>计算机科学与技术</td>
```

```html
            <td>操作系统</td>
          </tr>
          <tr class="table-primary">
            <th scope="row">3</th>
            <td>20190401003</td>
            <td>周冰</td>
            <td>计算机科学与技术</td>
            <td>操作系统</td>
          </tr>
          <tr class="table-warning">
            <th scope="row">4</th>
            <td>20190401004</td>
            <td>王穗</td>
            <td>计算机科学与技术</td>
            <td>操作系统</td>
          </tr>
            <tr class="table-danger">
            <th scope="row">5</th>
            <td>20190401005</td>
            <td>周利</td>
            <td>计算机科学与技术</td>
            <td>操作系统</td>
          </tr>
          <tr class="table-info">
            <th scope="row">6</th>
            <td>20190401006</td>
            <td>何琪</td>
            <td>计算机科学与技术</td>
            <td>操作系统</td>
          </tr>
          <tr class="table-secondary">
            <th scope="row">7</th>
            <td>20190401007</td>
            <td>付伟</td>
            <td>计算机科学与技术</td>
            <td>操作系统</td>
          </tr>
        </tbody>
      </table>
    </div>
  </body>
```

在 Chrome 浏览器的运行效果如图 3.50 所示。

图 3.50　给表格添加状态类效果

3.6.9　响应式表格

通过把任意的 table 包装在 table-responsive 类内，可以创建响应式表格。即当表格水平溢出时出现水平滚动条。

例 3-43　响应式表格示例。

```
<body>
  <div class="table-responsive">
    <table class="table table-bordered">
      <thead>
        <tr>
          <th>序号</th>
          <th>姓名</th>
          <th>班级</th>
          <th>语文</th>
          <th>数学</th>
          <th>英语</th>
          <th>物理</th>
          <th>化学</th>
          <th>生物</th>
          <th>地理</th>
          <th>政治</th>
          <th>历史</th>
        </tr>
      </thead>
```

```
            <tbody>
                <tr>
                    <th>1</th>
                    <th>张三</th>
                    <th>3 班</th>
                    <th>80</th>
                    <th>90</th>
                    <th>92</th>
                    <th>85</th>
                    <th>92</th>
                    <th>80</th>
                    <th>85</th>
                    <th>90</th>
                    <th>85</th>
                </tr>
            </tbody>
        </table>
    </div>
</body>
```

在小屏、宽屏设备页面上的效果分别如图 3.51、图 3.52 所示。

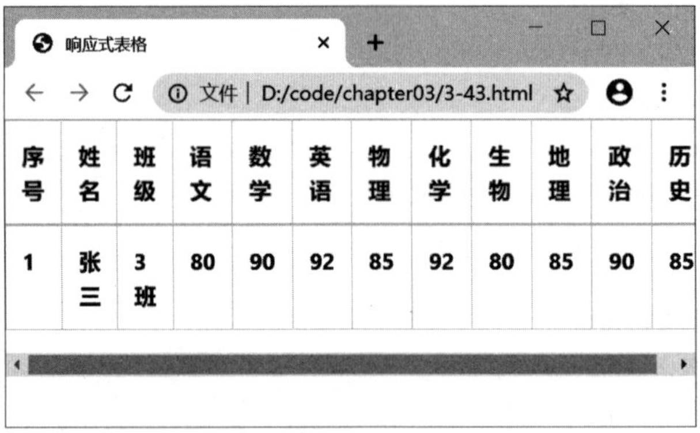

图 3.51 在小屏设备上的效果

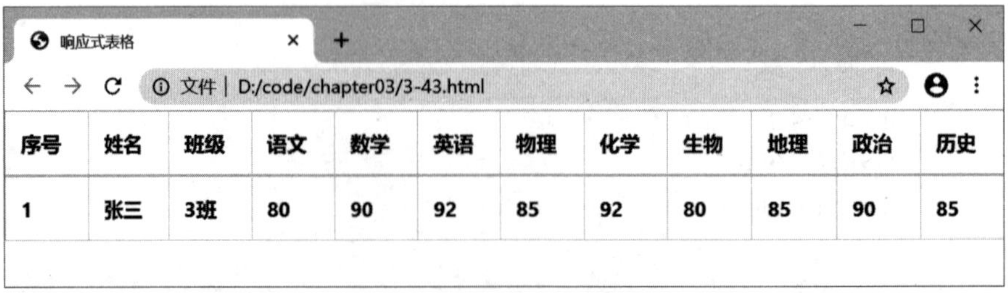

图 3.52 在宽屏设备上的效果

也可以通过设置以下四个特定断点表示在指定屏幕宽度下显示滚动条。

.table-responsive-sm：屏幕宽度<576px

.table-responsive-md：屏幕宽度<768px

.table-responsive-lg：屏幕宽度<992px

.table-responsive-xl：屏幕宽度<1200px

3.7 工具类

Bootstrap 提供了十几个辅助工具类，包括边框、清除浮动、颜色、display、浮动、定位、文本对齐等。在开发中可以直接应用这些类，让开发更加快捷和简单。

3.7.1 边框

Bootstrap 提供了边框类样式，可以快速地添加、删除边框，也可以设置边框的颜色，边框的圆角。

1. 添加边框

给元素添加 border 类可以添加四个方向的边框。也可以单独设置某一个方向上的边框。

.border-top：添加上边框。

.border-right：添加右边框。

.border-bottom：添加下边框。

.border-left：添加左边框。

下面例子，定义了 5 个 div，分别给每个 div 应用不同的边框样式。

例 3-44 添加边框示例。

```
<style>
    div {
        width: 100px;
        height: 100px;
        margin-right: 20px;
        float: left;
        background-color: #eee;
    }
</style>
<body class="container">
    <h3>添加边框</h3>
    <div class="border border-success">四个边框</div>
    <div class="border-top border-success">上边框</div>
    <div class="border-right border-success">右边框</div>
```

```
        <div class="border-bottom border-success">下边框</div>
        <div class="border-left border-success">左边框</div>
</body>
```

在 Chrome 浏览器的运行效果如图 3.53 所示。

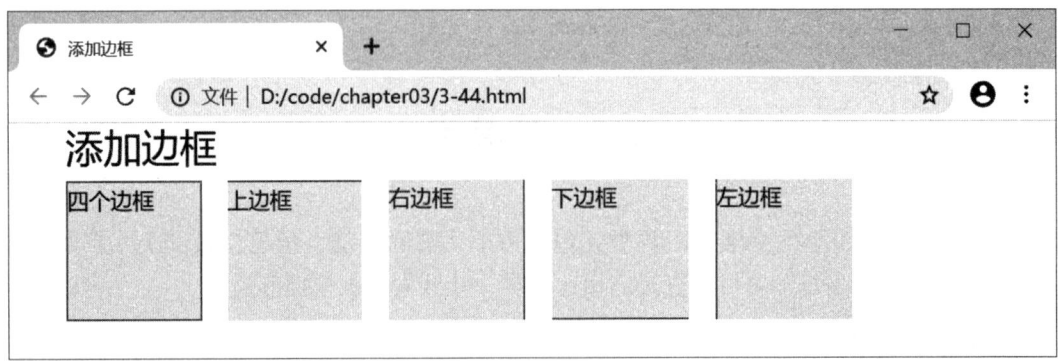

图 3.53 边框效果

2. 删除边框

给元素添加 border-0 类样式可以移除这个元素中四个方向的所有边框，也可以单独移除某个方向上的边框。比如：

. border-top-0：移除上边框。

. border-right-0：移除右边框。

. border-bottom-0：移除下边框。

. border-left-0：移除左边框。

例 3-45 删除边框示例。

```
<style>
    div {
        width: 100px;
        height: 100px;
        margin-right: 20px;
        float: left;
        background-color: #eee;
    }
</style>
<body class="container">
    <h3>删除边框</h3>
    <div class="border border-0 border-success">无边框</div>
    <div class="border border-top-0 border-success">无上边框</div>
    <div class="border border-right-0 border-success">无上边框</div>
    <div class="border border-bottom-0 border-success">无下边框</div>
    <div class="border border-left-0 border-success">无左边框</div>
```

```
</body>
```
在 Chrome 浏览器的运行效果如图 3.54 所示。

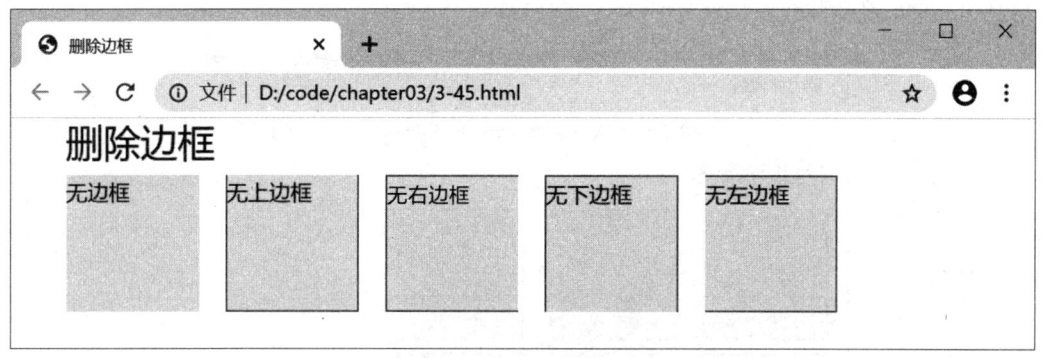

图 3.54　删除边框效果

3. 边框颜色

Bootstrap 提供了可选的边框主题颜色，包括 border-primary、border-success、border-secondary、border-danger、border-warning、border-info、border-light、border-dark、border-white 样式类。

使用基于我们主题颜色的实用工具更改边框颜色。

例 3-46　边框颜色示例。

```
<style>
    div {
        width: 100px;
        height: 100px;
        margin-right: 20px;
        margin-bottom: 10px;
        float: left;
        background-color: #ddd;
    }
</style>
<body class="container">
    <h3>边框颜色</h3>
    <div class="border border-primary"></div>
    <div class="border border-secondary"></div>
    <div class="border border-success"></div>
    <div class="border border-danger"></div>
    <div class="border border-warning"></div>
    <div class="border border-info"></div>
    <div class="border border-light"></div>
    <div class="border border-dark"></div>
```

```
        <div class="border border-white"></div>
</body>
```
在 Chrome 浏览器的运行效果如图 3.55 所示。

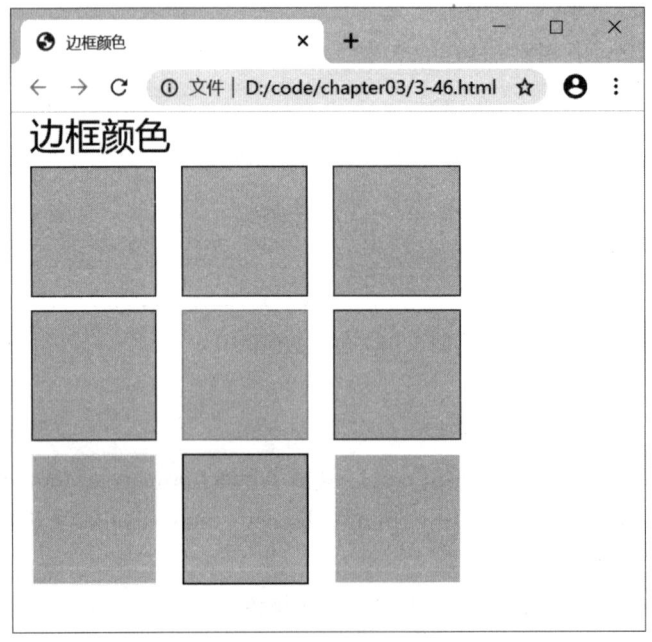

图 3.55　边框颜色效果

4. 圆角边框

给元素添加 rounder 类可以实现圆角边框效果，也可以单独指定某一边上的圆角边框。比如：

.rounded-top：指定元素左上和右上的圆角边框。

.rounded--right：指定元素右上和右下的圆角边框。

.rounded-bottom：指定元素左下和右下的圆角边框。

.rounder-left：指定元素左上和左下的圆角边框。

.rounder-circle：指定 border-radius：50%。

.rounder-pill：指定 border-radius：50rem。

例 3-47　圆角边框示例。

```
<style>
    div {
        width: 100px;
        height: 100px;
        margin-right: 20px;
        margin-bottom: 10px;
        float: left;
        background-color: #ddd;
```

    }
</style>
<body class="container">
    <h3>圆角边框</h3>
    <div class="border border-primary rounded"></div>
    <div class="border border-primary rounded-0"></div>
    <div class="border border-primary rounded-top"></div>
    <div class="border border-primary rounded-right"></div>
    <div class="border border-primary rounded-bottom"></div>
    <div class="border border-primary rounded-left"></div>
    <div class="border border-primary rounded-circle"></div>
    <div class="border border-primary rounded-pill"></div>
</body>

在 Chrome 浏览器的运行效果如图 3.56 所示。

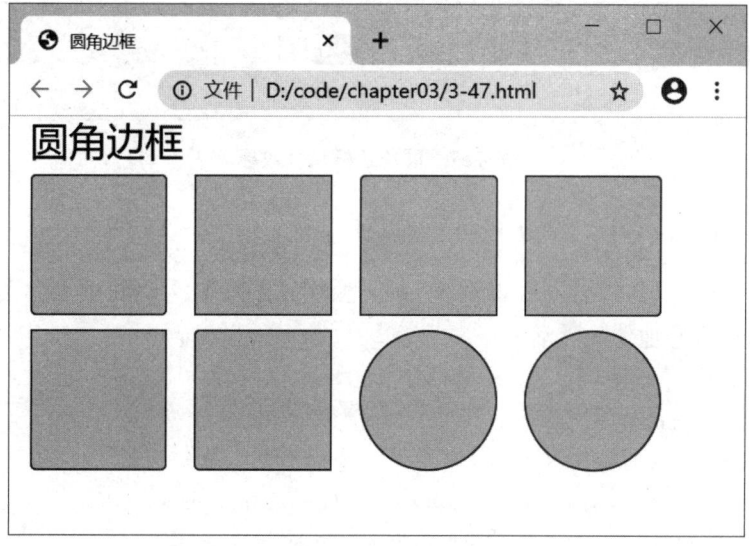

图 3.56　圆角边框效果

也可以通过给元素设置 round-sm、round-lg 类来指定较小或较大尺寸的圆角边框。

例 3-48　圆角边框尺寸示例。

```
<style>
    div {
        width: 150px;
        height: 150px;
        margin-right: 20px;
        float: left;
        background-color: #ddd;
    }
```

```
</style>
<body class="container">
    <h3>圆角边框尺寸示例</h3>
    <div class="border border-primary rounded-sm"></div>
    <div class="border border-primary rounded-lg"></div>
</body>
```
在 Chrome 浏览器的运行效果如图 3.57 所示。

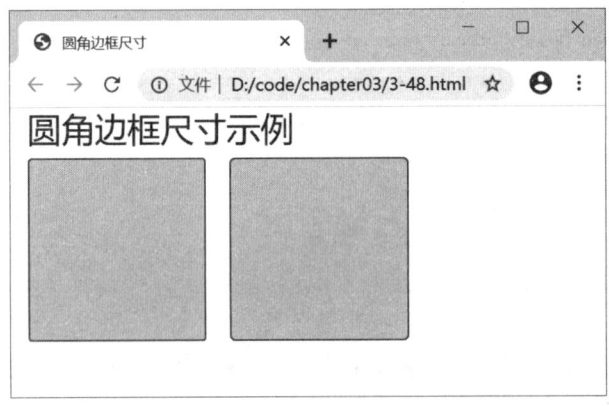

图 3.57 圆角边框尺寸效果

3.7.2 清除浮动

通过添加 clearfix 工具类，可以快速轻松地清除容器中浮动的内容。为父元素添加 clearfix 类可以很容易地清除浮动。

例 3-49 清除浮动示例。

```
<body class="container">
    <div class="border clearfix">
        <div class="bg-info p-3 float-left">向左浮动(float)的 div</div>
        <div class="bg-info p-3 float-right">向右浮动(float)的 div</div>
    </div>
</body>
```

在 Chrome 浏览器的运行效果如图 3.58 所示。如果没有使用 clearfix 类，则父级 div 元素是不会覆盖到两个浮动子 div 的，从而布局被破坏。

图 3.58 清除浮动效果

3.7.3 颜色

网页中通过颜色来传达情景意义、表达不同的模块，在 Bootstrap 提供了一系列的颜色样式，包括文本颜色、链接文本颜色、背景颜色等与状态相关的样式。

1. 文本颜色

Bootstrap 提供了一组文本样式类，可以让文本呈现不同的情景颜色。说明如下：

text-primary：蓝色。

text-secondary：灰色。

text-success：浅绿色。

text-danger：浅红色。

text-warning：浅黄色。

text-info：浅蓝色。

text-light：浅灰色。

text-dark：深灰色。

text-muted：灰色。

text-white：白色。

text-white-50：透明度为 0.5 的白色。

text-black-50：透明度为 0.5 的黑色。

例 3-50 文本颜色示例。

```
<body class="container">
  <p class="text-primary">text-primary</p>
  <p class="text-secondary">text-secondary</p>
  <p class="text-success">text-success</p>
  <p class="text-danger">text-danger</p>
  <p class="text-warning">text-warning</p>
  <p class="text-info">text-info</p>
  <p class="text-light bg-dark">text-light</p>
  <p class="text-dark">text-dark</p>
  <p class="text-muted">text-muted</p>
  <p class="text-white bg-dark">text-white</p>
  <p class="text-black-50">text-black-50</p>
  <p class="text-white-50 bg-dark">text-white-50</p>
</body>
```

在 Chrome 浏览器的运行效果如图 3.59 所示。

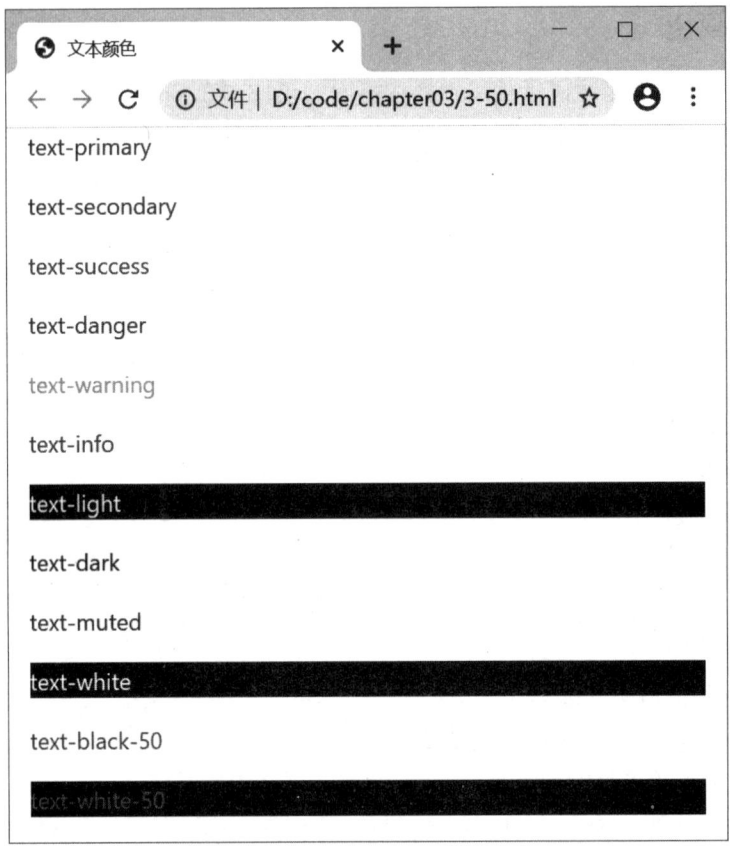

图 3.59 文本颜色效果

2. 链接颜色

文本颜色类也能够应用在超链接上,当鼠标悬停在超链接或超链接获得焦点时,文本颜色会变暗。

例 3-51 链接颜色示例。

```
<body class="container">
  <p><a href="#" class="text-primary">Primary link</a></p>
  <p><a href="#" class="text-secondary">Secondary link</a></p>
  <p><a href="#" class="text-success">Success link</a></p>
  <p><a href="#" class="text-danger">Danger link</a></p>
  <p><a href="#" class="text-warning">Warning link</a></p>
  <p><a href="#" class="text-info">Info link</a></p>
  <p><a href="#" class="text-light bg-dark">Light link</a></p>
  <p><a href="#" class="text-dark">Dark link</a></p>
  <p><a href="#" class="text-muted">Muted link</a></p>
  <p><a href="#" class="text-white bg-dark">White link</a></p>
</body>
```

在 Chrome 浏览器的运行效果如图 3.60 所示。

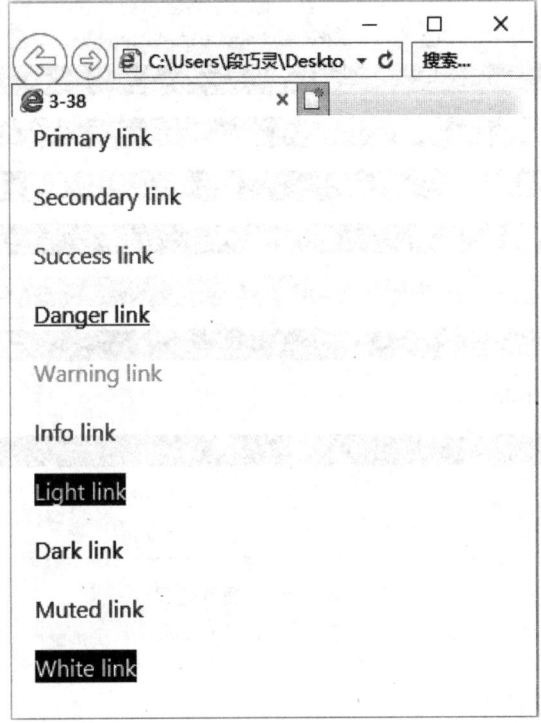

图 3.60　链接颜色效果

3. 背景颜色

与文本颜色类相似，Bootstrap 提供了若干个背景颜色类样式，主要包括 bg-primary、bg-secondary、bg-success、bg-danger、bg-warning、bg-info、bg-light、bg-dark、bg-white。

例 3-52　背景颜色示例。

```
<body class="container">
    <p class="bg-primary text-white">text-primary</p>
    <p class="bg-secondary text-white">text-secondary</p>
    <p class="bg-success text-white">text-success</p>
    <p class="bg-danger text-white">text-danger</p>
    <p class="bg-warning text-white">text-warning</p>
    <p class="bg-info text-white">text-info</p>
    <p class="bg-light">text-light</p>
    <p class="bg-dark text-white">text-dark</p>
    <p class="bg-white">text-body</p>
</body>
```

在 Chrome 浏览器的运行效果如图 3.61 所示。

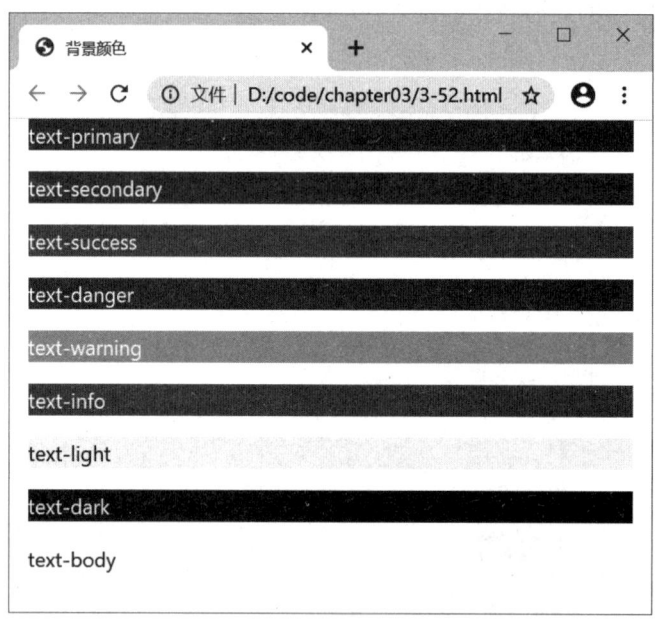

图 3.61 背景颜色效果

3.7.4 display 属性

通过给元素添加 display 属性类，可以快速地切换元素的显示或隐藏等状态。

1. 基本使用

在 Bootstrap 中更改元素的显示或隐藏等状态，可以使用 d-{sm, md, lg, xl}-value 类样式。其中 value 的取值说明如下：

none：隐藏元素。
inline：显示为内联元素。
inline-block：行内块元素。
block：显示为块元素。
table：作为一个块级表格显示。
table-cell：作为一个表格单元格显示。
table-row：作为一个表格行显示。
flex：作为弹性伸缩盒显示。
inline-flex：作为内联块级弹性伸缩盒显示。

下面示例中，使用 d-inline 类样式设置 div 为内联元素，使用 d-block 类样式设置 span 为块级元素。

例 3-53 display 属性示例。

```
<body class="container">
    <h3>div 元素显示为 inline</h3>
```

```
<div class="d-inline mr-4 bg-primary">div 显示为 d-inline</div>
<div class="d-inline bg-primary">div 显示为 d-inline</div>
<h3>span 元素显示 block</h3>
<span class="d-block bg-info">d-block</span>
<span class="d-block bg-secondary">d-block</span>
</body>
```

在 Chrome 浏览器的运行效果如图 3.62 所示。

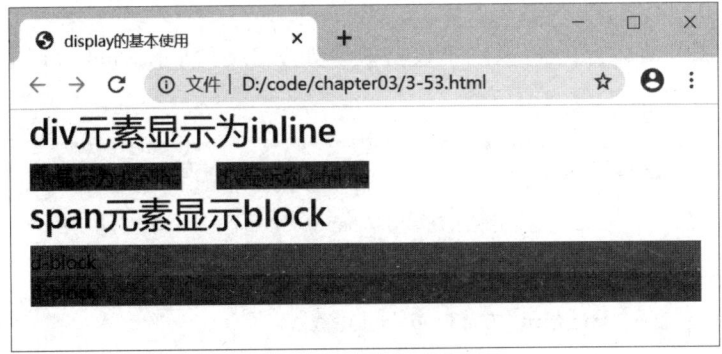

图 3.62 display 属性的基本使用

2. 实现响应式

Bootstrap 支持响应式的显示和隐藏元素,也就是按照屏幕尺寸来显示和隐藏元素。

若要隐藏元素只需使用 d-none 类或 d-{sm, md, lg, xl}-none 类来响应屏幕变化。若要在指定的屏幕上显示一个元素,则可以将一个 d-*-none 类样式与 d-*-* 类样式结合起来。如 .d-none .d-md-block .d-xl-none 将隐藏除了中型、大型设备以外的所有屏幕中的元素。经常使用的组合类如表 3-1 所示。

表 3-1 display 组合类表

组合类	说明
.d-none	所有屏幕下隐藏
.d-none .d-sm-block	只在 xs 屏幕上隐藏
.d-sm-none .d-md-block	只在 sm 屏幕上隐藏
.d-md-none .d-lg-block	只在 md 屏幕时隐藏
.d-lg-none .d-xl-block	只在 lg 屏幕时隐藏
.d-xl-none	只在 xl 屏幕时隐藏
.d-block	全部可见
.d-block .d-sm-none	仅在 xs 屏幕时可见
.d-none .d-sm-block .d-md-none	仅在 sm 屏幕时可见
.d-none .d-md-block .d-lg-none	仅在 md 屏幕时可见
.d-none .d-lg-block .d-xl-none	仅在 lg 屏幕时可见
.d-none .d-xl-block	仅在 xl 屏幕时可见

下面例子定义了 2 个 div，第 1 个 div 在 md 及以上设备显示，在 sm 及以下设备隐藏。第 2 个 div 在 sm 及以下设备显示，在 md 及以上设备隐藏。

例 3-54 响应式的隐藏或显示示例。

```
<body class="container">
    <h3>响应式切换显示或隐藏</h3>
    <div class="d-none d-md-block">在 md、lg、xl 上显示，在 xs、sm 上隐藏</div>
    <div class="d-md-none">在 xs、sm 上显示，在 md、lg、xl 上隐藏</div>
</body>
```

在 Chrome 浏览器运行，sm 及以下设备效果如图 3.63 所示，md 及以上设备效果如图 3.64 所示。

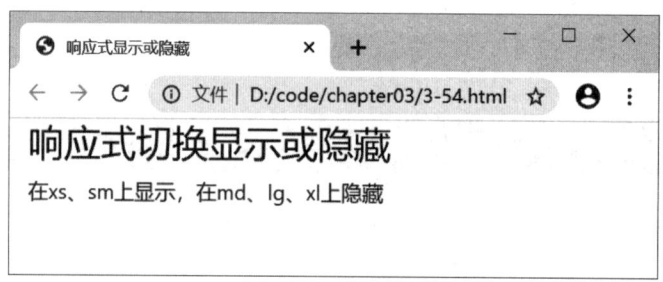

图 3.63　sm 及以下设备效果

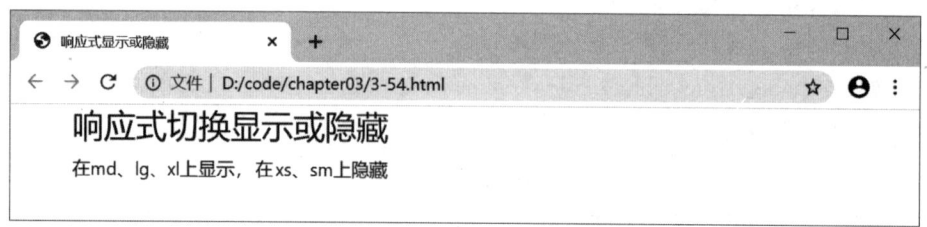

图 3.64　md 及以上设备效果

3.7.5　浮动

使用 Bootstrap 提供的 float 浮动通用样式，可以实现往左或往右浮动。也可以在任何设备断点上切换浮动，即实现响应式切换浮动。

在 Bootstrap 中可以使用下面几个类实现元素往左、往右浮动、不浮动。

.float-left：实现元素往左浮动。

.float-right：实现元素往右浮动。

.float-none：元素不浮动。

下面例子定义了 2 个 div，分别使用 float-left、float-right 类实现往左和往右浮动。

例 3-55 浮动示例。

```
<body class="container">
```

<div class="float-left p-4 bg-info">往左浮动</div>
　　<div class="float-right p-4 bg-info">往右浮动</div>
</body>

在 Chrome 浏览器的运行效果如图 3.65 所示。

图 3.65　浮动效果

同样，Bootstrap 提供了响应式的浮动类，说明如下：

.float-{sm, md, lg, xl}-left：在小型/中型/大型/超大型设备上往左浮动。

.float-{sm, md, lg, xl}-right：在小型/中型/大型/超大型设备上往右浮动。

.float-{sm, md, lg, xl}-none：在小型/中型/大型/超大型设备上不浮动。

例 3-56　响应式浮动示例。

<body class="container">
　　<div class="float-md-left w-50 bg-primary">div1</div>
　　<div class="float-md-left w-50 bg-info">div2</div>
　　<div class="float-md-left w-50 bg-success">div3</div>
</body>

在 Chrome 浏览器运行，小型及以下设备的效果如图 3.66 所示，中型及以上设备的效果如图 3.67 所示。

图 3.66　小型及以下设备的效果

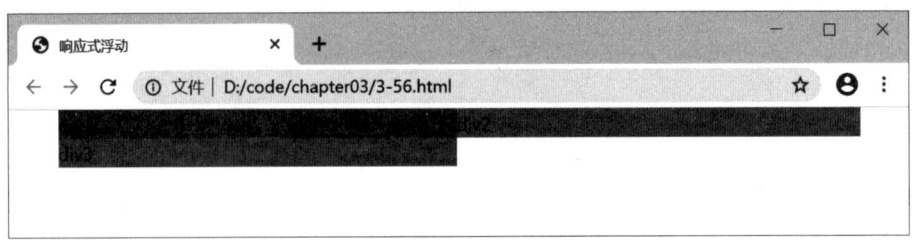

图 3.67　中型及以上设备的效果

3.7.6　定位

Bootstrap 提供了定位属性类可以实现对元素的位置进行设定，包括将元素固定在顶部、固定在底部以及定位。下面列举出几个定位属性类：

.position-static：无定位。

.position-relative：相对定位。

.position-absolute：绝对定位。

.position-fixed：固定定位。

.position-sticky：黏性定位。

.sticky-top：黏性定位 top 阈值类。

.fixed-top：固定在顶部。

.fixed-bottom：固定在底部。

.position-sticky 类是基于用户的滚动位置来定位。它结合了 position-relative 和 position-fixed 两种定位功能于一体的特殊定位，元素定位表现为在跨越特定阈值前为相对定位，之后为固定定位。特定阈值指的是 top、right、bottom 或 left 中的一个。也就是说，当目标区域在屏幕中可见时，它的行为就像相对定位；而当页面滚动超出目标区域时，它的表现就像固定定位，它会固定在目标位置。

在 Bootstrap4 中的@ supports 规则下定义了关于黏性定位的 top 阈值类 sticky-top，CSS 样式代码如下：

```
@ supports ((position: -webkit-sticky) or (position: sticky)) {
.sticky-top {
    position: -webkit-sticky;
    position: sticky;
    top: 0;
    z-index: 1020;
  }
}
```

当元素的 top 值大于 0 表现为相对定位，元素的 top 值为 0 时表现为固定定位。

下面例子使用 sticky-top 类实现导航栏固定在顶部的效果。

例 3-57 定位示例。

```
<body class="container">
    <nav class="sticky-top bg-info p-4 mb-3">导航栏固定顶部</nav>
    <div class="bg-secondary">
        <p>段落</p>
        <p>段落</p>
        <p>段落</p>
        <p>段落</p>
        <p>段落</p>
        <p>段落</p>
        <p>段落</p>
        <p>段落</p>
    </div>
</body>
```

在 Chrome 浏览器的运行效果如图 3.68 所示,向下拖动滚动条,效果如图 3.69 所示。

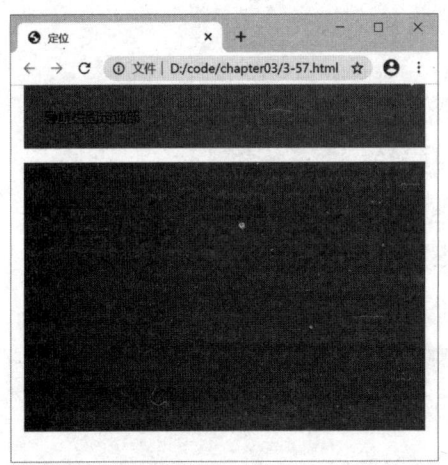
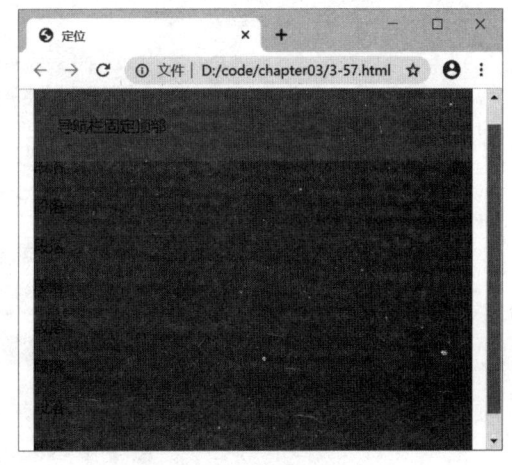

图 3.68 定位效果　　　　　　　　　图 3.69 拖动滚动条效果

3.7.7 文本对齐

Bootstrap 定义了一些样式类,用来控制文本的水平对齐方式,包括左对齐、右对齐、居中对齐、两端对齐。

.text-right：右对齐。

.text-center：居中对齐。

.text-justify：两端对齐。

Bootstrap 也提供了与网格系统相同的宽度响应式类。

.text-{sm, md, lg, xl}-left：在 sm | md | lg | xl 上左对齐。

.text-{sm, md, lg, xl}-right：在 sm | md | lg | xl 上居中对齐。

.text-{sm, md, lg, xl}-center：在 sm | md | lg | xl 上右对齐。

下面例子定义了 6 个段落，前 3 个段落分别设置 text-left、text-center、text-right。后 3 个段落分别设置 text-sm-left、text-md-center、text-lg-right，实现响应式左对齐、居中对齐、右对齐。

例 3-58 文本对齐示例。

```
<body class="container">
    <p class="text-left bg-primary">左对齐</p>
    <p class="text-center bg-primary">居中对齐</p>
    <p class="text-right bg-primary">右对齐</p>
    <p class="text-sm-left bg-primary">在 sm（small）or wider 视口上左对齐</p>
    <p class="text-md-center bg-primary">在 md（medium）or wider 视口上居中对齐</p>
    <p class="text-lg-right bg-primary">在 lg（large）or wider 视口上右对齐</p>
</body>
```

在 Chrome 浏览器运行，sm 型设备上效果如图 3.70 所示、md 型设备上效果如图 3.71 所示、lg 型设备上效果如图 3.72 所示。

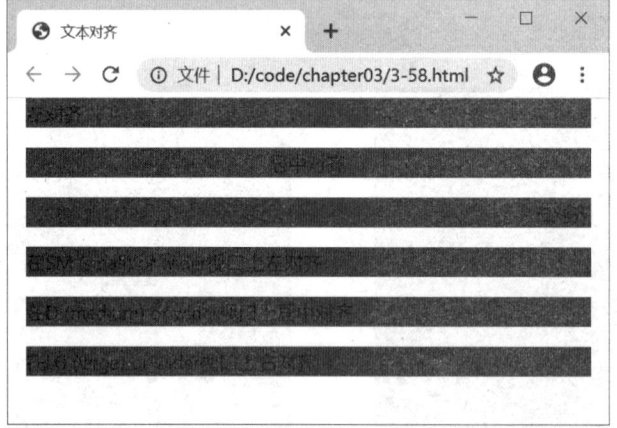

图 3.70　sm 型设备上效果

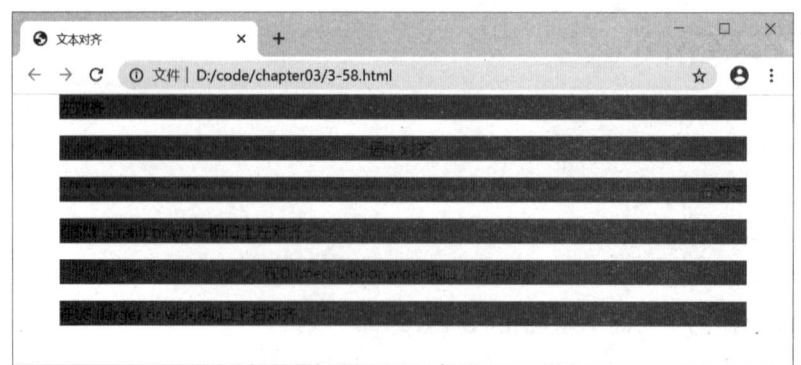

图 3.71　md 型设备上效果

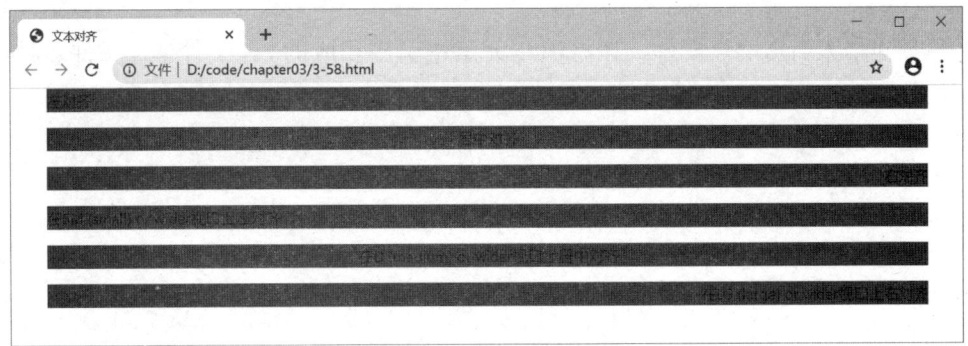

图 3.72　lg 型设备上效果

3.8　案例：制作个人简历网页

本节实现一个个人简历的页面，效果如图 3.73 所示。简历页面是两栏布局，左栏占网格系统中的 4 列宽度，右栏占 8 列宽度。

图 3.73　个人简历网页效果

实现步骤:

(1) 创建个人简历网页文件。在<head>元素中引用相应的 css 文件、js 文件。具体代码如下:

```
<head>
    <meta charset="UTF-8">
    <meta name="viewport" content="width=device-width, initial-scale=1.0">
    <link href="css/bootstrap.min.css" rel="stylesheet">
    <link href="css/font-awesome.min.css" rel="stylesheet">
    <title>个人简历</title>
</head>
```

(2) 使用网格系统进行布局,将页面布局成两栏。代码如下:

```
<div class="container">
    <div class="row">
        <div class="col-sm-4 bg-info text-white left">
            左栏内容
        </div>
        <div class="col-sm-8 border right">
            右栏内容
        </div>
    </div>
</div>
```

(3) 添加主体区域左栏内容,包括头像、基本信息、个人技能。代码如下:

```
<div class="col-sm-4 bg-info text-white left">
    <div class="lbox">
        <img src="img/jianli.jpg" class="img-fluid d-block m-auto">
    </div>
    <div class="lbox">
        <p><i class="fa fa-user-o"></i>  年龄</p>
        <p><i class="fa fa-calendar"></i>  工作年限</p>
        <p><i class="fa fa-phone"></i>  联系电话</p>
        <p><i class="fa fa-envelope-o"></i>  电子邮箱</p>
    </div>
    <div class="lbox">
        <h4>技能特长</h4>
        <div class="row">
            <div class="col-sm-4">
                <span>HTML5</span>
            </div>
            <div class="col-sm-8">
                <div class="progress">
```

```html
            <div class=" progress-bar  progress-bar-striped bg-success progress-bar-animated" style="width: 95%;">
            </div>
          </div>
        </div>
      </div>
      <div class="row">
        <div class="col-sm-4">
          <span>CSS3</span>
        </div>
        <div class="col-sm-8">
          <div class="progress">
            <div class=" progress-bar  progress-bar-striped bg-info progress-bar-animated" style="width: 90%;"></div>
          </div>
        </div>
      </div>
      <div class="row">
        <div class="col-sm-4">
          <span>JS</span>
        </div>
        <div class="col-sm-8">
          <div class="progress">
            <div class=" progress-bar  progress-bar-striped bg-secondary progress-bar-animated" style="width: 88%;">
            </div>
          </div>
        </div>
      </div>
      <div class="row">
        <div class="col-sm-4">
          <span>Bootstrap</span>
        </div>
        <div class="col-sm-8">
          <div class="progress">
            <div class=" progress-bar progress-bar-striped bg-primary active" style="width: 90%;"></div>
          </div>
        </div>
      </div>
```

</div>

上面代码中，<i class="fa fa-user-o"></i>的主要作用是在页面中显示用户字体图标，是 Font Awesome 字体。Font Awesome 字体提供了丰富的可缩放矢量图标，它可以被定制大小、颜色、阴影以及任何可以用 CSS 的样式。更多 Font Awesome 字体图标的使用，请参照 http://www.fontawesome.com.cn。

上面代码中用进度条表示某种技能的熟练程度，进度条是 Bootstrap 中的一个重要组件，在后面章节会介绍到。

（4）添加主体区域右栏内容，包括个人介绍、求职意向、教育背景、工作经验、自我评价。代码如下：

```
<div class="col-sm-8 border right">
    <div class="rbox">
        <h3>你的名字</h3>
        <p>一句话介绍自己,告诉 HR 为什么选择自己而不是别人</p>
    </div>
    <div class="rbox">
        <h4>求职意向</h4>
        <p>Web 前端开发工程师</p>
    </div>
    <div class="rbox">
        <h4>教育背景</h4>
        <p>2015.9-2019.6  XX 学院计算机科学与技术专业(本科)</p>
    </div>
    <div class="rbox">
        <h4>工作经验</h4>
        <p>2018.9-2019.6  XX 互联网科技公司   Web 前端实习生</p>
        <p></p>
        <p>工作描述</p>
        <ul>
            <li>负责编写详细需求分析和客户管理模块;</li>
            <li>实现了客户添加、客户修改、客户删除、批量删除客户、分页等几大功能;</li>
            <li>分别用到 Myeclipse 开发工具、orcal 数据库、ssh、javascript、jquery 等开发技术,现几大功能运行稳定,运算速度明显变快。</li>
        </ul>
    </div>
    <div class="rbox">
        <h4>自我评价</h4>
        <ol>
            <li>关注前端前沿技术,基本功扎实,熟悉应用 jQuery,熟悉 HTML5、CSS3、ES6 等;</li>
            <li>熟练应用常见的前端框架并掌握其原理,有组件化的思想,担当且创新;</li>
            <li>较强的学习能力和适应能力,良好的独立分析解决问题能力和逻辑分析思维;</li>
```

```
            <li>良好的团队沟通协作力和服务意识,较强的工作执行力和抗压能力,愿与公司一同发展。
   </li>
            </ol>
        </div>
    </div>
```

(5)添加页面样式。代码如下:

```
<style>
    .lbox{
        margin:30px;
        padding:10px;
    }
    .lbox .row{
        padding:8px 0px;
    }
    .progress{
        margin-top:5px;
    }
    .rbox{
        margin:30px;
    }
    .rbox h4{
        padding-bottom:5px;
        color:#17a2b8;
        border-bottom:1px solid #17a2b8;
    }
</style>
```

3.9 本章小结

本章主要讲解了 Bootstrap4 的通用样式,包括排版、列表、代码、图片、Flex 布局、表格和工具类等的使用。最后用一个个人简历网页的案例演示了 CSS 样式的实际应用。

本章习题

一、选择题

1. 弹性盒布局属于下列哪项技术的内容(　　)。
   A. HTML　　　　　　B. CSS　　　　　　C. JavaScript　　　　　　D. 以上都不是
2. 在弹性盒布局中,用于设置子元素的排列方向的类不包括(　　)。

A. .flex-row B. .flex-row-reverse
C. .flex-column D. .flex-fill

3. 下列( )可以使表格水平溢出时出现水平滚动条。

A. .table-responsive B. .table-sm
C. .table-striped D. .table-hover

4. 下列( )可以清除容器中浮动的内容。

A. .clear   B. .clearfix   C. .float   D. .float-none

5. 下列( )组合类可以设置元素仅在 md 屏幕时可见。

A. .d-md-none .d-lg-block B. .d-block
C. .d-none .d-md-block .d-lg-none   D. .d-block .d-sm-none

6. img-fluid 类可以让图片支持响应式布局，它的实现原理是( )。

A. 设置了 max-width：100%；和 height：auto；
B. 设置了 max-width：100%；和 height：100%；
C. 设置了 max-width：auto；和 height：100%；
D. 设置了 max-width：auto；和 height：auto；

二、简答题

1. 简述 Bootstrap 如何实现响应式表格。
2. 简述 Bootstrap 中如何更改元素的显示或隐藏状态。

第 4 章

Bootstrap 组件(上)

Bootstrap 中包含了非常丰富的组件,使用这些组件,可以快速搭建一个漂亮、完备的网站。主要包括以下组件:按钮、按钮组、下拉菜单、导航、导航栏、面包屑导航、巨幕、分页、表单、输入框组、徽章、警告框、进度条、列表组、卡片、媒体等组件。本章将介绍按钮、按钮组、下拉菜单、导航、导航栏、面包屑导航、巨幕等组件的使用。下一章再详细介绍其他组件。

4.1 按钮

按钮是网页中不可缺少的一种组件,例如页面中搜索、注册等按钮。按钮还广泛应用于表单、下拉菜单、模态框等场景中。

4.1.1 预定义样式类

Bootstrap 提供了 btn 来定义按钮,btn 定义了基本的按钮样式类。此外,Bootstrap 定义了多个预定义的按钮样式,每个样式都有自己的语义目的。说明如下:

- .btn-primary:亮蓝色,主要的。
- .btn-secondary:灰色,次要的。
- .btn-success:亮绿色,表示成功或积极的动作。
- .btn-danger:红色,提醒存在危险。
- .btn-warning:黄色,表示警告,提醒应该谨慎。
- .btn-info:浅蓝色,表示信息。
- .btn-light:高亮。
- .btn-dark:黑色。
- .btn-link:看起来像是个链接,但同时保持按钮的行为。

例 4-1 预定义按钮样式示例。

```
<body class="container">
    <button type="button" class="btn btn-primary">Primary</button>
    <button type="button" class="btn btn-secondary">Secondary</button>
    <button type="button" class="btn btn-success">Success</button>
    <button type="button" class="btn btn-danger">Danger</button>
```

```
<button type="button" class="btn btn-warning">Warning</button>
<button type="button" class="btn btn-info">Info</button>
<button type="button" class="btn btn-light">Light</button>
<button type="button" class="btn btn-dark">Dark</button>
<button type="button" class="btn btn-link">Link</button>
</body>
```

在 Chrome 浏览器的运行效果如图 4.1 所示。

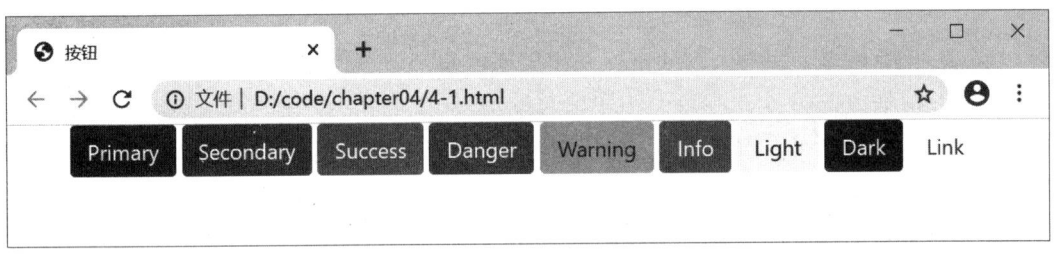

图 4.1 预定义按钮效果

4.1.2 设计边框颜色

按钮设计时，如果不希望使用沉重的背景颜色，可以使用 btn-outline-* 替换预定义样式类。使用 btn-outline-* 类可以设置按钮的边框，* 可以从 primary、secondary、success、danger、warning、info、light 和 dark 中进行选择。

例 4-2 设计边框颜色示例。

```
<body class="container">
    <button type="button" class="btn btn-outline-primary">Primary</button>
    <button type="button" class="btn btn-outline-secondary">Secondary</button>
    <button type="button" class="btn btn-outline-success">Success</button>
    <button type="button" class="btn btn-outline-danger">Danger</button>
    <button type="button" class="btn btn-outline-warning">Warning</button>
    <button type="button" class="btn btn-outline-info">Info</button>
    <button type="button" class="btn btn-outline-light">Light</button>
    <button type="button" class="btn btn-outline-dark">Dark</button>
</body>
```

在 Chrome 浏览器的运行效果如图 4.2 所示。添加 btn-outline-* 类的按钮，其文本颜色和边框颜色是相同的。btn-outline-light 类定义的文本颜色是高亮的，在浏览器中显示看不出文本，图 4.2 是鼠标悬停在 Light 按钮上的效果，因为悬停时文本颜色修改了，所以能够看得出效果。

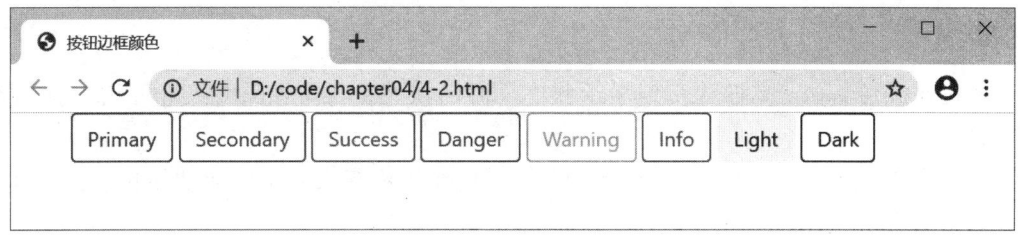

图 4.2 设计边框颜色

4.1.3 设计大小

使用 btn-lg、btn-sm 类样式，可分别实现大规格按钮、小规格按钮的定义。

例 4-3 按钮大小示例。

```
<body class="container">
    <button type="button" class="btn btn-primary btn-lg">大号按钮</button>
    <button type="button" class="btn btn-primary">默认大小</button>
    <button type="button" class="btn btn-primary btn-sm">小号按钮</button>
</body>
```

在 Chrome 浏览器的运行效果如图 4.3 所示。

图 4.3 按钮大小效果

另外，使用 btn-block 类样式可以创建百分百充满空间的全屏按钮。下面代码在 Chrome 浏览器的运行效果如图 4.4 所示。

```
<button type="button" class="btn btn-primary btn-lg btn-block">块级按钮</button>
```

图 4.4 块级按钮效果

4.1.4 激活和禁用状态

给按钮添加 active 类样式实现激活状态。激活状态下，按钮背景颜色更深、边框变暗、带内阴影。

给按钮添加 disabled 类样式实现禁用状态，使按钮看起来处于非活动的状态，不具有交互性，点击不会有响应。

例 4-4 激活和禁用状态示例。

```
<body class="container">
    <button type="button" class="btn btn-primary btn-lg">原始按钮</button>
    <button type="button" class="btn btn-primary btn-lg active">激活按钮</button>
    <button type="button" class="btn btn-primary btn-lg disabled">禁用按钮</button>
</body>
```

在 Chrome 浏览器的运行效果如图 4.5 所示。

图 4.5 按钮状态比较效果

4.1.5 按钮标签

Bootstrap 使用 btn 类来定义按钮，btn 可以在 \<button\> 元素上使用，也可以在 \<a\>、\<input\> 元素上使用，同样能带来按钮效果。

下面例子，将 btn 类应用在 \<a\>、\<button\>、\<input\> 元素上。

例 4-5 btn 类应用在其他元素上示例。

```
<body class="container">
    <a class="btn btn-primary" href="#" role="button">Link</a>
    <button class="btn btn-primary" type="submit">Button</button>
    <input class="btn btn-primary" type="button" value="Input">
    <input class="btn btn-primary" type="submit" value="Submit">
    <input class="btn btn-primary" type="reset" value="Reset">
</body>
```

在 Chrome 浏览器的运行效果如图 4.6 所示。

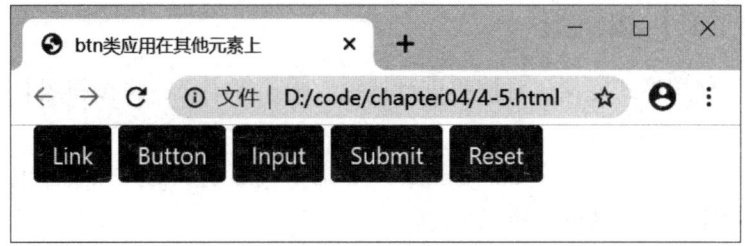

图 4.6　btn 类应用在其他元素上的效果

4.2　按钮组

如果想要将多个按钮组合放在一起,可以使用按钮组来实现。

4.2.1　定义按钮组

将多个<a>或<button>元素放在一个含有 btn-group 类容器中,便可形成一个按钮组。

例 4-6　创建一个基本按钮组。

```
<body class="container">
  <div class="btn-group">
    <button type="button" class="btn btn-secondary">1</button>
    <button type="button" class="btn btn-secondary">2</button>
    <button type="button" class="btn btn-secondary">3</button>
    <button type="button" class="btn btn-secondary">4</button>
    <button type="button" class="btn btn-secondary">5</button>
  </div>
</body>
```

在 Chrome 浏览器的运行效果如图 4.7 所示。

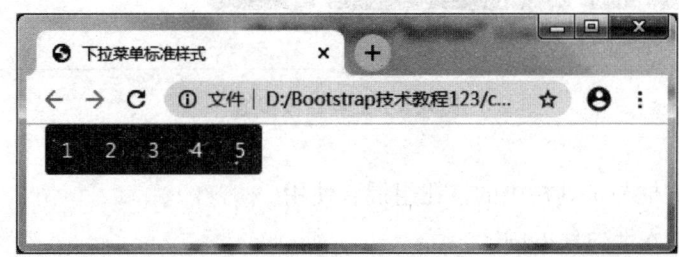

图 4.7　基本按钮组

4.2.2 工具栏按钮组

根据需要，使用样式定义，对按钮进行群组、间隔等定义，将按钮组合成更复杂的按钮组件工具栏。

把多个基本按钮组放在一个 btn-toolbar 类容器中就形成了工具栏按钮组。

例 4-7 创建一个工具栏按钮组。

```
<body class="container">
  <div class="btn-toolbar">
    <div class="btn-group mr-2">
      <button type="button" class="btn btn-primary">上一页</button>
    </div>
    <div class="btn-group">
      <button type="button" class="btn btn-secondary">1</button>
      <button type="button" class="btn btn-secondary">2</button>
      <button type="button" class="btn btn-secondary">3</button>
      <button type="button" class="btn btn-secondary">4</button>
      <button type="button" class="btn btn-secondary">5</button>
    </div>
    <div class="btn-group ml-2">
      <button type="button" class="btn btn-primary">下一页</button>
    </div>
  </div>
</body>
```

在 Chrome 浏览器的运行效果如图 4.8 所示。

图 4.8 工具栏按钮组

还可以将输入框与工具栏中的按钮组混合使用。

例 4-8 与输入框结合示例。

```
<body class="container">
  <div class="btn-toolbar">
    <div class="btn-group mr-2">
      <button type="button" class="btn btn-secondary">1</button>
      <button type="button" class="btn btn-secondary">2</button>
```

```
        <button type="button" class="btn btn-secondary">3</button>
        <button type="button" class="btn btn-secondary">4</button>
    </div>
    <div class="input-group">
        <div class="input-group-prepend">
            <div class="input-group-text">@</div>
        </div>
        <input type="text" class="form-control" placeholder="Input group example">
    </div>
</div>
</body>
```

在Chrome浏览器的运行效果如图4.9所示。

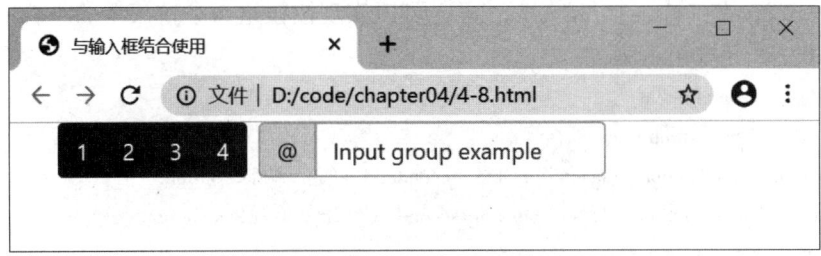

图4.9 与输入框结合的效果

4.2.3 设计大小

Bootstrap提供了btn-group-lg、btn-group-sm类作用在btn-group类的容器，可以控制按钮组下的每个子按钮，实现样式缩放。

例4-9 设计按钮组的大小。

```
<body class="container">
    <div class="btn-group btn-group-lg">
        <button type="button" class="btn btn-secondary">大号按钮组</button>
        <button type="button" class="btn btn-secondary">大号按钮组</button>
    </div>
    <div class="btn-group">
        <button type="button" class="btn btn-secondary">默认按钮组</button>
        <button type="button" class="btn btn-secondary">默认按钮组</button>
    </div>
    <div class="btn-group btn-group-sm">
        <button type="button" class="btn btn-secondary">小号按钮组</button>
        <button type="button" class="btn btn-secondary">小号按钮组</button>
    </div>
</body>
```

在 Chrome 浏览器的运行效果如图 4.10 所示。

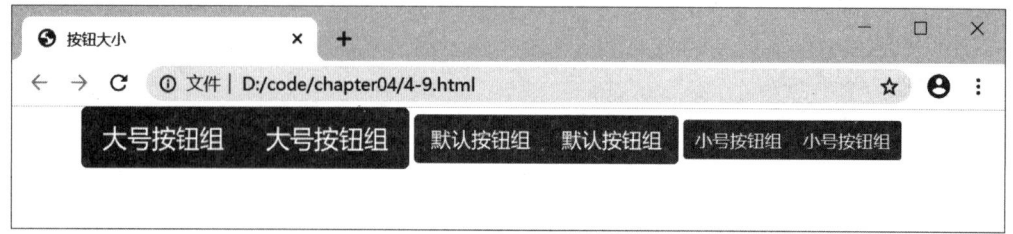

图 4.10 工具栏按钮组

4.2.4 嵌套按钮

将 btn-group 放在另一个 btn-group 里，可以实现按钮组与下拉菜单的组合。

例 4-10 嵌套按钮示例。

```
<body class="container">
  <div class="btn-group">
    <button type="button" class="btn btn-secondary">免费注册</button>
    <button type="button" class="btn btn-secondary">手机逛淘宝</button>
    <div class="btn-group">
      <button type="button" class="btn btn-secondary dropdown-toggle" data-toggle="dropdown">
        我的淘宝
      </button>
      <div class="dropdown-menu">
        <a class="dropdown-item" href="#">已买到的宝贝</a>
        <a class="dropdown-item" href="#">我的足迹</a>
      </div>
    </div>
  </div>
</body>
```

在 Chrome 浏览器的运行效果如图 4.11 所示。

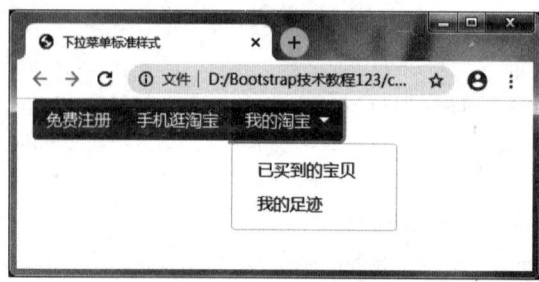

图 4.11 嵌套按钮组效果

4.2.5 垂直排列

将一组按钮放在含有 btn-group-vertical 类的容器中，就形成了垂直分布的按钮组。

例 4-11 垂直排列的按钮组示例。

```
<body class="container">
  <div class="btn-group-vertical">
    <button type="button" class="btn-primary">图书</button>
    <button type="button" class="btn-primary">家居</button>
    <button type="button" class="btn-secondary">文具</button>
    <button type="button" class="btn-secondary">服饰</button>
    <div class="dropright">
      <button type="button" class="btn-info" data-toggle="dropdown">
        食品
      </button>
      <div class="dropdown-menu">
        <button type="button" class="dropdown-item">休闲食品</button>
        <button type="button" class="dropdown-item">生鲜食品</button>
      </div>
    </div>
  </div>
</body>
```

在 Chrome 浏览器的运行效果如图 4.12 所示。

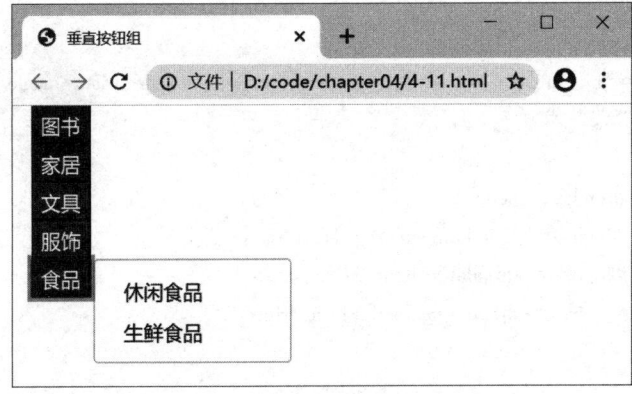

图 4.12　垂直按钮组效果

4.3 下拉菜单

下拉菜单是网页中常见的组件之一,Bootstrap 定义了一套完整的下拉菜单组件。设计出合理、美观的下拉菜单,不仅可以合理布局页面,还可以为网页增色。

下拉菜单组件依赖于第三方 Popper.js 插件实现,Popper.js 插件提供了动态定位和浏览器窗口大小监测功能,所以在使用下拉菜单时应确保引入了 popper.min.js 文件,并将其放在 Bootstrap.js 文件之前。或者使用 bootstrap.bundle.min.js/bootstrap.bundle.js 这两个文件,因为这两个文件中已经包含了 Popper.js。

4.3.1 定义下拉菜单

下拉菜单组件应包含在 dropdown 容器中,或使用 position:relative 的容器。该容器包含两部分,即触发元素和下拉菜单。触发元素可以是 <a> 或 <button> 元素,下拉菜单包含在 dropdown-menu 容器中。

基本结构如下:

```
<div class="dropdown">
    <button>触发元素</button>
    <div class="dropdown-menu">下拉菜单内容</div>
</div>
```

例 4-12 下面的实例演示了基本的下拉菜单。

```
<body class="container">
    <div class="dropdown">
        <button type="button" class="btn btn-primary dropdown-toggle" data-toggle="dropdown">
            Web 前端开发技术
        </button>
        <div class="dropdown-menu">
            <a href="#" class="dropdown-item">HTML5</a>
            <a href="#" class="dropdown-item">CSS3</a>
            <a href="#" class="dropdown-item">JavaScript</a>
        </div>
    </div>
</body>
```

上面代码中,为触发按钮添加 data-toggle="dropdown" 属性,可激活下拉菜单的交互行为;添加 dropdown-toggle 类,可设置一个指示小三角。

在 Bootstrap3 中,必须使用 <a> 来定义下拉菜单的菜单项,但在 Bootstrap4 中,不仅仅可以使用 <a>,还可以使用 <button>。在 Bootstrap4 中,不管是使用 <a> 或 <button>,每个菜单项上都需要添加 dropdown-item 类。

在 Chrome 浏览器运行,单击"Web 前端开发技术"按钮触发下拉菜单,效果如图

4.13所示。

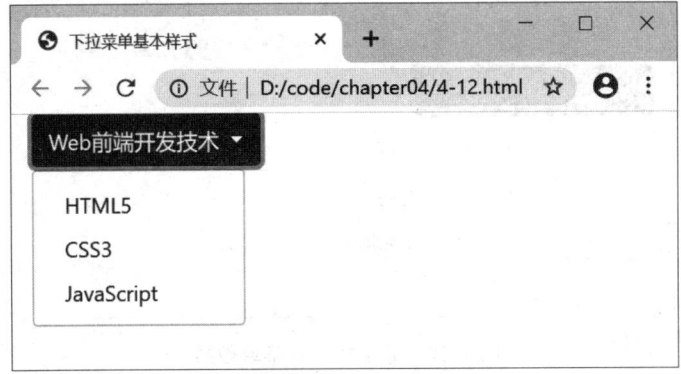

图4.13 下拉菜单标准样式

4.3.2 设置下拉按钮的样式

1. 分裂式按钮下拉菜单

上面例子中，下拉菜单的触发按钮包括文本及指示小三角图标，两者是一个整体。如果希望让文本同指示小三角符号有合适的间隔，且单击小三角符号就可以激发下拉菜单，可以通过创建分列式按钮下拉菜单来实现。

分裂式按钮下拉菜单的创建方法：在<div class="dropdown">容器中添加按钮组 btn-group 类，然后设置两个近似的按钮来创建分列式按钮。在激活按钮中添加 dropdown-toggle-split 类，减少水平方向的 padding 值，以使主按钮旁边拥有合适的空间。

例4-13 分裂式按钮下拉菜单示例。

```
<body class="container">
    <div class="btn-group">
        <button type="button" class="btn btn-primary">Web前端开发技术</button>
        <button type="button" class="btn btn-primary dropdown-toggle dropdown-toggle-split" data-toggle="dropdown">
        </button>
        <div class="dropdown-menu">
            <a href="#" class="dropdown-item">HTML5</a>
            <a href="#" class="dropdown-item">CSS3</a>
            <a href="#" class="dropdown-item">JavaScript</a>
        </div>
    </div>
</body>
```

上面代码中，下拉菜单容器<div class="btn-group">中，删除了 dropdown 类样式，原因在于 Bootstrap 定义的 btn-group 类样式中已经默认设置了 position：relative。在 Chrome 浏览器的运行效果如图4.14所示。

图 4.14 分裂式下拉菜单效果

2. 设置下拉按钮尺寸

下拉菜单有各种大小规格可以选用,可以使用 btn-sm、btn-lg 类样式来设置下拉菜单按钮的大小。

下面例子定义了 2 个下拉菜单,分别使用 btn-sm、btn-lg 类定义 2 个不同的按钮大小样式。

例 4-14 下拉菜单按钮大小示例。

```html
<body class="container">
  <div class="d-flex">
    <div class="dropdown m-3">
      <button type="button" class="btn btn-primary btn-sm dropdown-toggle"
        data-toggle="dropdown">Web 前端开发技术(btn-sm)</button>
      <div class="dropdown-menu">
        <a href="#" class="dropdown-item">HTML5</a>
        <a href="#" class="dropdown-item">CSS3</a>
        <a href="#" class="dropdown-item">JavaScript</a>
      </div>
    </div>
    <div class="btn-group">
      <button type="button" class="btn btn-primary btn-lg">Web 前端开发技术(btn-lg)</button>
      <button type="button" class="btn btn-primary btn-lg dropdown-toggle dropdown-toggle-split" data-toggle="dropdown">
      </button>
      <div class="dropdown-menu">
        <a href="#" class="dropdown-item">HTML5</a>
        <a href="#" class="dropdown-item">CSS3</a>
        <a href="#" class="dropdown-item">JavaScript</a>
      </div>
    </div>
```

        </div>
    </body>
在 Chrome 浏览器的运行效果如图 4.15 所示。

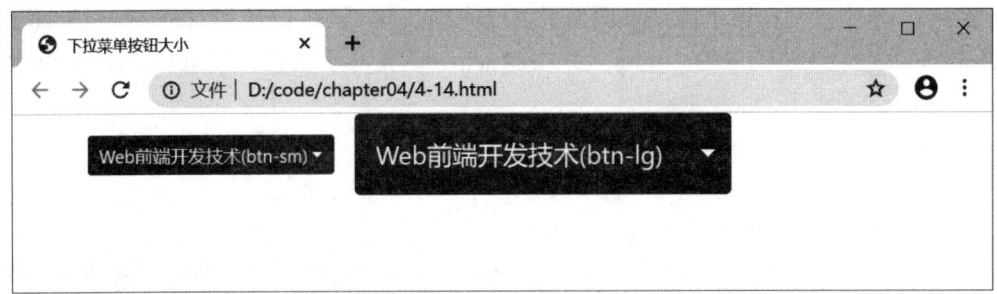

图 4.15　下拉菜单按钮的大小效果

3. 设置菜单展开方向

默认情况下，菜单激活后是向下展开的，Bootstrap 提供了几个类可以设置菜单的展开方向——dropup、dropleft、dropright 类分别表示向上、向左、向右展开下拉菜单。

例 4-15　下拉菜单向右展开示例。

```
<body class="container">
    <div class="dropright">
        <button type="button" class="btn btn-primary dropdown-toggle" data-toggle="dropdown">Web前端开发技术</button>
        <div class="dropdown-menu">
            <a href="#" class="dropdown-item">HTML5</a>
            <a href="#" class="dropdown-item">CSS3</a>
            <a href="#" class="dropdown-item">JavaScript</a>
        </div>
    </div>
</body>
```

在 Chrome 浏览器的运行效果如图 4.16 所示。

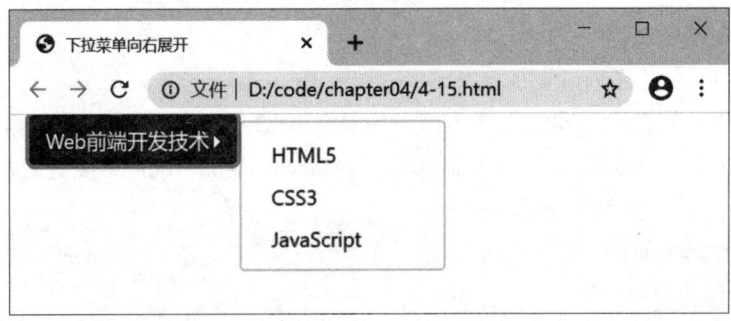

图 4.16　下拉菜单向右展开效果

4.3.3 设置下拉菜单项的样式

1. 菜单项

Bootstrap4 中，下拉菜单的菜单项除了可以使用<a>，还可以使用<button>。下面例子使用<button>表示下拉菜单的菜单项。并添加 active 设置激活状态，添加 disabled 设置禁用状态。

例 4-16 激活和禁用菜单项示例。

```
<body class="container">
    <div class="dropdown">
        <button type="button" class="btn btn-primary dropdown-toggle" data-toggle="dropdown">Web前端开发技术</button>
        <div class="dropdown-menu">
            <button type="button" class="dropdown-item active">HTML5</button>
            <button type="button" class="dropdown-item">CSS3</button>
            <button type="button" class="dropdown-item disabled">JavaScript</button>
        </div>
    </div>
</body>
```

在 Chrome 浏览器的运行效果如图 4.17 所示。

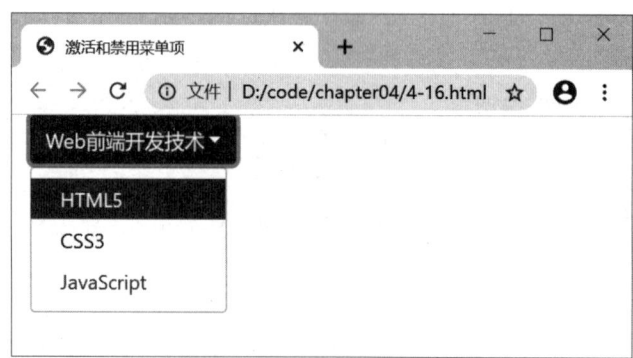

图 4.17 激活和禁用菜单效果

2. 菜单对齐

可以为下拉菜单设置不同的对齐方式，默认下拉菜单自动从顶部和左侧进行定位，可以为<div class="dropdown-menu">容器添加 dropdown-menu-right 类设置右侧对齐。

例 4-17 设置下拉菜单项右对齐。

```
<body class="container">
    <div class="dropdown">
        <button type="button" class="btn btn-primary dropdown-toggle" data-toggle="dropdown">Web前端开发技术</button>
        <div class="dropdown-menu dropdown-menu-right">
```

```
            <button type="button" class="dropdown-item">HTML5</button>
            <button type="button" class="dropdown-item">CSS3</button>
            <button type="button" class="dropdown-item">JavaScript</button>
        </div>
    </div>
</body>
```
在 Chrome 浏览器的运行效果如图 4.18 所示。

图 4.18 菜单项右对齐效果

3. 菜单内容

下拉菜单中除了可以添加菜单项，还可以添加菜单项标题、文本、表单等任何想添加的内容。

下面例子分别使用 dropdown-header 类、dropdown-divider 类给下拉菜单添加了标题、分割线。

例 4-18 菜单内容示例 1。

```
<body class="container">
    <div class="dropdown">
        <button type="button" class="btn btn-primary dropdown-toggle" data-toggle="dropdown">下拉菜单</button>
        <div class="dropdown-menu">
            <h6 class="dropdown-header">菜单标题 1</h6>
            <button type="button" class="dropdown-item">菜单项 1</button>
            <button type="button" class="dropdown-item">菜单项 2</button>
            <div class="dropdown-divider"></div>
            <h6 class="dropdown-header">菜单标题 2</h6>
            <button type="button" class="dropdown-item">菜单项 3</button>
            <button type="button" class="dropdown-item">菜单项 4</button>
        </div>
    </div>
</body>
```

在 Chrome 浏览器的运行效果如图 4.19 所示。

图 4.19 菜单内容示例 1 效果

下面例子给下拉菜单添加了文本、表单内容。使用 margin 等通用 CSS 样式来调整空间和位置。

例 4-19 菜单内容示例 2。

```
<body class="container">
    <div class="dropdown" style="max-width:200px;">
        <button type="button" class="btn btn-primary dropdown-toggle" data-toggle="dropdown">下拉菜单</button>
        <div class="dropdown-menu">
          <p class="px-4">
              下面显示一个表单
          </p>
          <form class="px-4 py-2">
            <div class="form-group">
               <label>Email address</label>
               <input type="email" class="form-control" placeholder="email@example.com">
            </div>
            <div class="form-group">
               <label>Password</label>
               <input type="password" class="form-control" placeholder="Password">
            </div>
          </form>
        </div>
    </div>
</body>
```

在 Chrome 浏览器的运行效果如图 4.20 所示。

第 4 章　Bootstrap 组件(上)

图 4.20　菜单内容示例 2 效果

4. 菜单的偏移

可以使用 data-offset 或 data-reference 来更改下拉菜单的位置。

例 4-20　菜单的偏移示例。

```
<body class="container">
  <div class="d-flex">
    <div class="dropdown mr-1">
      <button type="button" class="btn btn-secondary dropdown-toggle" data-toggle="dropdown" data-offset="15,20">
        Offset
      </button>
      <div class="dropdown-menu">
        <a class="dropdown-item" href="#">菜单项 1</a>
        <a class="dropdown-item" href="#">菜单项 2</a>
        <a class="dropdown-item" href="#">菜单项 3</a>
      </div>
    </div>
    <div class="btn-group">
      <button type="button" class="btn btn-secondary">Reference</button>
      <button type="button" class="btn btn-secondary dropdown-toggle dropdown-toggle-split" data-toggle="dropdown"
          data-reference="parent">
      </button>
      <div class="dropdown-menu">
        <a class="dropdown-item" href="#">菜单项 1</a>
        <a class="dropdown-item" href="#">菜单项 2</a>
```

```
              <a class="dropdown-item" href="#">菜单项3</a>
          </div>
       </div>
   </div>
</body>
```
在 Chrome 浏览器运行，激活下拉菜单效果如图 4.21、图 4.22 所示。

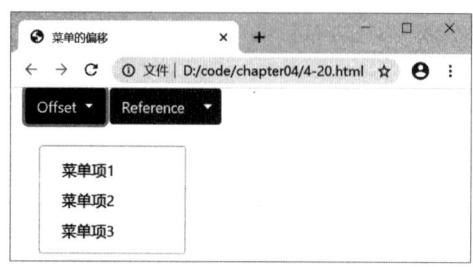

图 4.21　激活 Offset 菜单效果

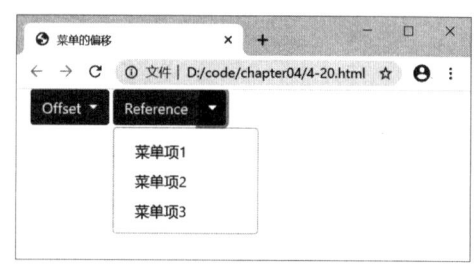

图 4.22　激活 Reference 效果

4.4　导航

导航在网页中随处可见，它是网页中非常重要的一个元素。不同的网站有不同的导航，Bootstrap 提供了丰富的导航组件供开发人员使用。常见的导航主要包括选项卡导航、Pills 导航、垂直导航、标签式导航等。

4.4.1　基本导航样式

Bootstrap 中导航组件是基于 nav 类实现的，要实现不同的样式的导航，只需增加相应的类即可。

基础 nav 组件采用 Flexbox 弹性布局构建，并为构建所有类型的导航组件提供了坚实的基础，包括一些样式覆盖。

下面例子使用 nav 类定义了一个基本的导航，在 <ul> 上添加 nav 类，在每个 <li> 选项上添加 nav-item 类，在每个链接上添加 nav-link 类。active 类设置了选中的导航项的样式，以区分其他导航项。disabled 类实现禁用状态，使链接看起来处于非活动的状态，不具有交互性，点击不会有响应。

例 4-21　基本导航样式示例。
```
<body class="container">
   <ul class="nav">
       <li class="nav-item">
           <a class="nav-link active" href="#">首页</a>
       </li>
       <li class="nav-item">
```

```
      <a class="nav-link" href="#">新闻</a>
    </li>
    <li class="nav-item">
      <a class="nav-link" href="#">教育</a>
    </li>
    <li class="nav-item">
      <a class="nav-link" href="#">旅游</a>
    </li>
    <li class="nav-item">
      <a class="nav-link disabled" href="#">科技</a>
    </li>
  </ul>
</body>
```

在 Chrome 浏览器的运行效果如图 4.23 所示。

图 4.23 基本导航样式效果

4.4.2 定义导航的风格

Bootstrap 中的组件包括标签页导航和胶囊导航,并提供了它们的激活样式,在导航中还可以添加下拉菜单。

1. 标签式导航

给 nav 容器添加 nav-tabs 类可以实现标签页导航。

例 4-22 标签式导航示例。

```
<body class="container">
  <ul class="nav nav-tabs">
    <li class="nav-item">
      <a class="nav-link active" href="#">首页</a>
    </li>
    <li class="nav-item">
      <a class="nav-link" href="#">新闻</a>
    </li>
    <li class="nav-item">
      <a class="nav-link" href="#">教育</a>
```

```
      </li>
      <li class="nav-item">
        <a class="nav-link" href="#">旅游</a>
      </li>
      <li class="nav-item">
        <a class="nav-link disabled" href="#">科技</a>
      </li>
    </ul>
  </body>
```

在 Chrome 浏览器的运行效果如图 4.24 所示。

图 4.24　标签式导航效果

2. 胶囊式导航

给 nav 容器添加 nav-pills 类可以实现胶囊式导航。

例 4-23　胶囊式导航例子。

```
  <body class="container">
    <ul class="nav nav-pills">
      <li class="nav-item">
        <a class="nav-link active" href="#">首页</a>
      </li>
      <li class="nav-item">
        <a class="nav-link" href="#">新闻</a>
      </li>
      <li class="nav-item">
        <a class="nav-link" href="#">教育</a>
      </li>
      <li class="nav-item">
        <a class="nav-link" href="#">旅游</a>
      </li>
      <li class="nav-item">
        <a class="nav-link disabled" href="#">科技</a>
      </li>
    </ul>
```

</body>
在 Chrome 浏览器的运行效果如图 4.25 所示。

图 4.25　胶囊式导航效果

3. 带下拉菜单的标签页导航

在导航中还可以添加下拉菜单，下面例子结合下拉菜单组件，设计带下拉菜单的标签页导航。

例 4-24　带下拉菜单的标签页导航。

```
<body class="container">
  <ul class="nav nav-tabs">
    <li class="nav-item">
      <a class="nav-link active" href="#">首页</a>
    </li>
    <li class="nav-item">
      <a class="nav-link" href="#">新闻</a>
    </li>
    <li class="nav-item dropdown">
      <a class="nav-link dropdown-toggle" data-toggle="dropdown" href="#">教育</a>
      <div class="dropdown-menu">
        <a class="dropdown-item" href="#">中小学</a>
        <a class="dropdown-item" href="#">高考</a>
        <a class="dropdown-item" href="#">大学</a>
        <a class="dropdown-item" href="#">考研</a>
      </div>
    </li>
    <li class="nav-item">
      <a class="nav-link" href="#">旅游</a>
    </li>
    <li class="nav-item">
      <a class="nav-link disabled" href="#">科技</a>
    </li>
  </ul>
</body>
```

在 Chrome 浏览器的运行效果如图 4.26 所示。

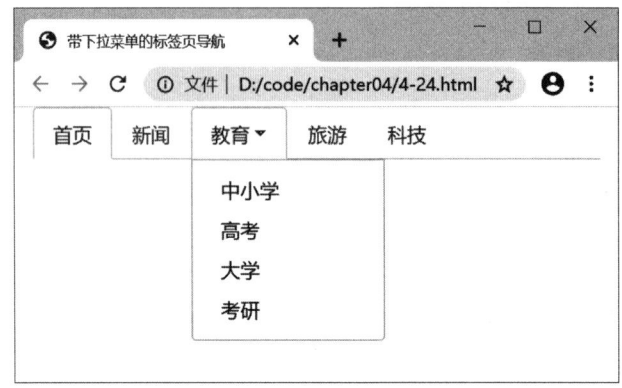

图 4.26　带下拉菜单的标签页导航效果

4. 带下拉菜单的胶囊式导航

下面例子结合下拉菜单组件，设计带下拉菜单的胶囊式导航。

例 4-25　带下拉菜单的胶囊式导航。

```
<body class="container">
  <ul class="nav nav-pills">
    <li class="nav-item">
      <a class="nav-link" href="#">首页</a>
    </li>
    <li class="nav-item">
      <a class="nav-link" href="#">新闻</a>
    </li>
    <li class="nav-item dropdown">
      <a class="nav-link dropdown-toggle" data-toggle="dropdown" href="#">教育</a>
      <div class="dropdown-menu">
        <a class="dropdown-item" href="#">中小学</a>
        <a class="dropdown-item" href="#">高考</a>
        <a class="dropdown-item" href="#">大学</a>
        <a class="dropdown-item" href="#">考研</a>
      </div>
    </li>
    <li class="nav-item">
      <a class="nav-link" href="#">旅游</a>
    </li>
    <li class="nav-item">
      <a class="nav-link disabled" href="#">科技</a>
    </li>
  </ul>
```

</body>
在 Chrome 浏览器的运行效果如图 4.27 所示。

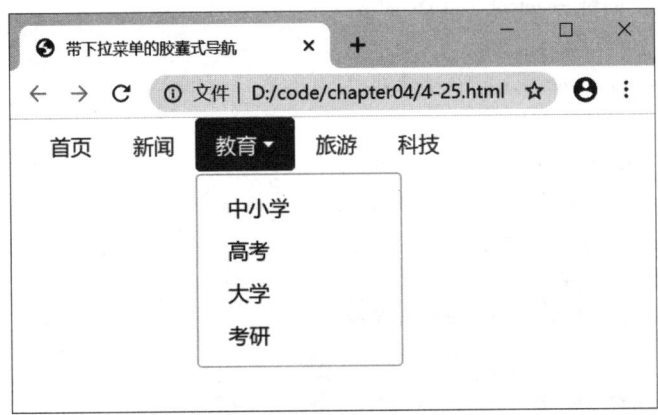

图 4.27 带下拉菜单的胶囊式导航效果

4.4.3 定义导航的样式

默认情况下，导航是左对齐的。使用 flexbox 通用布局属性可以更改导航的水平对齐方式，给 nav 类添加 justify-content-center、justify-content-end 类样式分别设置导航水平居中、居右对齐。

1. 水平对齐

例 4-26 导航水平对齐示例。

```
<body class="container">
  <h3 class="mt-3">水平居中示例</h3>
  <ul class="nav justify-content-center mb-3">
    <li class="nav-item">
      <a class="nav-link active" href="#">首页</a>
    </li>
    <li class="nav-item">
      <a class="nav-link" href="#">新闻</a>
    </li>
    <li class="nav-item">
      <a class="nav-link" href="#">教育</a>
    </li>
    <li class="nav-item">
      <a class="nav-link" href="#">旅游</a>
    </li>
    <li class="nav-item">
      <a class="nav-link disabled" href="#">科技</a>
    </li>
```

```
    </ul>
    <h3 class="mt-3">水平居右示例</h3>
    <ul class="nav justify-content-end mt-3">
      <li class="nav-item">
        <a class="nav-link active" href="#">首页</a>
      </li>
      <li class="nav-item">
        <a class="nav-link" href="#">新闻</a>
      </li>
      <li class="nav-item">
        <a class="nav-link" href="#">教育</a>
      </li>
      <li class="nav-item">
        <a class="nav-link" href="#">旅游</a>
      </li>
      <li class="nav-item">
        <a class="nav-link disabled" href="#">科技</a>
      </li>
    </ul>
</body>
```

在 Chrome 浏览器的运行效果如图 4.28 所示。

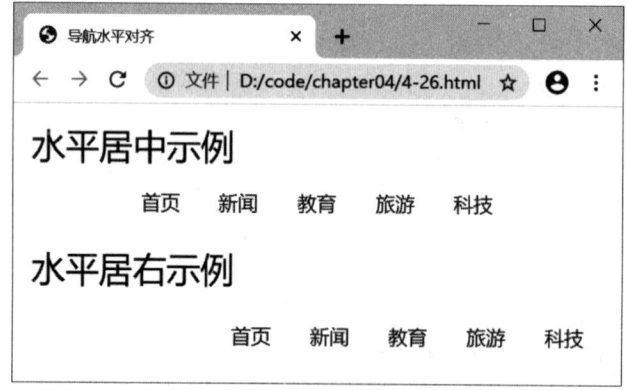

图 4.28　导航水平对齐效果

2. 垂直排列

导航默认是水平放置的，使用 flex-column 通用样式可以让它垂直放置。

例 4-27　垂直排列示例。

```
<body class="container">
    <ul class="nav flex-column border">
      <li class="nav-item">
        <a class="nav-link active" href="#">首页</a>
```

```
    </li>
    <li class="nav-item">
      <a class="nav-link" href="#">新闻</a>
    </li>
    <li class="nav-item">
      <a class="nav-link" href="#">教育</a>
    </li>
    <li class="nav-item">
      <a class="nav-link" href="#">旅游</a>
    </li>
    <li class="nav-item">
      <a class="nav-link disabled" href="#">科技</a>
    </li>
  </ul>
</body>
```
在 Chrome 浏览器的运行效果如图 4.29 所示。

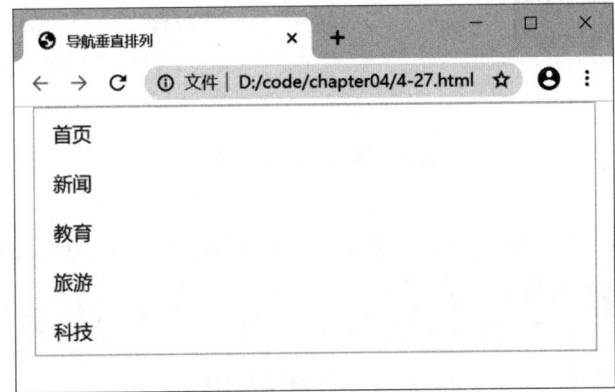

图 4.29　导航垂直排列效果

3. 填充和对齐

使用 nav-fill 会将 nav-item 按照比例分配空间。注意 nav-fill 类是分配导航所有的水平空间，而不是设置每个导航项目的宽度相同。

例 4-28　填充和对齐示例。

```
<body class="container">
  <ul class="nav nav-pills nav-fill">
    <li class="nav-item">
      <a class="nav-link active" href="#">首页</a>
    </li>
    <li class="nav-item">
      <a class="nav-link" href="#">新闻</a>
```

```
      </li>
      <li class="nav-item">
        <a class="nav-link" href="#">教育</a>
      </li>
      <li class="nav-item">
        <a class="nav-link" href="#">旅游</a>
      </li>
      <li class="nav-item">
        <a class="nav-link disabled" href="#">科技</a>
      </li>
    </ul>
  </body>
```

在 Chrome 浏览器的运行效果如图 4.30 所示。

图 4.30　导航填充和对齐效果

使用 nav-justified 类，使所有水平空间被导航链接占用，但与上述 nav-fill 不同，每个导航项目将具有相同的宽度。

4.5　导航栏

导航栏是一个页面中不可缺少的部分，是整个网页的控制中枢，通过它可以快速访问到其他内容。导航栏是一个将商标、导航以及其他元素放到一个简洁导航页头的容器组合，并且在移动设备视图中是可以折叠的，随着视口宽度的增加，导航栏也会变成水平展开模式。

4.5.1　定义导航栏

导航栏是一个长方形区块，其中可以包括商标、导航、表单、文本等元素。下面分别介绍。

导航栏使用 navbar 类来定义，并使用 navbar-expand{-sm | -md | -lg | -xl}定义响应式布局。

1. 品牌图标

使用 navbar-brand 类设置品牌标志的样式，文字字体要比默认的大些。品牌标志通常在导航条的最前端用文字、图标或自定义图片来标识网站，但不是必需的。

下面例子定义了一个导航，在导航中添加了品牌图标。

例 4-29 带品牌标志的导航栏示例。

```
<body class="container">
  <nav class="navbar navbar-light bg-light">
    <a class="navbar-brand" href="#">
      <img src="img/navbar.svg" width="30" height="30" alt="">
    </a>
  </nav>
</body>
```

在 Chrome 浏览器的运行效果如图 4.31 所示。

图 4.31 带品牌标志的导航栏效果

2. 导航

导航栏链接建立在导航组件（nav）上，可以使用导航专属的 Class 样式，并可以使用 navbar-toggler 类来进行响应式切换。在导航栏中可在 nav-link 或 nav-item 上添加 active 类和 disabled 类，实现激活和禁用状态。

下面例子实现了一个带品牌图标和导航的导航栏。

例 4-30 添加导航示例。

```
<body class="container">
  <nav class="navbar navbar-expand-md navbar-light bg-light">
    <a class="navbar-brand" href="#">
      <img src="img/navbar.svg" width="30" height="30" alt="">
    </a>
    <button class="navbar-toggler" type="button" data-toggle="collapse" data-target="#myNav">
      <span class="navbar-toggler-icon"></span>
    </button>
    <div class="collapse navbar-collapse" id="myNav">
      <ul class="navbar-nav">
        <li class="nav-item active">
          <a class="nav-link" href="#">首页</a>
```

```
            </li>
            <li class="nav-item">
               <a class="nav-link" href="#">新闻</a>
            </li>
            <li class="nav-item">
               <a class="nav-link" href="#">教育</a>
            </li>
            <li class="nav-item">
               <a class="nav-link" href="#">旅游</a>
            </li>
            <li class="nav-item">
               <a class="nav-link disabled" href="#">科技</a>
            </li>
         </ul>
      </div>
   </nav>
</body>
```

在 Chrome 浏览器运行,在中屏及以上设备上显示效果如图 4.32 所示。

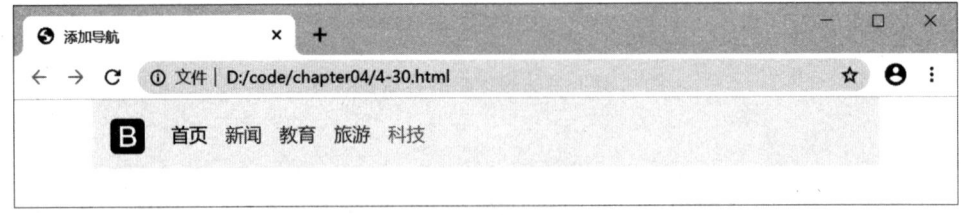

图 4.32　中屏及以上设备显示效果

在小屏及以下设备上显示效果如图 4.33 所示。

图 4.33　小屏及以下设备显示效果

单击折叠按钮，显示效果如图 4.34 所示。

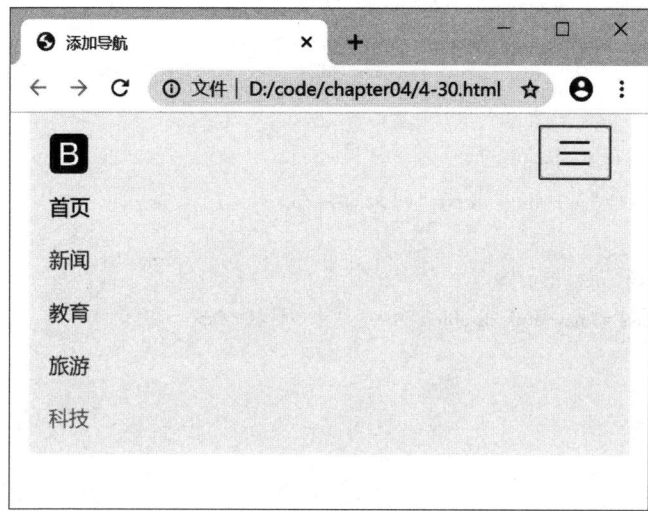

图 4.34　单击折叠按钮显示效果

还可以在导航栏中添加下拉菜单。下面例子实现了导航栏中的下拉菜单效果。

例 4-31　下拉菜单的导航。

```
<body class="container">
  <nav class="navbar navbar-expand-md navbar-light bg-light">
    <a class="navbar-brand" href="#">
      <img src="img/navbar.svg" width="30" height="30" alt="">
    </a>
    <button class="navbar-toggler" type="button" data-toggle="collapse" data-target="#myNav">
      <span class="navbar-toggler-icon"></span>
    </button>
    <div class="collapse navbar-collapse" id="myNav">
      <ul class="navbar-nav">
        <li class="nav-item active">
          <a class="nav-link" href="#">首页</a>
        </li>
        <li class="nav-item">
          <a class="nav-link" href="#">新闻</a>
        </li>
        <li class="nav-item dropdown">
          <a class="nav-link dropdown-toggle" href="#" data-toggle="dropdown">
            教育
          </a>
          <div class="dropdown-menu">
            <a class="dropdown-item" href="#">中小学</a>
```

```
            <a class="dropdown-item" href="#">高考</a>
            <a class="dropdown-item" href="#">大学</a>
            <a class="dropdown-item" href="#">考研</a>
          </div>
        </li>
        <li class="nav-item">
          <a class="nav-link" href="#">旅游</a>
        </li>
        <li class="nav-item">
          <a class="nav-link disabled" href="#">科技</a>
        </li>
      </ul>
    </div>
  </nav>
</body>
```

在 Chrome 浏览器的运行效果如图 4.35 所示。

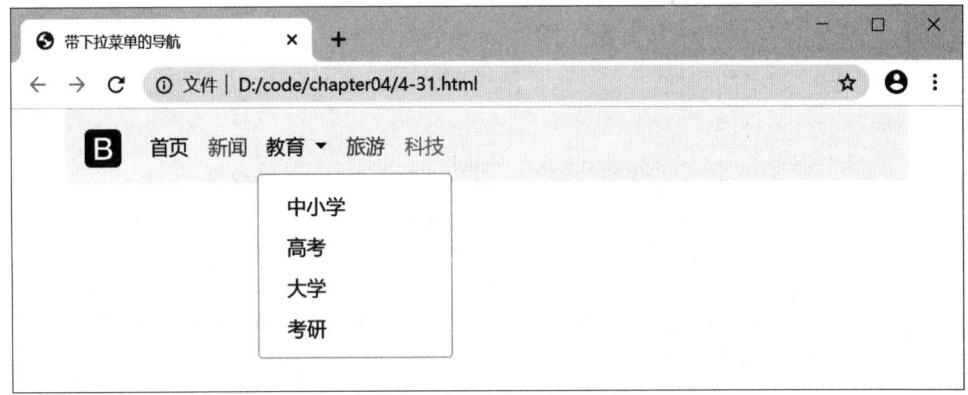

图 4.35　带下拉菜单的导航显示效果

3. 表单

导航栏中也可以放置表单元素如搜索框等，通过使用 form-inline 类来放置各种表单元素和组件。

例 4-32　带表单的导航栏示例。

```
<body class="container">
  <nav class="navbar navbar-light bg-light">
    <a class="navbar-brand" href="#">
      <img src="img/navbar.svg" width="30" height="30" alt="">
    </a>
    <form class="form-inline">
      <input class="form-control mr-sm-2" type="search" placeholder="Search">
```

```
            <button class="btn btn-outline-success my-2 my-sm-0" type="submit">Search</button>
        </form>
    </nav>
</body>
```
在 Chrome 浏览器的运行效果如图 4.36 所示。

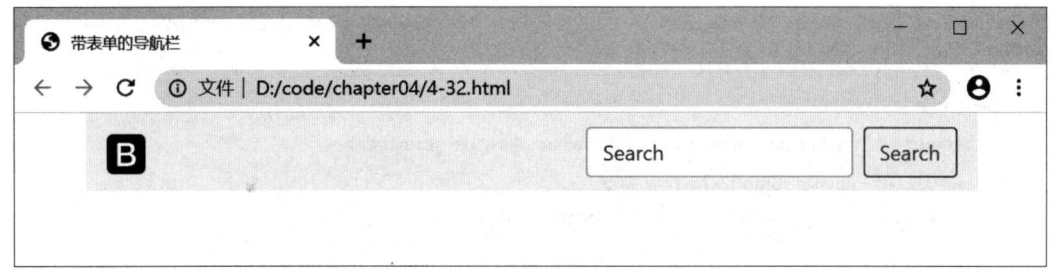

图 4.36　带表单的导航栏效果

4. 文本

导航栏中还可以放置文本元素。通过使用 navbar-text 类容器来包裹文本，对文本字符串的垂直对齐、水平间距进行优化处理。

下面例子使用 navbar-text 类为导航栏添加了一个文本元素。

例 4-33　带文本的导航栏示例。

```
<body class="container">
    <nav class="navbar navbar-light bg-light">
        <a class="navbar-brand" href="#">
            <img src="img/navbar.svg" width="30" height="30" alt="">
        </a>
        <form class="form-inline">
            <input class="form-control mr-sm-2" type="search" placeholder="Search">
            <button class="btn btn-outline-success my-2 my-sm-0" type="submit">Search</button>
        </form>
        <span class="navbar-text">普通文本</span>
    </nav>
</body>
```
在 Chrome 浏览器的运行效果如图 4.37 所示。

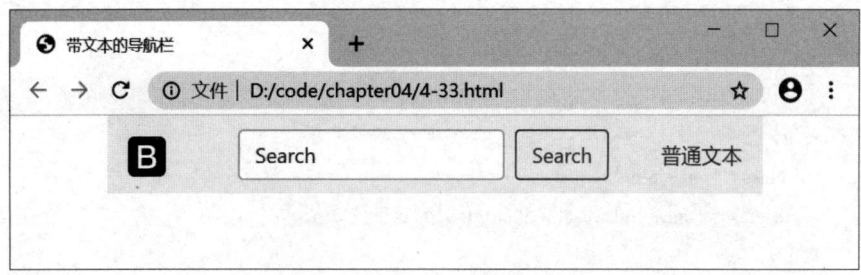

图 4.37　带文本的导航栏效果

4.5.2 导航栏配色

导航栏的配色方案和主题选择基于背景通用样式类 bg-* 和主题类 navbar-* 定义。bg-* 设置导航栏的背景颜色，navbar-* 设置文本的颜色。Bootstrap 提供了两种主题类，包括 navbar-light(文字黑色)类、navbar-dark(文字白色)类。

下面例子使用 navbar-dark 类定义白色文本，bg-primary 类定义蓝色背景的导航栏。

例 4-34 导航栏配色示例。

```html
<body class="container">
  <nav class="navbar navbar-expand-md navbar-dark bg-primary">
    <a class="navbar-brand" href="#">
      <img src="img/navbar.svg" width="30" height="30" alt="">
    </a>
    <button class="navbar-toggler" type="button" data-toggle="collapse" data-target="#myNav">
      <span class="navbar-toggler-icon"></span>
    </button>
    <div class="collapse navbar-collapse" id="myNav">
      <ul class="navbar-nav">
        <li class="nav-item active">
          <a class="nav-link" href="#">首页</a>
        </li>
        <li class="nav-item">
          <a class="nav-link" href="#">新闻</a>
        </li>
        <li class="nav-item dropdown">
          <a class="nav-link dropdown-toggle" href="#" data-toggle="dropdown">
            教育
          </a>
          <div class="dropdown-menu">
            <a class="dropdown-item" href="#">中小学</a>
            <a class="dropdown-item" href="#">高考</a>
            <a class="dropdown-item" href="#">大学</a>
            <a class="dropdown-item" href="#">考研</a>
          </div>
        </li>
        <li class="nav-item">
          <a class="nav-link" href="#">旅游</a>
        </li>
        <li class="nav-item">
          <a class="nav-link disabled" href="#">科技</a>
        </li>
```

```
            </ul>
            <form class="form-inline">
                <input class="form-control mr-sm-2" type="search" placeholder="Search">
                <button class="btn btn-outline-success my-2 my-sm-0" type="submit">Search</button>
            </form>
        </div>
    </nav>
</body>
```
在 Chrome 浏览器的运行效果如图 4.38 所示。

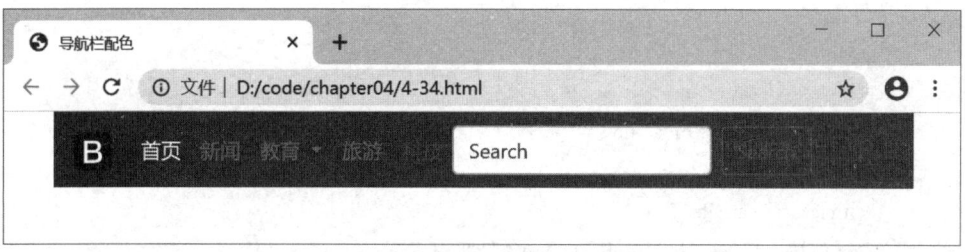

图 4.38　导航栏配色效果

4.5.3　导航栏定位

使用 Bootstrap 提供的定位属性类 fixed-top、fixed-bottom 分别将导航栏固定在顶部、固定在底部。

下面例子使用 fixed-top 类将导航固定在页面顶部。

例 4-35　导航栏定位示例。

```
<body class="container" style="padding-top:80px;">
    <nav class="navbar navbar-expand-md navbar-dark bg-primary fixed-top">
        <a class="navbar-brand" href="#">
            <img src="img/navbar.svg" width="30" height="30" alt="">
        </a>
        <button class="navbar-toggler" type="button" data-toggle="collapse" data-target="#myNav">
            <span class="navbar-toggler-icon"></span>
        </button>
        <div class="collapse navbar-collapse" id="myNav">
            <ul class="navbar-nav">
                <li class="nav-item active">
                    <a class="nav-link" href="#">首页</a>
                </li>
                <li class="nav-item">
                    <a class="nav-link" href="#">新闻</a>
                </li>
```

```html
        <li class="nav-item dropdown">
          <a class="nav-link dropdown-toggle" href="#" data-toggle="dropdown">
            教育
          </a>
          <div class="dropdown-menu">
            <a class="dropdown-item" href="#">中小学</a>
            <a class="dropdown-item" href="#">高考</a>
            <a class="dropdown-item" href="#">大学</a>
            <a class="dropdown-item" href="#">考研</a>
          </div>
        </li>
        <li class="nav-item">
          <a class="nav-link" href="#">旅游</a>
        </li>
        <li class="nav-item">
          <a class="nav-link disabled" href="#">科技</a>
        </li>
      </ul>
    </div>
  </nav>
  <img src="img/pic01.jpg" class="img-fluid">
</body>
```

在Chrome浏览器的运行效果如图4.39所示。向下拖动滚动条,导航都将固定在浏览器顶部。

图4.39 导航栏定位效果

4.5.4 响应式导航栏

前面例子中的导航栏是响应式组件。在中屏设备上完全显示，在小屏幕情况下，导航项内容通过按钮自动显示或隐藏。

响应式的导航栏的制作主要分为以下几个方面：

(1)在导航栏容器 navbar 上添加 navbar-expand-*类。

`<nav class="navbar navbar-expand-md navbar-light bg-light">`

(2)在导航中添加一个触发折叠/显示内容的按钮元素。

`<button class="navbar-toggler" type="button" data-toggle="collapse" data-target="#myNav">`

(3)在导航栏中添加一个折叠/显示内容的容器。

`<div class="collapse navbar-collapse" id="myNav">`

导航栏的内容不仅限于品牌图标、导航、表单等元素，还可以更丰富些。下面例子在导航栏内容添加了一些其他元素。

例 4-36 扩展导航栏内容。

```
<body class="container">
    <nav class="navbar navbar-dark bg-dark">
        <button class="navbar-toggler" type="button" data-toggle="collapse" data-target="#myNav">
            <span class="navbar-toggler-icon"></span>
        </button>
    </nav>
    <div class="collapse" id="myNav">
        <div class="bg-info p-4">
            <h5 class="text-white h4">折叠内容</h5>
            <span class="text-muted">通过 navbar-brand 进行切换</span>
        </div>
    </div>
</body>
```

在 Chrome 浏览器的运行效果如图 4.40 所示。

图 4.40　扩展导航栏内容效果

4.6 面包屑导航

面包屑导航是一种基于网站层次信息的显示方式。通过 Bootstrap 内置的 CSS 样式，自动添加分隔符号来指示当前页面的位置。

4.6.1 定义面包屑

Bootstrap 中的面包屑是一个带有 breadcrumb 类的列表，分隔符会通过 CSS 中的::before 和 content 来添加，代码如下：

```css
.breadcrumb-item + .breadcrumb-item::before{
    display: inline-block;
    padding-right: 0.5rem;
    color: #6c757d;
    content: "/";
}
```

例 4-37 面包屑示例。

```html
<body class="container">
    <nav aria-label="breadcrumb">
        <ol class="breadcrumb">
            <li class="breadcrumb-item active" aria-current="page">首页</li>
        </ol>
    </nav>
    <nav aria-label="breadcrumb">
        <ol class="breadcrumb">
            <li class="breadcrumb-item"><a href="#">首页</a></li>
            <li class="breadcrumb-item active" aria-current="page">新闻中心</li>
        </ol>
    </nav>
    <nav aria-label="breadcrumb">
        <ol class="breadcrumb">
            <li class="breadcrumb-item"><a href="#">首页</a></li>
            <li class="breadcrumb-item"><a href="#">新闻中心</a></li>
            <li class="breadcrumb-item active" aria-current="page">学术活动</li>
        </ol>
    </nav>
</body>
```

在 Chrome 浏览器的运行效果如图 4.41 所示。

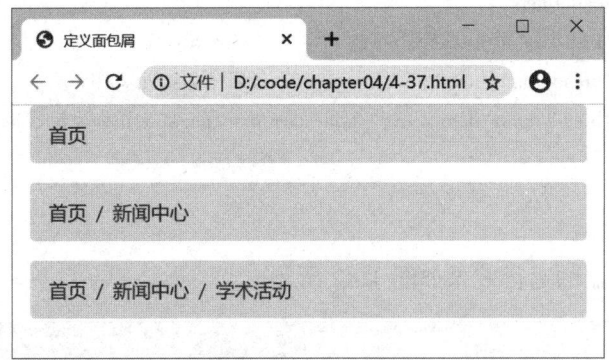

图 4.41 面包屑效果

4.6.2 定义分隔符

通过::before 和 CSS 中 content 可以自动添加分隔符,如果想设置不同的分隔符,可以在 CSS 文件中添加代码覆盖掉 Bootstrap 中的样式。

下面例子重新定义了 .breadcrumb-item+.breadcrumb-item::before 选择器的 content 属性内容。

例 4-38 设计面包屑分隔符示例。

```
<style>
    .breadcrumb-item+.breadcrumb-item::before{
        display: inline-block;
        padding-right: 0.5rem;
        color: #6c757d;
        content: ">";
    }
</style>
<body class="container">
    <nav aria-label="breadcrumb">
        <ol class="breadcrumb">
            <li class="breadcrumb-item active" aria-current="page">首页</li>
        </ol>
    </nav>
    <nav aria-label="breadcrumb">
        <ol class="breadcrumb">
            <li class="breadcrumb-item"><a href="#">首页</a></li>
            <li class="breadcrumb-item active" aria-current="page">新闻中心</li>
        </ol>
    </nav>
    <nav aria-label="breadcrumb">
```

```
    <ol class="breadcrumb">
      <li class="breadcrumb-item"><a href="#">首页</a></li>
      <li class="breadcrumb-item"><a href="#">新闻中心</a></li>
      <li class="breadcrumb-item active" aria-current="page">学术活动</li>
    </ol>
  </nav>
</body>
```

在Chrome浏览器的运行效果如图4.42所示。

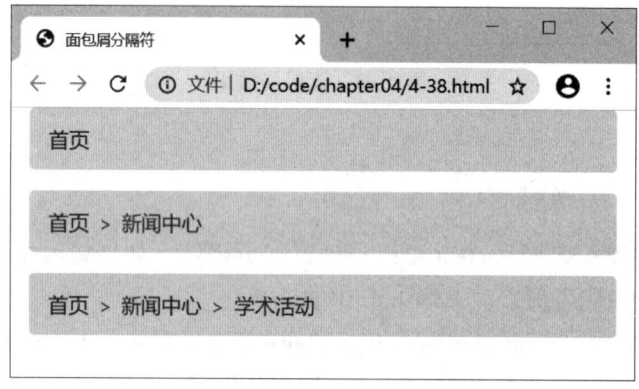

图4.42 设计面包屑分隔符效果

4.7 巨幕

巨幕是一个轻巧、灵活的组件，可以设置一些内容用于展示网站中重要的信息。

4.7.1 定义巨幕

使用jumbotron类可以定义一个巨幕容器，该容器可以根据需要添加相应的内容。Bootstrap4中jumbotron类的代码如下：

```
.jumbotron{
    padding: 2rem 1rem;
    margin-bottom: 2rem;
    background-color: #e9ecef;
    border-radius: 0.3rem;
}
```

可以看到巨幕定义了灰色背景、0.3rem的圆角效果。

例4-39 巨幕示例。

```
<body class="container">
  <div class="jumbotron text-center">
```

```
        <h1 class="display-4">Bootstrap</h1>
        <p class="lead">简洁、直观、强悍的前端开发框架,让 web 开发更迅速、简单。</p>
        <hr class="my-4">
        <a class="btn btn-primary btn-lg" href="#" role="button">Bootstrap3 中文文档(v3.3.7)</a>
        <br /> <br />
        <a class="" href="#" role="button">Bootstrap2 中文文档(v2.3.2)</a>
    </div>
</body>
```

在 Chrome 浏览器的运行效果如图 4.43 所示。

图 4.43 巨幕效果

4.7.2 设计风格

如果想创建一个没有圆角的全屏幕,只要添加 jumbotron-fluid 类,并在里面添加一个 container 类或 container-fluid 类,来设置间隔空间即可。

例 4-40 占满全屏宽度示例。

```
<body>
    <div class="jumbotron jumbotron-fluid text-center">
        <div class="container">
            <h1 class="display-4">Bootstrap</h1>
            <p class="lead">简洁、直观、强悍的前端开发框架,让 web 开发更迅速、简单。</p>
            <hr class="my-4">
            <a class="btn btn-primary btn-lg" href="#" role="button">Bootstrap3 中文文档(v3.3.7)</a>
            <br /> <br />
```

```
            <a class="" href="#" role="button">Bootstrap2 中文文档(v2.3.2)</a>
        </div>
    </div>
</body>
```

在 Chrome 浏览器的运行效果如图 4.44 所示。

图 4.44　占满全屏宽度效果

4.8　案例：仿某高校网站首页导航

本案例设计某高校网站首页头部导航栏的页面效果。案例中使用 Bootstrap 网格系统进行布局及内容导航栏和导航设计。页面最终效果如图 4.45 所示，当鼠标单击一级菜单时，弹出下拉菜单，且下拉菜单顶部位置的横线呈现从中间向两边展开的动画效果。效果如图 4.46 所示。

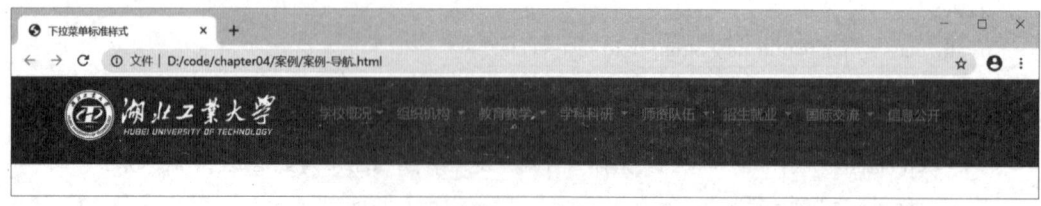

图 4.45　导航栏最终效果

第 4 章　Bootstrap 组件(上)

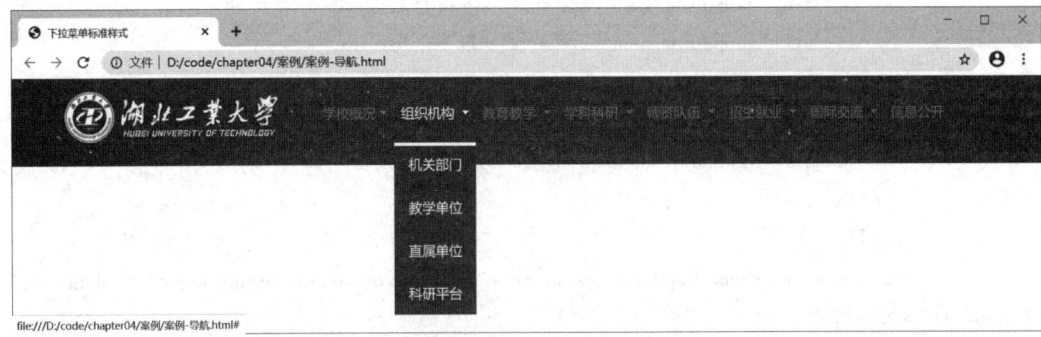

图 4.46　鼠标单击菜单时效果

下面来看具体的实现步骤。

第 1 步：设计头部布局。头部使用 Bootstrap 网格系统布局，设计 1 行 2 列，在中等屏幕上第 1 列占 3 份（放网站 Logo），第 2 列占 9 份（放导航栏）。

```
<div class="header">
  <div class="container">
    <div class="row">
      <div class="col-md-3">网站 Logo</div>
      <div class="col-md-9">导航栏</div>
    </div>
  </div>
</div>
```

第 2 步：添加网站 Logo 到第 1 列，具体代码如下：

```
<div class="col-md-3">
  <div class="siteLogo">
    <a href="#"><img class="img-fluid" src="img/logo.png"></a>
  </div>
</div>
```

第 3 步：添加导航栏及导航组件到第 2 列，具体代码如下：

```
<div class="col-md-9">
  <nav class="navbar navbar-expand-md navbar-dark bg-primary">
    <button class="navbar-toggler" type="button" data-toggle="collapse" data-target="#menu">
      <span class="navbar-toggler-icon"></span>
    </button>
    <div class="collapse navbar-collapse" id="menu">
      <ul class="navbar-nav">
        <li class="nav-item dropdown"> <a class="nav-link dropdown-toggle" href="#"
            data-toggle="dropdown">学校概况</a>
          <div class="dropdown-menu" style="min-width:100%;">
            <span class="line"></span>
```

```html
                <a class="dropdown-item" href="#">学校介绍</a>
                <a class="dropdown-item" href="#">领导介绍</a>
                <a class="dropdown-item" href="#">学校章程</a>
                <a class="dropdown-item" href="#">校园文化</a>
                <a class="dropdown-item" href="#">校园风光</a>
            </div>
        </li>
        <li class="nav-item dropdown"> <a class="nav-link dropdown-toggle" href="#" data-toggle="dropdown">组织机构
            <b class="caret"></b></a>
            <div class="dropdown-menu">
                <span class="line"></span>
                <a class="dropdown-item" href="#">机关部门</a>
                <a class="dropdown-item" href="#">教学单位</a>
                <a class="dropdown-item" href="#">直属单位</a>
                <a class="dropdown-item" href="#">科研平台</a>
            </div>
        </li>
        <li class="nav-item dropdown"> <a class="nav-link dropdown-toggle" href="#" data-toggle="dropdown">教育教学
            <b class="caret"></b></a>
            <div class="dropdown-menu">
                <span class="line"></span>
                <a class="dropdown-item" href="#">本科生教育</a>
                <a class="dropdown-item" href="#">研究生教育</a>
                <a class="dropdown-item" href="#">留学生教育</a>
                <a class="dropdown-item" href="#">继续教育</a>
            </div>
        </li>
        <li class="nav-item dropdown"> <a class="nav-link dropdown-toggle" href="#" data-toggle="dropdown">学科科研
            <b class="caret"></b></a>
            <div class="dropdown-menu">
                <span class="line"></span>
                <a class="dropdown-item" href="#">学科建设</a>
                <a class="dropdown-item" href="#">科学研究</a>
                <a class="dropdown-item" href="#">社会服务</a>
            </div>
        </li>
        <li class="nav-item dropdown"> <a class="nav-link dropdown-toggle" href="#" data-toggle="dropdown">师资队伍
```

```html
            <b class="caret"></b></a>
          <div class="dropdown-menu">
            <span class="line"></span>
            <a class="dropdown-item" href="#">双聘院士</a>
            <a class="dropdown-item" href="#">教师风采</a>
            <a class="dropdown-item" href="#">人才管理</a>
            <a class="dropdown-item" href="#">人才招聘</a>
          </div>
        </li>
        <li class="nav-item dropdown"> <a class="nav-link dropdown-toggle" href="#" data-toggle="dropdown">招生就业
            <b class="caret"></b></a>
          <div class="dropdown-menu">
            <span class="line"></span>
            <a class="dropdown-item" href="#">本科生招生</a>
            <a class="dropdown-item" href="#">研究生招生</a>
            <a class="dropdown-item" href="#">留学生招生</a>
            <a class="dropdown-item" href="#">本科生就业</a>
            <a class="dropdown-item" href="#">研究生就业</a>
          </div>
        </li>
        <li class="nav-item dropdown"> <a class="nav-link dropdown-toggle" href="#" data-toggle="dropdown">国际交流
            <b class="caret"></b></a>
          <div class="dropdown-menu">
            <span class="line"></span>
            <a class="dropdown-item" href="#">国际合作</a>
            <a class="dropdown-item" href="#">出国出境</a>
            <a class="dropdown-item" href="#">留学湖工</a>
            <a class="dropdown-item" href="#">港澳台项目</a>
          </div>
        </li>
        <li class="nav-item dropdown"> <a class="nav-link" href="#" data-toggle="dropdown">信息公开</a>
          <div class="dropdown-menu">
            <span class="line"></span>
          </div>
        </li>
      </ul>
    </div>
  </nav>
```

```
</div>
```

第4步：自定义样式，代码如下：

```css
<style>
.header {
    background-color: #007bff;
    width: 100%;
}
.siteLogo {
    margin: 15px 0px;
}
#menu {
    line-height: 50px;
    margin-bottom: 20px;
}
.dropdown-menu {
    padding: 0px;
    background-color: #007bff;
    border-radius: 0px;
    border: 0;
    min-width: 100%;
}
.line {
    display: block;
    position: absolute;
    width: 0px;
    height: 0px;
    background: white;
    top: 0px;
    left: 50%;
}
.dropdown-item {
    padding: 0px;
    text-align: center;
    color: white;
}
.dropdown-item:hover,.dropdown-item:focus {
    background-color: white;
}
</style>
```

第5步：使用 js 脚本实现鼠标单击一级菜单时，下拉菜单顶部位置的横线从中间向两边展开的动画效果，代码如下：

```
<script>
    $(function(){
        $('#menu>ul>li').hover(function(){
            $(this).children("div").children(".line").stop().css('height','4px');
            $(this).children("div").children(".line").animate({
                left:'0',
                width:'100%',
                right:'0'
            },600);
        },function(){
            $(this).children("div").children(".line").stop().animate({
                left:'50%',
                width:'0'
            },300);
        });
    });
</script>
```

4.9 本章小结

本章主要介绍了 Bootstrap 的组件，包括按钮、按钮组、下拉菜单、导航、导航栏、面包屑导航和巨幕。最后介绍如何使用导航等组件模仿实现某高校网站首页导航效果。

本章习题

一、选择题

1. 下列关于按钮样式说法错误的是(　　)。
A. 应用了 btn-primary 类样式的按钮背景颜色是亮蓝色
B. 应用了 btn-success 类样式的按钮背景颜色是亮绿色
C. 应用了 btn-secondary 类样式的按钮边框颜色是灰色
D. 应用了 btn-danger 类样式的按钮文字颜色是红色

2. 下列关于按钮组说法错误的是(　　)。
A. 按钮组是由 btn-group 类定义的。
B. 工具栏按钮组是多个基本按钮组放在一个 btn-toolbar 类容器中。
C. Bootstrap 提供了包括 btn-group-sm、btn-group-md 等多种类来控制按钮组下的每个子按钮大小。
D. Bootstrap 提供了相应的类可以使一组按钮垂直排列。

3. 下列关于下拉菜单说法错误的是（　　）。

A. 下拉菜单容器包含触发元素和下拉菜单。

B. 触发按钮添加 data-toggle="dropdown" 属性，可激活下拉菜单的交互行为。

C. 触发按钮添加 dropdown-toggle 类的作用是设置一个指示小三角。

D. 下拉菜单的菜单项只能是 button 元素。

4. 实现导航水平平铺的是（　　）类。

  A. nav-center   B. justify-content-center

  C. flex-column   D. nav-fill

5. 实现标签页导航垂直方向排列的是（　　）类。

  A. nav-vertical   B. nav-tabs   C. flex-column   D. nav-fill

6. 实现显示和折叠导航条且导航条在小屏幕会自动折叠的功能时不需要（　　）。

  A. 导航栏容器 navbar 上添加 navbar-expand-md 类

  B. 触发按钮添加 data-toggle="collapse"

  C. 导航栏中添加一个折叠/显示内容的容器

  D. 触发按钮添加 navbar-collapse 类

7. 实现导航栏固定在顶部的是（　　）类。

  A. fixed-top   B. fixed-bottom   C. top   D. bottom

8. 创建一个没有圆角的全屏幕，需要添加 jumbotron-fluid 类。它的实现原理不包括（　　）。

  A. 设置了 padding-left：0；   B. 设置了 padding-right：0；

  C. 设置了 border-radius：0；   D. 设置了 border：none；

二、简答题

1. 比较 Bootstrap 几种常见导航栏的风格。

2. 简述响应式导航栏的制作过程。

第 5 章 Bootstrap 组件(下)

这一章将介绍其余的 Bootstrap 组件,包括分页、表单、输入框组、徽章、警告框、进度条、列表组、卡片和媒体,并通过一个综合实例来讲解组件的应用。

5.1 分页

当网站内容较多,一个页面显示不下时,就需要用到分页组件。Bootstrap 中提供了 pagination 类来实现分页显示效果。

5.1.1 定义分页

实现分页效果的方法是,给<ul>元素添加 pagination 类,<li>元素添加 page-item 类,超链接中添加 page-link 类,即可完成简单的分页。

例 5-1 定义分页示例。

```
<body class="container">
  <ul class="pagination">
    <li class="page-item"><a class="page-link" href="#">首页</a></li>
    <li class="page-item"><a class="page-link" href="#">上一页</a></li>
    <li class="page-item"><a class="page-link" href="#">1</a></li>
    <li class="page-item"><a class="page-link" href="#">2</a></li>
    <li class="page-item"><a class="page-link" href="#">3</a></li>
    <li class="page-item"><a class="page-link" href="#">4</a></li>
    <li class="page-item"><a class="page-link" href="#">5</a></li>
    <li class="page-item"><a class="page-link" href="#">下一页</a></li>
    <li class="page-item"><a class="page-link" href="#">尾页</a></li>
  </ul>
</body>
```

在 Chrome 浏览器的运行效果如图 5.1 所示。

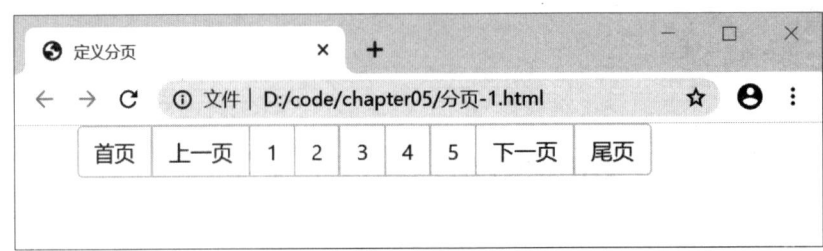

图 5.1　分页效果

5.1.2　使用图标

想要使用图标或符号代替某些分页链接的文本，应提供适当的屏幕阅读器支持 aria 属性和 sr-only 工具。

在分页中，可以使用图标或符号来代替某些分页链接的文本。下面例子分别使用"«""»"符号来代替"上一页""下一页"。

例 5-2　使用图标示例。

```
<body class="container">
  <ul class="pagination">
    <li class="page-item"><a class="page-link" href="#">首页</a></li>
    <li class="page-item">
      <a class="page-link" href="#">
        <span aria-hidden="true">&laquo;</span>
      </a>
    </li>
    <li class="page-item"><a class="page-link" href="#">1</a></li>
    <li class="page-item"><a class="page-link" href="#">2</a></li>
    <li class="page-item"><a class="page-link" href="#">3</a></li>
    <li class="page-item"><a class="page-link" href="#">4</a></li>
    <li class="page-item"><a class="page-link" href="#">5</a></li>
    <li class="page-item">
      <a class="page-link" href="#">
        <span aria-hidden="true">&raquo;</span>
      </a>
    </li>
    <li class="page-item"><a class="page-link" href="#">尾页</a></li>
  </ul>
</body>
```

在 Chrome 浏览器的运行效果如图 5.2 所示。

图 5.2 使用图标效果

5.1.3 设计分页风格

1. 禁用和活动分页状态

使用 disabled 显示不可点击的链接，使用 active 来指示当前页面。

例 5-3 禁用和活动分页状态示例。

```
<body class="container">
  <ul class="pagination">
    <li class="page-item"><a class="page-link" href="#">首页</a></li>
    <li class="page-item disabled"><a class="page-link" href="#">上一页</a></li>
    <li class="page-item active"><a class="page-link" href="#">1</a></li>
    <li class="page-item"><a class="page-link" href="#">2</a></li>
    <li class="page-item"><a class="page-link" href="#">3</a></li>
    <li class="page-item"><a class="page-link" href="#">4</a></li>
    <li class="page-item"><a class="page-link" href="#">5</a></li>
    <li class="page-item"><a class="page-link" href="#">下一页</a></li>
    <li class="page-item"><a class="page-link" href="#">尾页</a></li>
  </ul>
</body>
```

在 Chrome 浏览器的运行效果如图 5.3 所示。

图 5.3 分页效果

2. 设置大小尺寸

可以修改分页组件的大小，Bootstrap 中提供了三种尺寸。图 5.1-5.3 是默认的尺寸，应用 pagination-lg 则可以显示大尺寸分页导航，pagination-sm 则显示小尺寸分页组导航。

下面例子创建三个不同大小的分页导航。

例 5-4 设置分页尺寸示例。

```
<body class="container">
    <ul class="pagination pagination-lg">
        <li class="page-item"><a class="page-link" href="#">首页</a></li>
        <li class="page-item"><a class="page-link" href="#">上一页</a></li>
        <li class="page-item"><a class="page-link" href="#">1</a></li>
        <li class="page-item"><a class="page-link" href="#">2</a></li>
        <li class="page-item"><a class="page-link" href="#">3</a></li>
        <li class="page-item"><a class="page-link" href="#">4</a></li>
        <li class="page-item"><a class="page-link" href="#">5</a></li>
        <li class="page-item"><a class="page-link" href="#">下一页</a></li>
        <li class="page-item"><a class="page-link" href="#">尾页</a></li>
    </ul>
    <ul class="pagination">
        <li class="page-item"><a class="page-link" href="#">首页</a></li>
        <li class="page-item"><a class="page-link" href="#">上一页</a></li>
        <li class="page-item"><a class="page-link" href="#">1</a></li>
        <li class="page-item"><a class="page-link" href="#">2</a></li>
        <li class="page-item"><a class="page-link" href="#">3</a></li>
        <li class="page-item"><a class="page-link" href="#">4</a></li>
        <li class="page-item"><a class="page-link" href="#">5</a></li>
        <li class="page-item"><a class="page-link" href="#">下一页</a></li>
        <li class="page-item"><a class="page-link" href="#">尾页</a></li>
    </ul>
    <ul class="pagination pagination-sm">
        <li class="page-item"><a class="page-link" href="#">首页</a></li>
        <li class="page-item"><a class="page-link" href="#">上一页</a></li>
        <li class="page-item"><a class="page-link" href="#">1</a></li>
        <li class="page-item"><a class="page-link" href="#">2</a></li>
        <li class="page-item"><a class="page-link" href="#">3</a></li>
        <li class="page-item"><a class="page-link" href="#">4</a></li>
        <li class="page-item"><a class="page-link" href="#">5</a></li>
        <li class="page-item"><a class="page-link" href="#">下一页</a></li>
        <li class="page-item"><a class="page-link" href="#">尾页</a></li>
    </ul>
</body>
```

在 Chrome 浏览器的运行效果如图 5.4 所示。

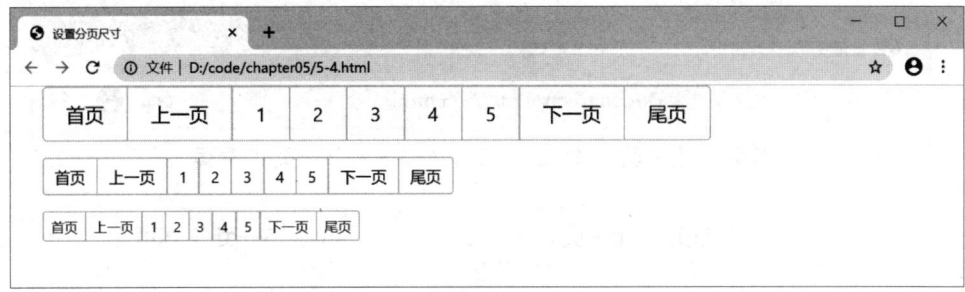

图 5.4　不同尺寸分页效果

3. 设置对齐方式

默认状态下，分页是左对齐，可以使用 Flexbox 弹性布局通用样式，来设置分页组件的对齐方式。使用 justify-content-center 类设置居中对齐，使用 justify-content-end 类设置右对齐。

例 5-5　设置分页对齐方式示例。

```
<body class="container">
    <ul class="pagination justify-content-center">
        <li class="page-item"><a class="page-link" href="#">首页</a></li>
        <li class="page-item"><a class="page-link" href="#">上一页</a></li>
        <li class="page-item"><a class="page-link" href="#">1</a></li>
        <li class="page-item"><a class="page-link" href="#">2</a></li>
        <li class="page-item"><a class="page-link" href="#">3</a></li>
        <li class="page-item"><a class="page-link" href="#">4</a></li>
        <li class="page-item"><a class="page-link" href="#">5</a></li>
        <li class="page-item"><a class="page-link" href="#">下一页</a></li>
        <li class="page-item"><a class="page-link" href="#">尾页</a></li>
    </ul>
    <ul class="pagination justify-content-end">
        <li class="page-item"><a class="page-link" href="#">首页</a></li>
        <li class="page-item"><a class="page-link" href="#">上一页</a></li>
        <li class="page-item"><a class="page-link" href="#">1</a></li>
        <li class="page-item"><a class="page-link" href="#">2</a></li>
        <li class="page-item"><a class="page-link" href="#">3</a></li>
        <li class="page-item"><a class="page-link" href="#">4</a></li>
        <li class="page-item"><a class="page-link" href="#">5</a></li>
        <li class="page-item"><a class="page-link" href="#">下一页</a></li>
        <li class="page-item"><a class="page-link" href="#">尾页</a></li>
    </ul>
</body>
```

在 Chrome 浏览器的运行效果如图 5.5 所示。

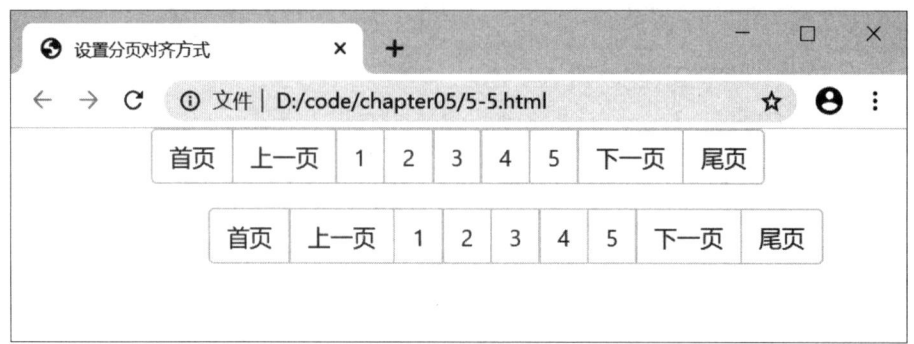

图 5.5 对齐效果

5.2 表单

表单包括表单域、输入框、下拉框、单选按钮、复选框和按钮等控件，每个表单控件在交互中所起到的作用是各不相同的。Bootstrap 对这些表单控件进行了优化。

5.2.1 定义表单

Bootstrap 中使用 form-control 类样式对表单控件进行优化处理。包括外观、focus 选中状态、尺寸大小等。下面例子是 Bootstrap 表单样式的一个简单范例。

例 5-6 定义基本表单示例。

```
<body class="container">
  <form>
    <div class="form-group">
      <label for="formGroup1">用户名</label>
      <input type="text" class="form-control" id="formGroup1" placeholder="username">
    </div>
    <div class="form-group">
      <label for="formGroup2">密码</label>
      <input type="password" class="form-control" id="formGroup2" placeholder="password">
    </div>
    <div class="form-group form-check">
      <input type="checkbox" class="form-check-input" id="check">
      <label class="form-check-label" for="check">记住我</label>
    </div>
    <button type="submit" class="btn btn-primary">登录</button>
  </form>
</body>
```

上面例子中，一组表单元素放在表单组（form-group）中，表单组默认设置 1rem 的底外边距。在 Chrome 浏览器的运行效果如图 5.6 所示。

图 5.6　表单控件效果

1. 设置表单控件的大小

给表单控件添加 form-control-lg（大号）、form-control-sm（小号）类可以设置表单控件的大小。

例 5-7　设置表单控件的大小示例。

<body class="container">
　<form>
　　<input class="form-control form-control-lg" type="text" placeholder="大尺寸（.form-control-lg）">
　　<input class="form-control" type="text" placeholder="默认尺寸">
　　<input class="form-control form-control-sm" type="text" placeholder="小尺寸（.form-control-sm）">
　</form>
</body>

在 Chrome 浏览器的运行效果如图 5.7 所示。

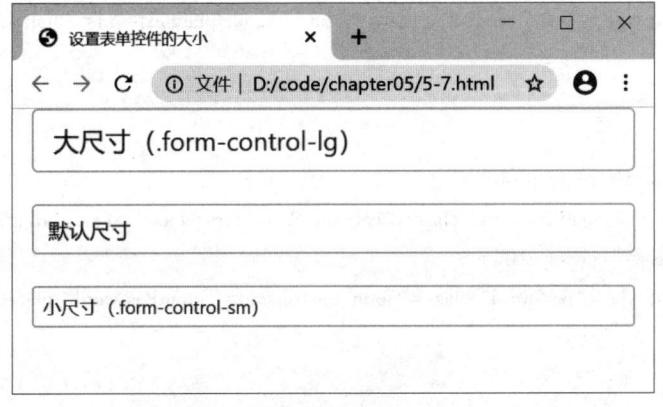

图 5.7　表单控件大小效果

2. 设置表单控件只读

给<input>添加 readonly 属性，则<input>只能阅读，不能修改其值。但保留了鼠标效果。

例 5-8 设置表单控件只读示例。

```
<body class="container">
  <form>
    <input class="form-control" type="text" placeholder="表单元素只读" readonly>
  </form>
</body>
```

在 Chrome 浏览器的运行效果如图 5.8 所示。

图 5.8 表单控件只读效果

3. 设置只读文本

如果希望将<input readonly>元素设置为纯文本，可以使用 form-control-plaintext 来删除默认表单纯文字样式，并保留适当的边距。

例 5-9 设置只读文本示例。

```
<body class="container">
  <form>
    <div class="form-group row">
      <label for="staticEmail" class="col-sm-2 col-form-label">Email</label>
      <div class="col-sm-10">
        <input type="text" readonly class="form-control-plaintext" id="staticEmail" value="email@example.com">
      </div>
    </div>
    <div class="form-group row">
      <label for="inputPassword" class="col-sm-2 col-form-label">Password</label>
      <div class="col-sm-10">
        <input type="password" class="form-control" id="inputPassword" placeholder="Password">
      </div>
    </div>
  </form>
```

</body>

在 Chrome 浏览器的运行效果如图 5.9 所示。

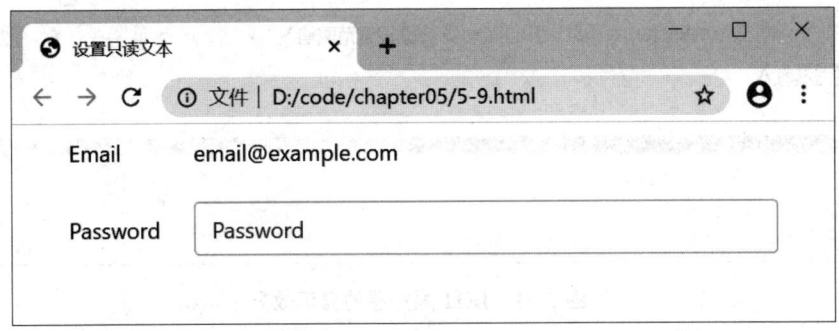

图 5.9 只读纯文本效果

4. 设置范围输入

使用 form-control-range 类设置水平滚动范围输入。

例 5-10 设置范围输入示例。

```
<body class="container">
  <form>
    <div class="form-group">
      <label for="controlRange">范围输入</label>
      <input type="range" class="form-control-range" id="controlRange">
    </div>
  </form>
</body>
```

在 Chrome 浏览器的运行效果如图 5.10 所示。

图 5.10 Chrome 浏览器的显示效果

在 IE11 浏览器的运行效果如图 5.11 所示。

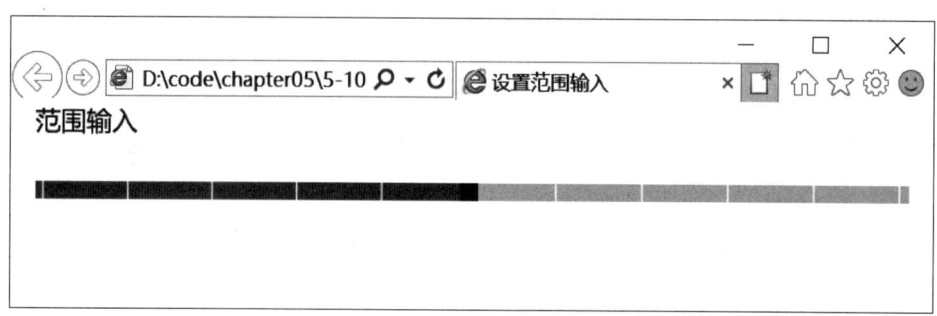

图 5.11　IE11 浏览器的显示效果

5.2.2　单选框和复选框

使用 form-check 类可以格式化复选框和单选按钮，用以改进它们的默认布局和动作呈现。复选框和单选按钮也可以使用 disabled 类设置禁用状态。

1. 默认堆叠方式

默认情况下，同级任意数量的复选框和单选按钮将被垂直堆叠，并与 form-check 适当间隔。

下面例子使用 form-check 定义了一组复选框垂直堆叠显示，并对"打球"复选框使用 disabled 类设置禁用状态，此时复选框呈现灰色。

例 5-11　默认堆叠方式示例。

```html
<body class="container">
  <form>
    <p>请选择您喜欢的运动</p>
    <div class="form-check">
      <input class="form-check-input" type="checkbox" name="sport" id="sport1">
      <label class="form-check-label" for="sport1">
        跑步
      </label>
    </div>
    <div class="form-check">
      <input class="form-check-input" type="checkbox" name="sport" id="sport2">
      <label class="form-check-label" for="sport2">
        跳舞
      </label>
    </div>
    <div class="form-check">
      <input class="form-check-input" type="checkbox" name="sport" id="sport3" disabled>
      <label class="form-check-label" for="sport3">
```

        打球
      </label>
    </div>
  </form>
</body>

在 Chrome 浏览器的运行效果如图 5.12 所示。

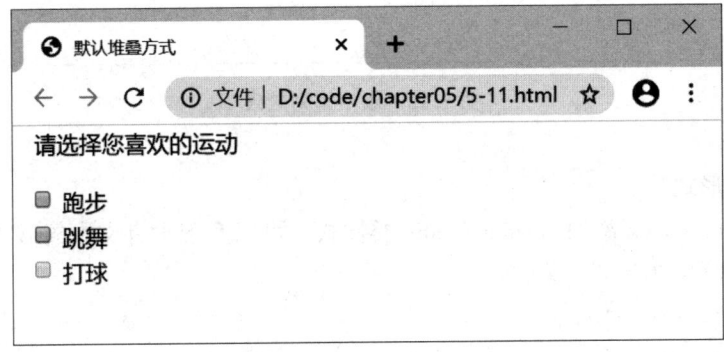

图 5.12　默认堆叠效果

2. 水平排列方式

使用 from-check-inline 类可将复选框或选项按钮组合放到同一水平行上。给 form-check 容器添加 form-check-inline 类样式，可以设置其水平排列。

例 5-12　水平排列示例。

```
<body class="container">
  <form>
    <p>请选择您的性别</p>
    <div class="form-check form-check-inline">
      <input class="form-check-input" type="radio" name="sex" id="sex1">
      <label class="form-check-label" for="sex1">
        男
      </label>
    </div>
    <div class="form-check form-check-inline">
      <input class="form-check-input" type="radio" name="sex" id="sex2">
      <label class="form-check-label" for="sex2">
        女
      </label>
    </div>
  </form>
</body>
```

在 Chrome 浏览器的运行效果如图 5.13 所示。

图 5.13 水平排列效果

3. 无文本形式

给容器 form-check 添加 position-static 类样式,可以实现没有文本的形式。

例 5-13 无文本形式示例。

```
<body class="container">
  <form>
    <div class="form-check">
      <input class="form-check-input position-static" type="checkbox" value="option1">
    </div>
    <div class="form-check">
      <input class="form-check-input position-static" type="radio" id="blankRadio1" value="option1">
    </div>
  </form>
</body>
```

在 Chrome 浏览器的运行效果如图 5.14 所示。

图 5.14 无文本形式效果

5.2.3 表单布局

Bootstrapt 通过使用 display:block 和 width:100%作用在表单<input>上,所以表单都是默认垂直堆叠排列的。实际也可以通过增加 Class 来改变表单的布局方式。

1. 用网格布局表单

如果需要多列、多种宽度或其他排列选项的时候，可以使用网格来对表单布局。

例 5-14 使用网格布局表单示例。

```
<body class="container">
  <form>
    <div class="row">
      <div class="col">
        <input type="text" class="form-control" placeholder="First name">
      </div>
      <div class="col">
        <input type="text" class="form-control" placeholder="Last name">
      </div>
    </div>
  </form>
</body>
```

在 Chrome 浏览器的运行效果如图 5.15 所示。

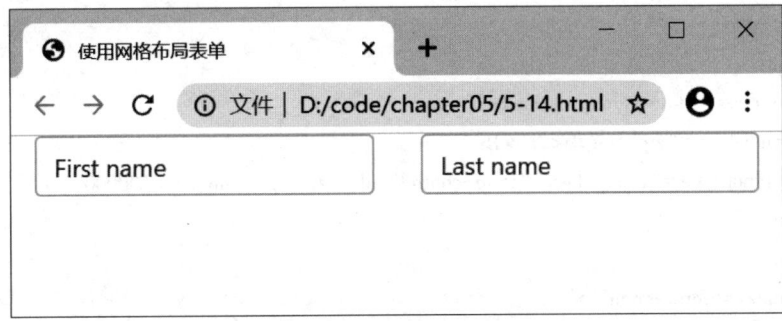

图 5.15 网格布局表单效果

2. 定义列的宽度

上面例子使用网格类创建了一行 2 列表单布局，下面例子通过设置列的宽度构建更加复杂的表单布局。

例 5-15 定义基本表单。

```
<body class="container">
  <form>
    <div class="form-row">
      <div class="form-group col-md-6">
        <label for="email">邮箱</label>
        <input type="email" class="form-control" id="email" placeholder="Email">
      </div>
      <div class="form-group col-md-6">
        <label for="password">密码</label>
```

```html
            <input type="password" class="form-control" id="password" placeholder="Password">
        </div>
    </div>
    <div class="form-group">
        <label for="address">地址</label>
        <input type="text" class="form-control" id="address" placeholder="example@qq.com">
    </div>
    <div class="form-row">
        <div class="form-group col-md-6">
            <label for="city">所在城市</label>
            <input type="text" class="form-control" id="city" placeholder="现在所居住的城市">
        </div>
        <div class="form-group col-md-4">
            <label for="state">乡、镇</label>
            <select id="state" class="form-control">
                <option selected>请选择</option>
                <option>...</option>
            </select>
        </div>
        <div class="form-group col-md-2">
            <label for="zip">邮编</label>
            <input type="text" class="form-control" id="zip" placeholder="000000">
        </div>
    </div>
    <div class="form-group">
        <div class="form-check">
            <input class="form-check-input" type="checkbox" id="gridCheck">
            <label class="form-check-label" for="gridCheck">
                记住我
            </label>
        </div>
    </div>
    <button type="submit" class="btn btn-primary">注册</button>
</form>
</body>
```

在 Chrome 浏览器的运行效果如图 5.16 所示。

图 5.16　更复杂的布局效果

3. 内联表单

给<form>添加 form-inline 类，将使一系列表单控件水平排列。行内表单的表单控件与默认的状态略有不同。

例 5-16　内联表单示例。

```
<body class="container">
  <form class="form-inline">
    <input type="text" class="form-control mb-2 mr-sm-2" placeholder="Username">
    <input type="password" class="form-control mb-2 mr-sm-2" placeholder="Password">
    <div class="form-check mb-2 mr-sm-2">
      <input class="form-check-input" type="checkbox" id="check">
      <label class="form-check-label" for="check">
        记住我
      </label>
    </div>
    <button type="submit" class="btn btn-primary mb-2">提交</button>
  </form>
</body>
```

在 Chrome 浏览器的运行效果如图 5.17 所示。

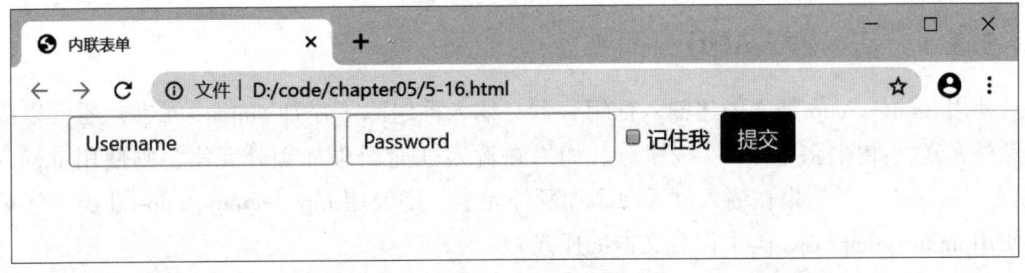

图 5.17　内联表单效果

5.2.4 帮助文本

使用 form-text 创建表单中的帮助文字。可以使用任何行内 HTML 元素和通用样式(如 text-muted)实现帮助文本。

例 5-17 定义帮助文本示例。

```
<body class="container">
  <form class="form-inline">
    <div class="form-group">
      <label for="password">密码</label>
      <input type="password" id="password" class="form-control mx-sm-3">
      <small class="form-text text-muted">
        密码必须有8-20个字符,且必须包括大、小写字母、数字三种字符。
      </small>
    </div>
  </form>
</body>
```

在 Chrome 浏览器的运行效果如图 5.18 所示。

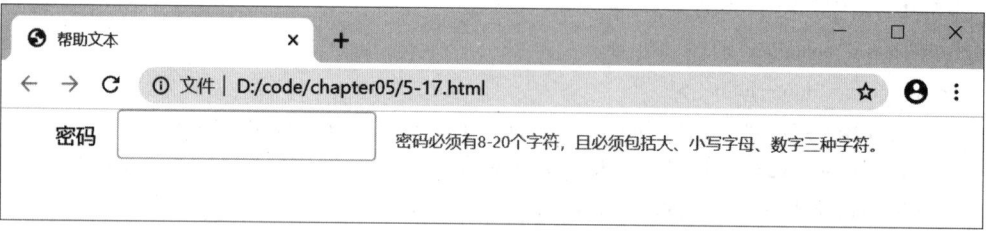

图 5.18 内联表单效果

5.3 输入框组

输入框组是由表单控件扩展而来,使用输入框组,可以很容易地向基于文本的输入框添加作为前缀或后缀的图标、文本或按钮。

5.3.1 基本输入框组

使用 input-group 类来创建输入框组容器。输入框组除了添加<input>元素,还可以添加额外元素,如图标、文本、按钮等。如果在输入框前面添加额外元素,则使用 input-group-prepend 类。如果在输入框后面添加额外元素,则使用 input-group-append 类。还可以使用 input-group-text 类来设置文本的样式。

下面例子使用 input-group-prepend、input-group-append 类分别在输入框前面、后面

添加额外元素。

例 5-18 基本输入框组示例。

```
<body class="container mt-3">
  <form>
    <div class="input-group mb-3">
      <div class="input-group-prepend">
        <span class="input-group-text">@</span>
      </div>
      <input type="text" class="form-control" placeholder="Username">
    </div>
    <div class="input-group mb-3">
      <input type="text" class="form-control" placeholder="Your Email">
      <div class="input-group-append">
        <span class="input-group-text">@qq.com</span>
      </div>
    </div>
  </form>
</body>
```

在 Chrome 浏览器的运行效果如图 5.19 所示。

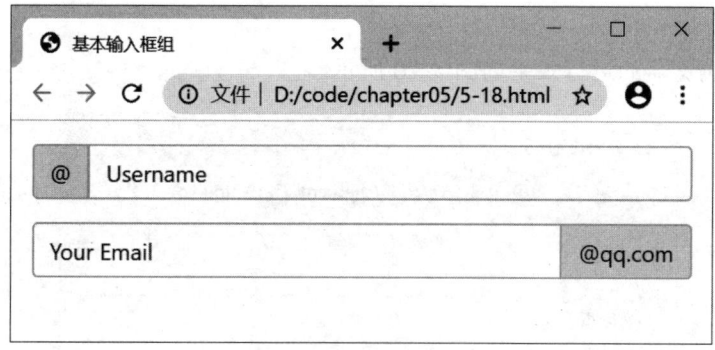

图 5.19 包含额外元素和文本框的输入框组

5.3.2 输入框组的大小

使用 input-group-sm 类来设置小的输入框，input-group-lg 类设置大的输入框。

例 5-19 设置输入框的大小。

```
<body class="container mt-3">
  <form>
    <div class="input-group mb-3 input-group-sm">
      <div class="input-group-prepend">
        <span class="input-group-text">Small</span>
```

```
            </div>
            <input type="text" class="form-control">
        </div>
    </form>
    <form>
        <div class="input-group mb-3">
            <div class="input-group-prepend">
                <span class="input-group-text">Default</span>
            </div>
            <input type="text" class="form-control">
        </div>
    </form>
    <form>
        <div class="input-group mb-3 input-group-lg">
            <div class="input-group-prepend">
                <span class="input-group-text">Large</span>
            </div>
            <input type="text" class="form-control">
        </div>
    </form>
</body>
```

在 Chrome 浏览器的运行效果如图 5.20 所示。

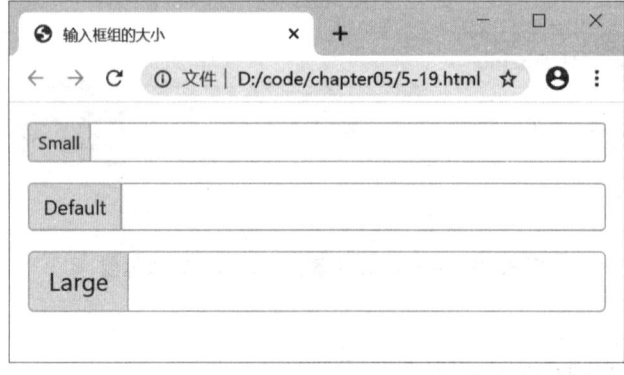

图 5.20 设置输入框组大小效果

5.3.3 复选框和单选框

可以把复选框和单选按钮作为输入框组的前缀或者后缀元素。

例 5-20 添加复选框和单选框作为输入框组的前缀元素。

```
<body class="container mt-3">
    <form>
```

```
        <div class="input-group mb-3">
            <div class="input-group-prepend">
                <div class="input-group-text">
                    <input type="checkbox">
                </div>
            </div>
            <input type="text" class="form-control">
        </div>
        <div class="input-group mb-3">
            <div class="input-group-prepend">
                <div class="input-group-text">
                    <input type="radio">
                </div>
            </div>
            <input type="text" class="form-control">
        </div>
    </form>
</body>
```

在 Chrome 浏览器的运行效果如图 5.21 所示。

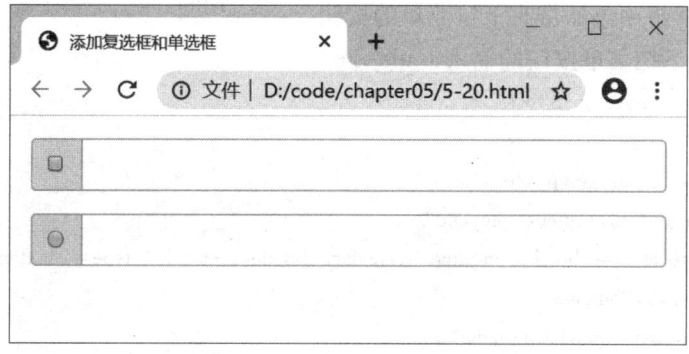

图 5.21 设置输入框组大小效果

5.3.4 输入框添加按钮

可以把按钮作为输入框组的前缀或者后缀元素。

例 5-21 输入框组添加按钮示例。

```
<body class="container mt-3">
    <form>
        <div class="input-group mb-3">
            <input type="text" class="form-control" placeholder="Search">
            <div class="input-group-append">
```

```
            <button class="btn btn-success" type="submit">Go</button>
        </div>
    </div>
</form>
</body>
```

在 Chrome 浏览器的运行效果如图 5.22 所示。

图 5.22 输入框组添加按钮效果

5.3.5 设置下拉菜单

可以在输入框组中添加带有下拉菜单的按钮。

例 5-22 带下拉菜单按钮的输入框组示例。

```
<body class="container mt-3">
    <form>
        <div class="input-group mb-3">
            <div class="input-group-prepend">
                <button class="btn btn-outline-secondary dropdown-toggle" type="button" data-toggle="dropdown">请选择网站</button>
                <div class="dropdown-menu">
                    <a class="dropdown-item" href="#">淘宝网</a>
                    <a class="dropdown-item" href="#">当当网</a>
                    <a class="dropdown-item" href="#">京东网</a>
                </div>
            </div>
            <input type="text" class="form-control">
        </div>
    </form>
</body>
```

在 Chrome 浏览器的运行效果如图 5.23 所示。

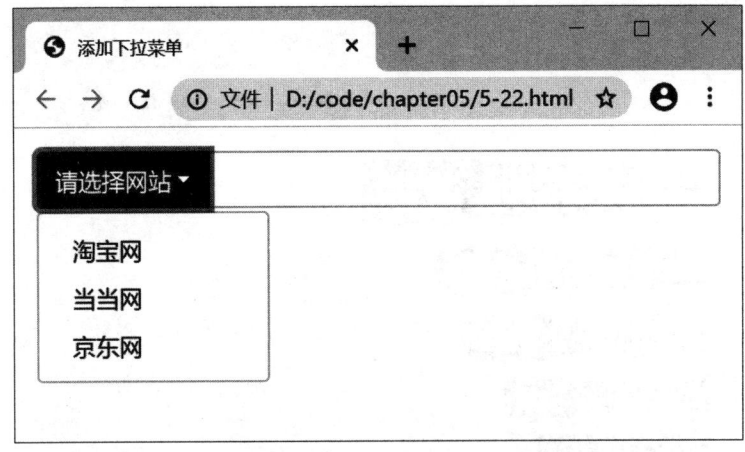

图 5.23 带下拉菜单按钮的输入框组效果

5.4 徽章

徽章(Badges)主要用于突出显示新的或未读的项,如网页中消息系统提示用户有未读的新闻。

5.4.1 定义徽章

通常是给<span>添加 badge 类样式来设计徽章。下面例子将徽章嵌套在标题中,通过标题样式来适配其大小。

例 5-23 定义徽章示例。

```
<body class="container mt-3">
    <h1>一级标题<span class="badge badge-secondary">徽章</span></h1>
    <h2>二级标题<span class="badge badge-secondary">徽章</span></h2>
    <h3>三级标题<span class="badge badge-secondary">徽章</span></h3>
    <h4>四级标题<span class="badge badge-secondary">徽章</span></h4>
    <h5>五级标题<span class="badge badge-secondary">徽章</span></h5>
    <h6>六级标题<span class="badge badge-secondary">徽章</span></h6>
</body>
```

在 Chrome 浏览器的运行效果如图 5.24 所示。

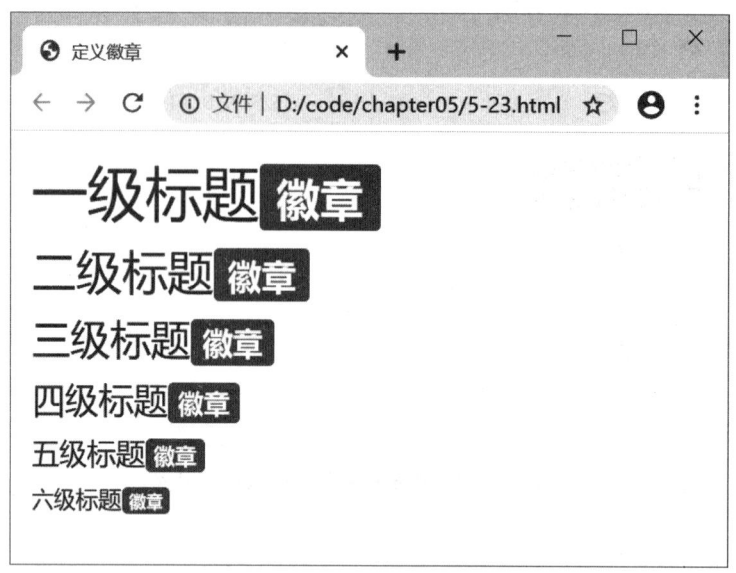

图 5.24 徽章效果

徽章还可以作为链接或按钮的一部分来提供计数器。下面例子将徽章嵌套在按钮中。

例 5-24 按钮徽章示例。

```
<body class="container mt-3">
    <button type="button" class="btn btn-primary">
        未读消息<span class="badge badge-light ml-2">3</span>
    </button>
</body>
```

在 Chrome 浏览器的运行效果如图 5.25 所示。

图 5.25 按钮徽章效果

5.4.2 设置颜色

Bootstrap 提供了各种颜色的徽章类，包括 badge-primary、badge-secondary、badge-success、badge-danger、badge-warning、badge-info、badge-light 和 badge-dark 类。

例 5-25 设置徽章颜色示例。

```
<body class="containermt-3">
    <span class="badge badge-primary">Primary</span>
    <span class="badge badge-secondary">Secondary</span>
    <span class="badge badge-success">Success</span>
    <span class="badge badge-danger">Danger</span>
    <span class="badge badge-warning">Warning</span>
    <span class="badge badge-info">Info</span>
    <span class="badge badge-light">Light</span>
    <span class="badge badge-dark">Dark</span>
</body>
```

在 Chrome 浏览器的运行效果如图 5.26 所示。

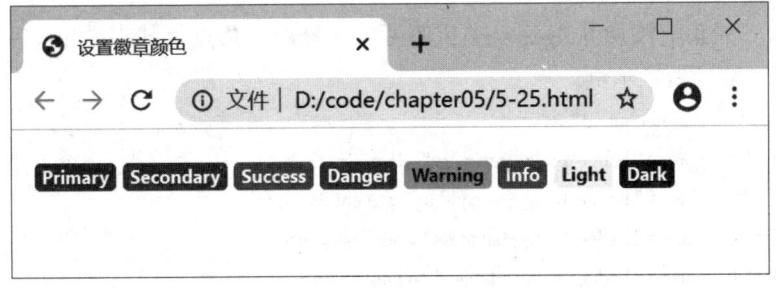

图 5.26 徽章颜色效果

5.4.3 胶囊徽章

使用 badge-pill 类可以设置胶囊形状徽章，badge-pill 类设置了水平内边距和较大的圆角边框，使徽章看起来更圆润。

例 5-26 胶囊徽章示例。

```
<body class="container mt-3">
    <span class="badge badge-pill badge-primary">Primary</span>
    <span class="badge badge-pill badge-secondary">Secondary</span>
    <span class="badge badge-pill badge-success">Success</span>
    <span class="badge badge-pill badge-danger">Danger</span>
    <span class="badge badge-pill badge-warning">Warning</span>
    <span class="badge badge-pill badge-info">Info</span>
    <span class="badge badge-pill badge-light">Light</span>
    <span class="badge badge-pill badge-dark">Dark</span>
</body>
```

在 Chrome 浏览器的运行效果如图 5.27 所示。

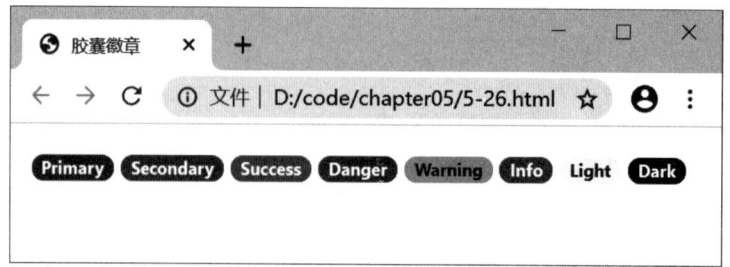

图 5.27 胶囊徽章效果

5.4.4 链接徽章

可以在\<a\>元素上添加 badge-* 类,还可实现悬停、焦点等状态效果。

例 5-27 链接徽章示例。

```
<body class="container mt-3">
    <a href="#" class="badge badge-primary">Primary</a>
    <a href="#" class="badge badge-secondary">Secondary</a>
    <a href="#" class="badge badge-success">Success</a>
    <a href="#" class="badge badge-danger">Danger</a>
    <a href="#" class="badge badge-warning">Warning</a>
    <a href="#" class="badge badge-info">Info</a>
    <a href="#" class="badge badge-light">Light</a>
    <a href="#" class="badge badge-dark">Dark</a>
</body>
```

在 Chrome 浏览器的运行效果如图 5.28 所示。

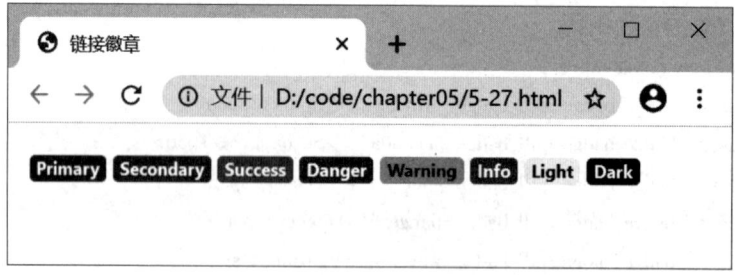

图 5.28 链接徽章效果

5.5 警告框

警告框组件通过提供一些灵活的预定义消息,为常见的用户动作提供醒目的操作提示。

5.5.1 定义警告框

使用 alert 类来设计警告框组件,在此基础上添加 alert-success、alert-info、alert-warning、alert-danger、alert-primary、alert-secondary、alert-light 或 alert-dark 类可以设置警告框的颜色。

例 5-28 警告框示例。

```
<body class="container mt-3">
  <div class="alert alert-primary">
    A primary alert
  </div>
  <div class="alert alert-secondary">
    A secondary alert
  </div>
  <div class="alert alert-success">
    A success alert
  </div>
  <div class="alert alert-danger">
    A danger alert
  </div>
  <div class="alert alert-warning">
    A warning alert
  </div>
  <div class="alert alert-info">
    A info alert
  </div>
  <div class="alert alert-light">
    A light alert
  </div>
  <div class="alert alert-dark">
    A dark alert
  </div>
</body>
```

在 Chrome 浏览器的运行效果如图 5.29 所示。

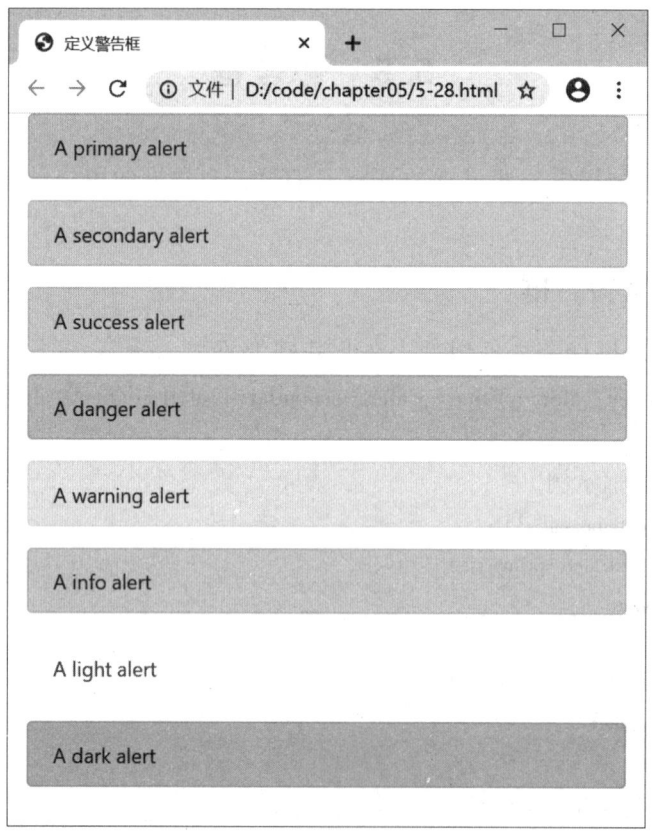

图 5.29 警告框效果

5.5.2 添加链接

使用 alert-link 类可以为带颜色的警告框中的链接加上合适的颜色。

例 5-29 设置链接颜色示例。

<body class="container mt-3">
 <div class="alert alert-primary">
  A simple primary alert with <a href="#" class="alert-link">an example link</a>. Give it a click if you like.
 </div>
 <div class="alert alert-secondary">
  A simple secondary alert with <a href="#" class="alert-link">an example link</a>. Give it a click if you like.
 </div>
 <div class="alert alert-success">
  A simple success alert with <a href="#" class="alert-link">an example link</a>. Give it a click if you like.

```
    </div>
    <div class="alert alert-danger">
        A simple danger alert with <a href="#" class="alert-link">an example link</a>. Give it a click if you like.
    </div>
</body>
```

在 Chrome 浏览器的运行效果如图 5.30 所示。

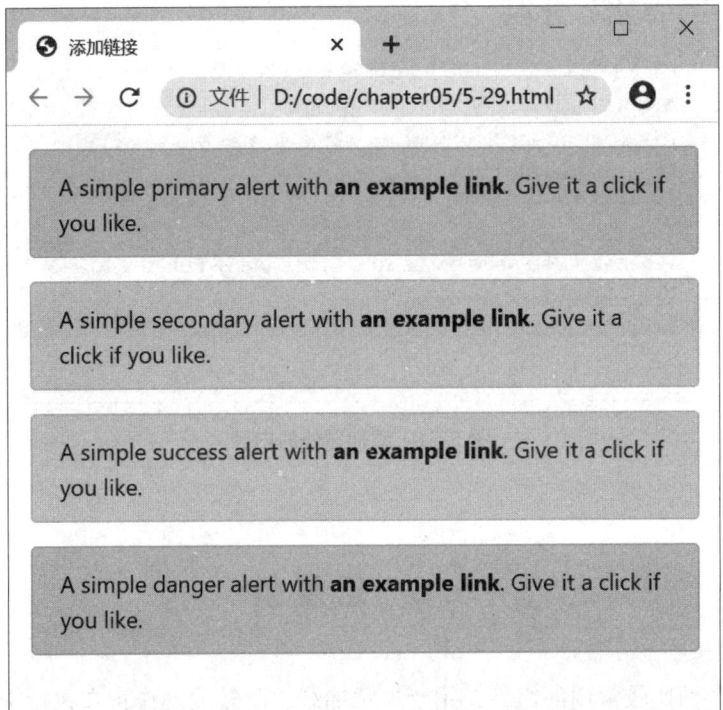

图 5.30 链接颜色效果

5.5.3 额外的内容

警告框中还可以包含其他 HTML 元素，例如标题、段落和分隔符。

例 5-30 添加额外的内容示例。

```
<body class="container">
    <div class="alert alert-success">
        <h4 class="alert-heading">Well done!</h4>
        <p>Aww yeah, you successfully read this important alert message. This example text is going to run a bit longer so that you can see how spacing within an alert works with this kind of content.</p>
        <hr>
        <p class="mb-0">Whenever you need to, be sure to use margin utilities to keep things nice and tidy.</p>
```

</div>
　</body>

在 Chrome 浏览器的运行效果如图 5.31 所示。

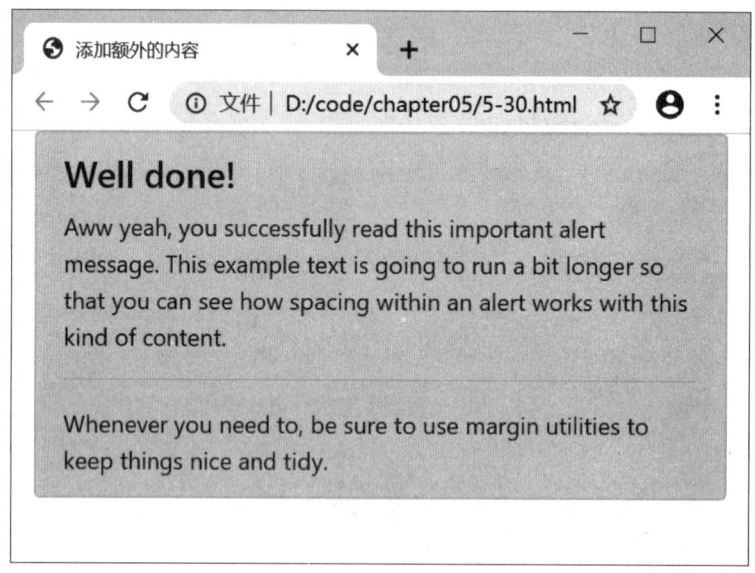

图 5.31　添加额外的内容

5.6　进度条

进度条是一种比较常用的组件，用于展示加载、跳转或动作正在执行中的状态。

5.6.1　定义进度条

一个基本的进度条由两部分组成：
（1）class="progress"，用于定义进度条的外层容器。
（2）class="progress-bar"，用于定义进度条样式。
基本结构如下：
<div class="progress">
　　<div class="progress-bar"></div>
</div>

上述代码定义了一个基础进度条。设置进度条的进度，可以使用 width 属性，也可以使用 Bootstrap 提供的设置宽度的通用样式 w-*类。

下面例子定义了三个进度条，分别设置进度条的进度为 25%、50%、75%。

例 5-31 基础进度条示例。

```
<body class="container mt-3">
  <div class="progress">
    <div class="progress-bar" style="width:25%"></div>
  </div>
  <br>
  <div class="progress">
    <div class="progress-bar w-50"></div>
  </div>
  <br>
  <div class="progress">
    <div class="progress-bar w-75"></div>
  </div>
</body>
```

在 Chrome 浏览器的运行效果如图 5.32 所示。

图 5.32 默认样式的进度条

5.6.2 设计进度条样式

下面使用 Bootstrap4 中的通用样式来设计进度条。

1. 添加标签

可以在 progress-bar 容器中添加文本，用于在页面中显示进度条的进度，通过百分比来表示进度。

例 5-32 带有提示标签的进度条。

```
<body class="container mt-3">
  <div class="progress">
    <div class="progress-bar" style="width:25%">25%</div>
  </div>
  <br>
  <div class="progress">
    <div class="progress-bar w-50">50%</div>
```

```
    </div>
    <br>
    <div class="progress">
        <div class="progress-bar w-75">75%</div>
    </div>
</body>
```
在 Chrome 浏览器的运行效果如图 5.33 所示。

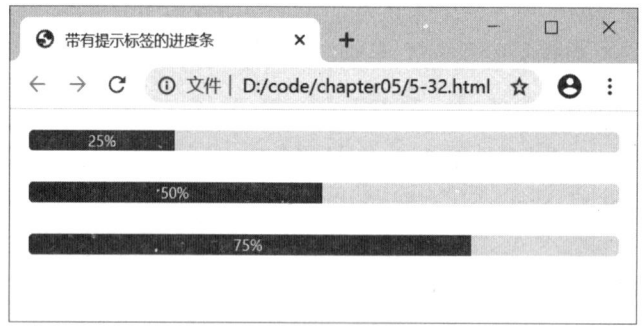

图 5.33　带提示标签的进度条

2. 设置高度

可以给外层容器 progress 设置 height 属性，progress-bar 内部将相应地自动调整大小。

例 5-33　设置高度示例。

```
<body class="container mt-3">
    <div class="progress">
        <div class="progress-bar" style="width:25%">25%</div>
    </div>
    <br>
    <div class="progress" style="height: 25px;">
        <div class="progress-bar w-50">50%</div>
    </div>
    <br>
    <div class="progress" style="height:35px;">
        <div class="progress-bar w-75">75%</div>
    </div>
</body>
```
在 Chrome 浏览器的运行效果如图 5.34 所示。

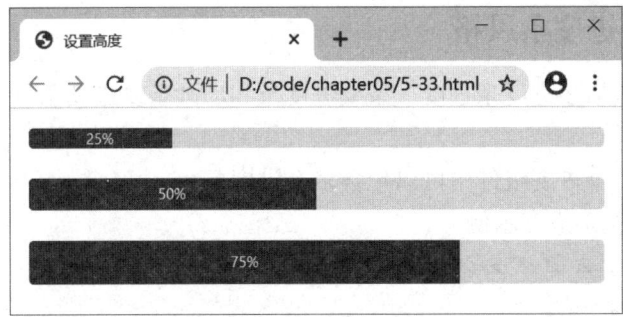

图 5.34 设置高度效果

3. 设置背景色

进度条组件可以使用背景工具类 bg-* 展现不同的主题色。包括 bg-primary、bg-secondary、bg-success、bg-danger、bg-warning、bg-info、bg-light 和 bg-dark。

例 5-34 不同背景颜色的进度条示例。

```
<body class="container mt-3">
  <div class="progress">
    <div class="progress-bar bg-primary w-25"></div>
  </div>
  <br />
  <div class="progress">
    <div class="progress-bar bg-success w-50"></div>
  </div>
  <br />
  <div class="progress">
    <div class="progress-bar bg-secondary w-75"></div>
  </div>
  <br />
  <div class="progress">
    <div class="progress-bar bg-warning w-100"></div>
  </div>
</body>
```

在 Chrome 浏览器的运行效果如图 5.35 所示。

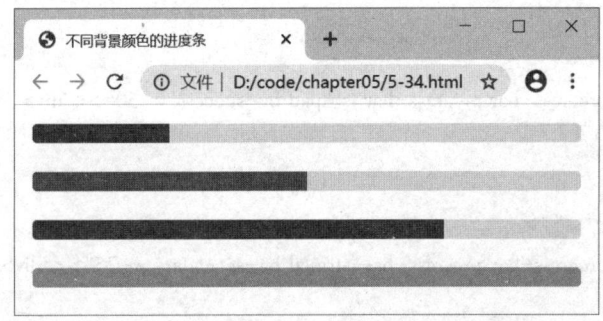

图 5.35 不同背景颜色的进度条效果

5.6.3 设计进度条风格

进度条的风格包括多进度条进度、条纹进度条和动画条纹进度条。

1. 多进度条进度

如果需要，在一个进度组件中可以包含多个进度条。

例 5-35 多进度条进度示例。

```
<body class="container mt-3">
  <div class="progress">
    <div class="progress-bar" style="width: 15%" a>15%</div>
    <div class="progress-bar bg-danger" style="width: 30%">30%</div>
    <div class="progress-bar bg-info" style="width: 20%">20%</div>
  </div>
</body>
```

在 Chrome 浏览器的运行效果如图 5.36 所示。

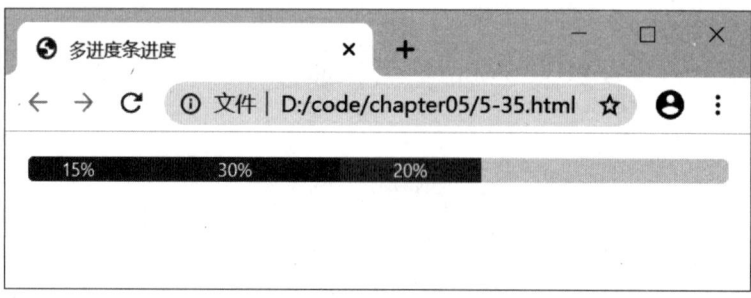

图 5.36 多进度条进度效果

2. 条纹进度条

给 progress-bar 元素添加 progress-bar-striped 类可以得到带条纹效果的进度条。

例 5-36 条纹进度条示例。

```
<body class="container mt-3">
  <div class="progress">
    <div class=" progress-bar progress-bar-striped bg-primary w-25"></div>
  </div>
  <br />
  <div class="progress">
    <div class=" progress-bar progress-bar-striped bg-success w-50"></div>
  </div>
  <br />
  <div class="progress">
    <div class=" progress-bar progress-bar-striped bg-secondary w-75"></div>
  </div>
```

```
    <br />
    <div class="progress">
        <div class=" progress-bar progress-bar-striped bg-warning w-100"></div>
    </div>
</body>
```

在 Chrome 浏览器的运行效果如图 5.37 所示。

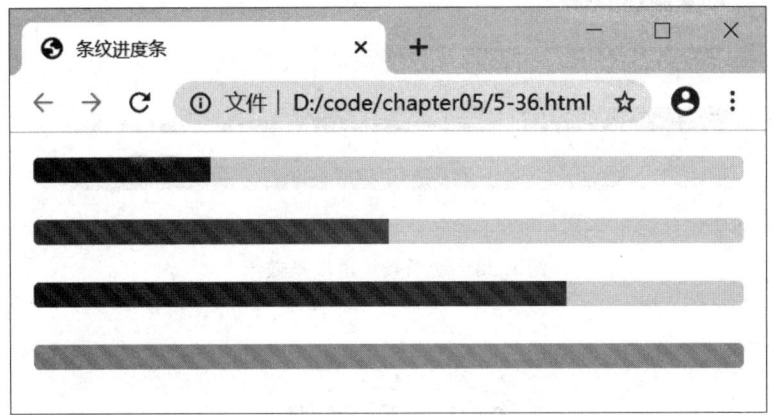

图 5.37　条纹进度条效果

3. 动画进度条

条纹渐变也可以设置动画效果。给 progress-bar 容器添加 progress-bar-animated 类样式，可以实现 CSS3 绘制的从右到左的动画条纹。

例 5-37　动画条纹进度条示例。

```
<body class="container mt-3">
    <div class="progress">
        <div class=" progress-bar progress-bar-striped progress-bar-animated bg-primary w-25"></div>
    </div>
    <br />
    <div class="progress">
        <div class=" progress-bar progress-bar-striped progress-bar-animated bg-success w-50"></div>
    </div>
    <br />
    <div class="progress">
        <div class=" progress-bar progress-bar-striped progress-bar-animated bg-secondary w-75"></div>
    </div>
    <br />
    <div class="progress">
        <div class=" progress-bar progress-bar-striped progress-bar-animated bg-warning w-100"></div>
    </div>
```

</body>
　在Chrome浏览器的运行效果如图5.38所示。

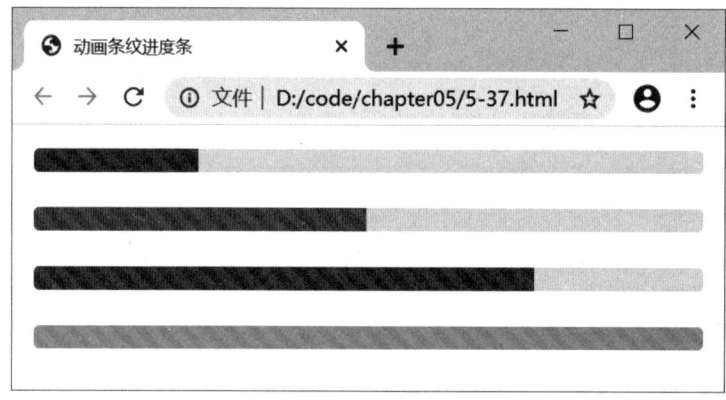

图5.38　动画条纹进度条效果

5.7　列表组

　　列表组是一个灵活且强大的组件，不仅能用于显示一组简单的元素，还能定制复杂的内容。

5.7.1　定义列表组

　　基础列表组是由一个带多个列表项的无序列表组成。在<ul>和<li>元素上分别应用list-group和list-group-item类即可生成一个列表组。

　　例5-38　基础列表组示例。

```
<body class="container mt-3">
    <ul class="list-group">
        <li class="list-group-item">《数据结构与算法分析》</li>
        <li class="list-group-item">《现代操作系统》</li>
        <li class="list-group-item">《计算机组成原理》</li>
    </ul>
</body>
```

　在Chrome浏览器的运行效果如图5.39所示。

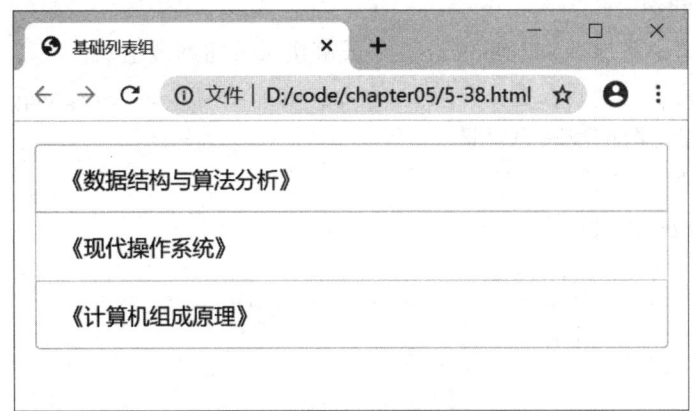

图 5.39 基础列表组效果

5.7.2 设计列表组的风格

Bootstrap 中为列表组设置了不同的风格样式，可以根据需要来选择使用。

1. 激活和禁用状态

给 list-group-item 添加 acctive 类使其呈现活动状态，添加 disabled 类使其呈现禁用状态。

例 5-39 激活和禁用状态示例。

```
<body class="container mt-3">
  <ul class="list-group">
    <li class="list-group-item active">《数据结构与算法分析》</li>
    <li class="list-group-item">《现代操作系统》</li>
    <li class="list-group-item disabled">《计算机组成原理》</li>
  </ul>
</body>
```

在 Chrome 浏览器的运行效果如图 5.40 所示。

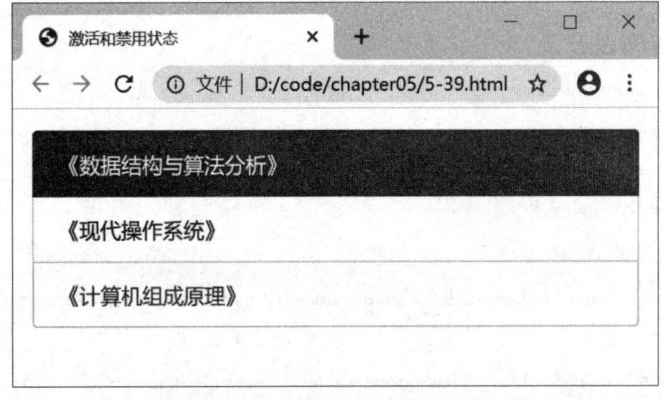

图 5.40 激活和禁用状态效果

2. 链接和按钮组

可以往列表组中添加<a>或<button>，形成链接或按钮列表组。

下面例子创建了一个列表组，并给 list-group-item 容器添加 list-group-item-action 类，设计了列表项在悬浮时的浅灰色背景。

例 5-40 链接列表组。

```
<body class="container mt-3">
  <div class="list-group">
    <a href="#" class="list-group-item list-group-item-action active">
      《数据结构与算法分析》
    </a>
    <a href="#" class="list-group-item list-group-item-action">《现代操作系统》</a>
    <a href="#" class="list-group-item list-group-item-action disabled">《计算机组成原理》</a>
  </div>
</body>
```

在 Chrome 浏览器运行，鼠标悬停在"《现代操作系统》"链接上页面效果如图 5.41 所示。

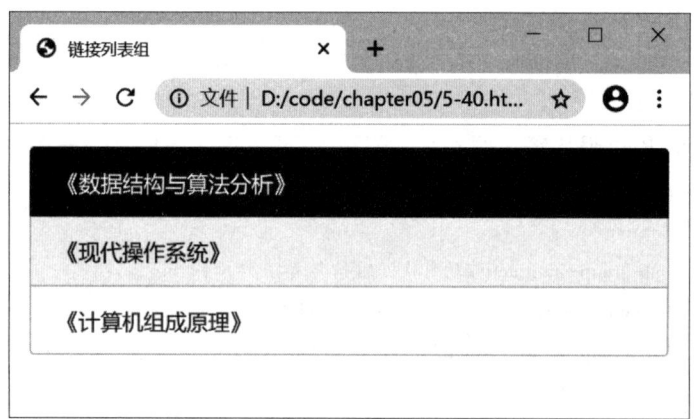

图 5.41 链接列表组效果

例 5-41 按钮列表组。

```
<body class="container mt-3">
  <div class="list-group">
    <button type="button" class="list-group-item list-group-item-action active">
      《数据结构与算法分析》
    </button>
    <button type="button" class="list-group-item list-group-item-action">《现代操作系统》</button>
    <button type="button" class="list-group-item list-group-item-action">《计算机组成原理》</button>
```

</div>
　</body>

在 Chrome 浏览器运行,单击"计算机组成原理"按钮页面效果如图 5.42 所示。如果列表项是<button>,表示禁用状态,除了使用 disabled 类,也可以使用 disabled 属性。需要注意的是,<a>不支持 disabled 属性。

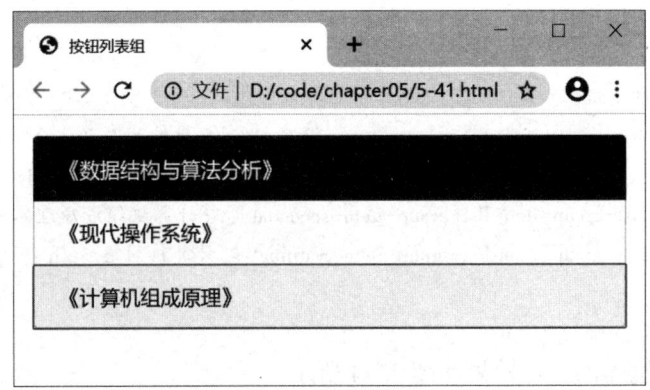

图 5.42　按钮列表组效果

3. 移除边框和圆角

给列表组容器添加 list-group-flush 类可以移除边框和圆角,以在父容器(例如卡片)中呈现无边框的列表组。

例 5-42　移除边框和圆角示例。

```
<body class="container mt-3">
    <ul class="list-group list-group-flush">
        <li class="list-group-item">《数据结构与算法分析》</li>
        <li class="list-group-item">《现代操作系统》</li>
        <li class="list-group-item">《计算机组成原理》</li>
    </ul>
</body>
```

在 Chrome 浏览器的运行效果如图 5.43 所示。

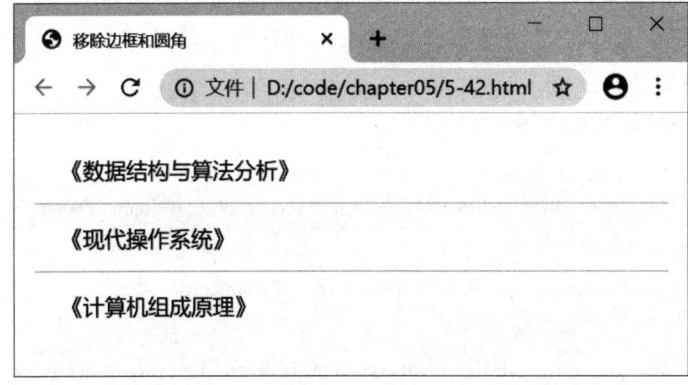

图 5.43　移除边框和圆角效果

4. 设计列表项的颜色

Bootstrap 为不同的情境提供了不同的背景颜色和文本颜色，可以分别应用 .list-group-item-primary、.list-group-item-success、.list-group-item-secondary、.list-group-item-danger、.list-group-item-info、.list-group-item-warning、.list-group-item-light、.list-group-item-dark 类来实现。

例 5-43 不同情境的列表组。

```
<body class="container mt-3">
  <ul class="list-group">
    <li class="list-group-item list-group-item-primary">《数据结构与算法分析》</li>
    <li class="list-group-item list-group-item-success">《现代操作系统》</li>
    <li class="list-group-item list-group-item-secondary">《计算机组成原理》</li>
    <li class="list-group-item list-group-item-warning">《计算机网络》</li>
  </ul>
</body>
```

在 Chrome 浏览器的运行效果如图 5.44 所示。

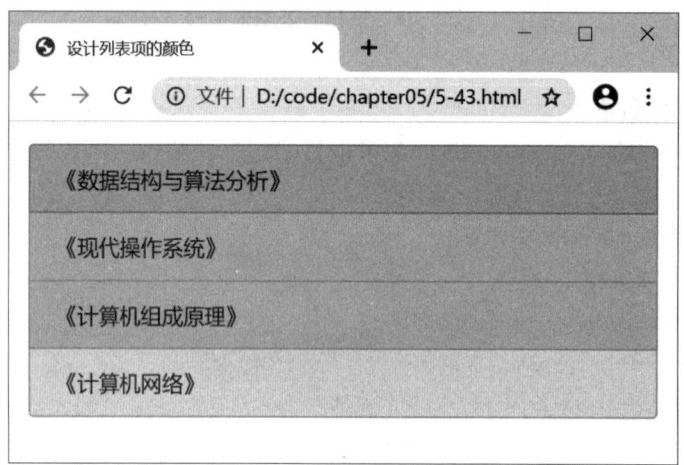

图 5.44 不同情境的列表组

5. 添加徽章

可以向列表项元素中添加徽章组件以显示未读计数、活动等。

例 5-44 添加徽章示例。

```
<body class="container mt-3">
  <ul class="list-group">
    <li class="list-group-item d-flex justify-content-between align-items-center">
      《数据结构与算法分析》
      <span class="badge badge-primary badge-danger">hot</span>
    </li>
    <li class="list-group-item d-flex justify-content-between align-items-center">
```

《现代操作系统》
      <span class="badge badge-primary badge-danger">hot</span>
    </li>
    <li class="list-group-item d-flex justify-content-between align-items-center">
      《计算机组成原理》
      <span class="badge badge-primary badge-danger">hot</span>
    </li>
  </ul>
</body>
```

在 Chrome 浏览器的运行效果如图 5.45 所示。

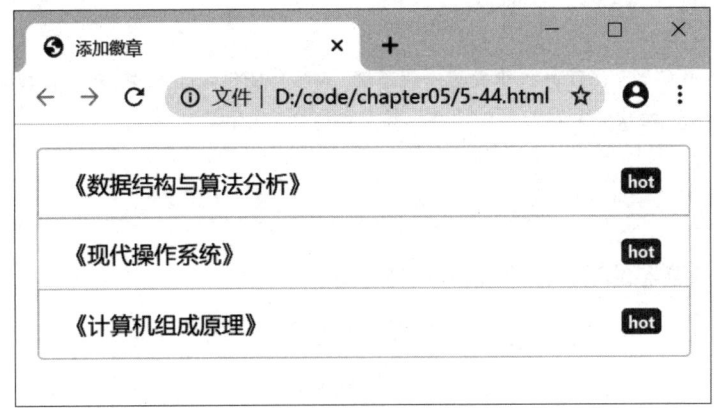

图 5.45  添加徽章效果

### 5.7.3  自定义内容

下面就来定制一个招聘信息的列表。

在 flexbox 工具的帮助下，可以给列表组的列表项中添加任意的 HTML 内容，包括标签、内容和链接等，都能加入到一个项目内。下面例子定制了一个教材简介的列表。

**例 5-45**  自定义列表组。

```
<body class="container mt-3">
  <div class="list-group">
    <a href="#" class="list-group-item list-group-item-action flex-column align-items-start active">
      <div class="d-flex w-100 justify-content-between">
        <h5 class="mb-1">《数据结构与算法分析》</h5>
        <small>作者：XXX</small>
      </div>
      <p>本书是国外数据结构与算法分析方面的经典教材，使用卓越的 Java 编程语言作为实现工具。</p>
    </a>
    <a href="#" class="list-group-item list-group-item-action flex-column align-items-start">
```
```

```
        <div class="d-flex w-100 justify-content-between">
            <h5 class="mb-1">《现代操作系统》</h5>
            <small>作者:XXX</small>
        </div>
        <p>本书是操作系统领域的经典教材,第4版对知识点进行了全面更新,反映了当代操作系统的发展与动向。</p>
    </a>
    <a href="#" class="list-group-item list-group-item-action flex-column align-items-start">
        <div class="d-flex w-100 justify-content-between">
            <h5 class="mb-1">《计算机组成原理》</h5>
            <small>作者:XXX</small>
        </div>
        <p>本书突出介绍计算机组成的一般原理,不结合任何具体机型,采用自顶向下的分析方法,详述计算机组成原理,使读者更容易形成计算机的整体概念。</p>
    </a>
</div>
</body>
```

在Chrome浏览器的运行效果如图5.46所示。

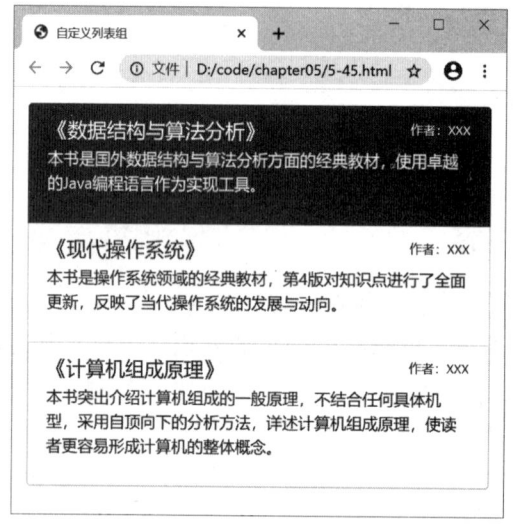

图5.46 自定义内容效果

5.8 卡片

卡片是Bootstrap4新增的一个组件。卡片代替了Bootstrap3的panels、wells、thumbnails等组件,这些组件的功能都整合到卡片组件。卡片是一个灵活可扩展的内容容器,包含页眉和页脚、各种弹性内容、背景颜色和强大的显示选项。

5.8.1 定义卡片

卡片是利用尽可能少的一些标记和样式来构建,但仍然可以为卡片提供许多的控制和定义。使用flexbox构建卡片,可以使组件对齐更方便并且与其他Bootstrap组件能很好地混合。

下面例子使用card类创建了一个基本卡片示例,该卡片组件中包含图片、标题、段落、链接按钮元素。

例5-46 基本卡片示例。

```
<body class="container mt-3">
    <div class="card" style="width: 18rem;">
        <img class="card-img-top" src="img/card1.jpg" alt="" />
        <div class="card-body">
            <h5 class="card-title">波斯猫</h5>
            <p class="card-text">波斯猫是最常见的长毛猫,波斯猫有一张讨人喜爱的面庞...</p>
            <a href="#" class="btn btn-primary">了解更多</a>
        </div>
    </div>
</body>
```

card类定义了一个圆角的灰色边框的卡片容器。在Chrome浏览器的运行效果如图5.47所示。

图5.47 基本卡片效果

5.8.2 卡片的内容类型

卡片支持各种内容，包括图像、文本、列表组、链接等。根据需要卡片中可以混合多种类型的元素。

1. 主体

card 类定义了卡片组件容器的样式。如果需要在一个卡片内包含 padding 部分，可以使用 card-body 类。

例 5-47 卡片主体示例。

```
<body class="container mt-3">
  <div class="card">
    <div class="card-body">
      卡片主体中的内容
    </div>
  </div>
</body>
```

card-body 定义了卡片的内边距，使卡片中内容同外层容器边框有一定的间隔。在 Chrome 浏览器的运行效果如图 5.48 所示。

图 5.48 卡片主体效果

2. 标题、文本和链接

卡片组件中还可以放入标题、文本、链接元素。卡片标题可以通过在<h*>上添加 card-title 类来实现。卡片链接可以通过在<a>上添加 card-link 类，可以使链接之间相邻放置。

给<h*>上添加 card-subtitle 类，可以添加副标题，如果 card-title 和 card-subtitle 组合放在 card-body 中，则可对齐主、副标题。

例 5-48 标题、文本和链接示例。

```
<body class="container mt-3">
  <div class="card" style="width:18rem;">
    <div class="card-body">
      <h5 class="card-title">你当像鸟飞往你的山</h5>
      <h6 class="card-subtitle mb-2 text-muted">塔拉·韦斯特弗 著</h6>
```

```
            <p class="card-text">人们只看到我的与众不同：一个十七岁前从未踏入教室的大山女孩,却
戴上一顶学历的高帽,熠熠生辉...</p>
            <a href="#" class="card-link">加入购物车</a>
            <a href="#" class="card-link">立即购买</a>
        </div>
    </div>
</body>
```

在 Chrome 浏览器的运行效果如图 5.49 所示。

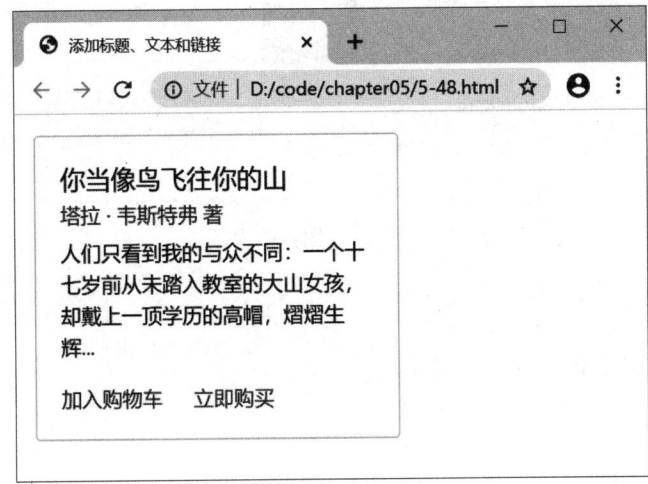

图 5.49　标题、文本、链接效果

3. 图像

使用 card-img-top 类可以将图像放在卡片顶部。使用 card-text 类可以将文字内容添加到卡片中。当然，card-text 中的文本也可以设计个性化的 HTML 标签样式。

例 5-49　图像示例。

```
<body class="container mt-3">
    <div class="card" style="width：18rem；">
        <img class="card-img-top" src="img/card2.jpg" alt="">
        <div class="card-body">
            <p class="card-text">随风飘扬的柳枝</p>
        </div>
    </div>
</body>
```

在 Chrome 浏览器的运行效果如图 5.50 所示。

图 5.50　图像效果

4. 列表组

下面例子创建一个包含列表组的卡片。

例 5-50　列表组示例。

```
<body class="container mt-3">
    <div class="card" style="width：24rem；">
        <div class="list-group list-group-flush">
            <a class="list-group-item" href="#">计算机学院党委召开主题教育专题民主生活会</a>
            <a class="list-group-item" href="#">计算机学院赴扶贫村开展节前慰问</a>
            <a class="list-group-item" href="#">计算机学院搭建应用型人才培养特色平台</a>
        </div>
    </div>
</body>
```

在 Chrome 浏览器的运行效果如图 5.51 所示。

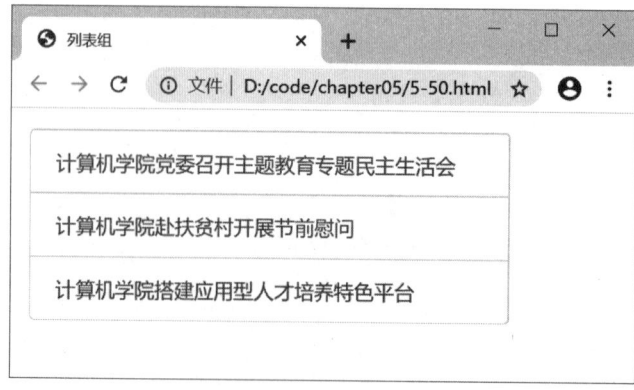

图 5.51　列表组效果

5. 页眉和页脚

使用 card-header、card-footer 类可以分别给卡片添加页眉、页脚，可以根据实际需要选择是否需要在卡片中添加页眉和页脚。

例 5-51　页眉和页脚示例。

```
<body class="container mt-3">
  <div class="card text-center">
    <div class="card-header">
      诗词欣赏
    </div>
    <div class="card-body">
      <h5 class="card-title">天净沙·秋思</h5>
      <p class="card-text">枯藤老树昏鸦,小桥流水人家,古道西风瘦马。夕阳西下,断肠人在天涯。</p>
      <a href="#" class="btn btn-primary">了解更多</a>
    </div>
    <div class="card-footer text-muted">
      作者:马致远
    </div>
  </div>
</body>
```

在 Chrome 浏览器的运行效果如图 5.52 所示。

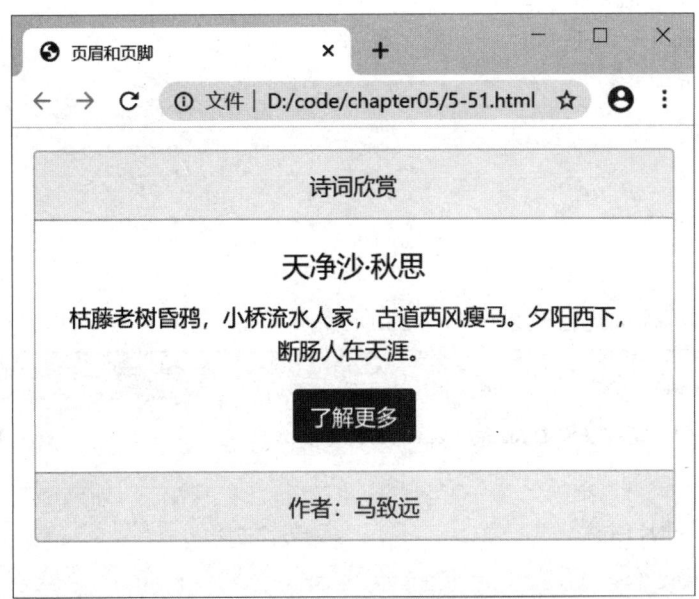

图 5.52　页眉和页脚效果

5.8.3 设置卡片的宽度

前面的例子大多数都是通过行内样式表设置了卡片的宽度，如<div class="card" style="width: 24rem;">。如果没有给卡片设置宽度，则卡片默认的宽度为100%。卡片的宽度定义方式有多种，可以根据需要使用网格类、自定义CSS样式、宽度实用程序类来设置宽度。

1. 使用网格类定义

可以根据需要，使用网格类按照行和列来包装卡片。下面例子定义了2个卡片，分别各占6列的宽度。

例5-52 使用网格类定义宽度示例。

```
<body class="container mt-3">
    <div class="row">
        <div class="col-sm-6">
            <div class="card">
                <div class="card-body">
                    卡片1主体
                </div>
            </div>
        </div>
        <div class="col-sm-6">
            <div class="card">
                <div class="card-body">
                    卡片2主体
                </div>
            </div>
        </div>
    </div>
</body>
```

在Chrome浏览器的运行效果如图5.53所示。

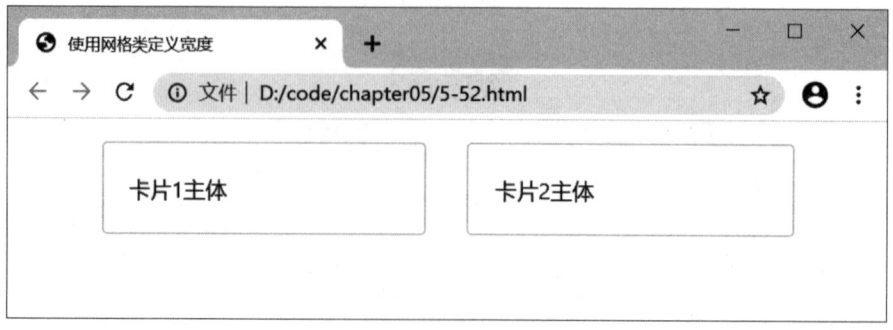

图5.53 使用网格类定义效果

2. 使用宽度类定义

也可以使用宽度类 w-* 设置卡片的宽度，如 w-25、w-50、w-75、w-100 类。

例 5-53 使用宽度类定义宽度示例。

```
<body class="container mt-3">
  <div class="card w-50 mb-3">
    <div class="card-body">
      卡片 1 主体(w-50)
    </div>
  </div>
  <div class="card w-75">
    <div class="card-body">
      卡片 2 主体(w-75)
    </div>
  </div>
</body>
```

在 Chrome 浏览器的运行效果如图 5.54 所示。

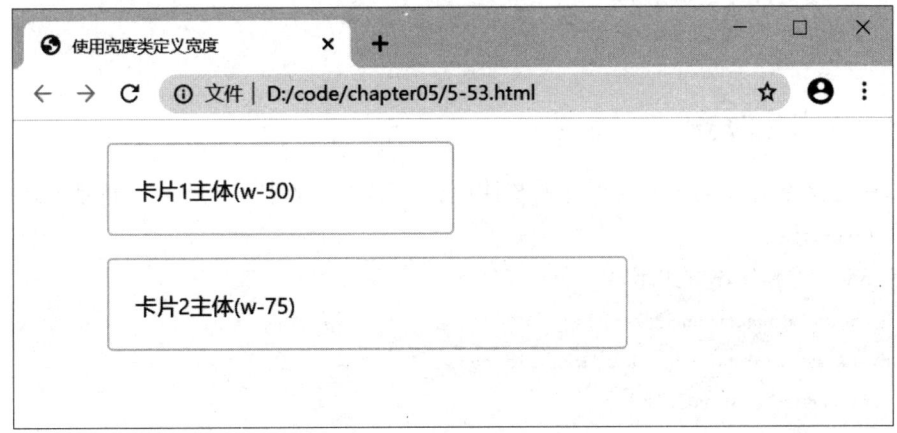

图 5.54 宽度类定义效果

3. 使用 CSS 定义

也可以使用样式表中的 width 属性来定义卡片的宽度。下面分别设置卡片的宽度为 18rem、30rem。

例 5-54 使用 CSS 定义宽度示例。

```
<body class="container mt-3">
  <div class="card mb-3" style="width:18rem">
    <div class="card-body">
      卡片 1 主体
    </div>
  </div>
```

```
    <div class="card" style="width:30rem">
        <div class="card-body">
            卡片2主体
        </div>
    </div>
</body>
```

在 Chrome 浏览器的运行效果如图 5.55 所示。

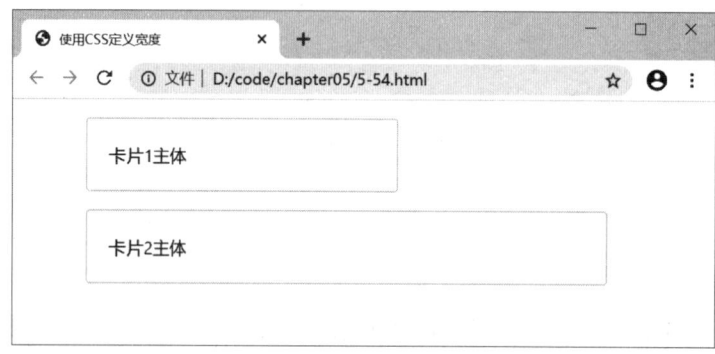

图 5.55 CSS 定义效果

5.8.4 卡片对齐

可以通过文本对齐类来设定卡片的整体或特定部分的文本对齐方式，包括 text-center、text-left、text-right。

例 5-55 文本对齐方式示例。

```
<body class="container mt-3">
    <div class="card mb-3" style="width:18rem">
        <div class="card-body">
            卡片 1 内容左对齐
        </div>
    </div>
    <div class="card mb-3 text-center" style="width:18rem">
        <div class="card-body">
            卡片 2 内容居中对齐
        </div>
    </div>
    <div class="card text-right" style="width:18rem">
        <div class="card-body">
            卡片 3 内容居右对齐
        </div>
    </div>
```

</body>
在 Chrome 浏览器的运行效果如图 5.56 所示。

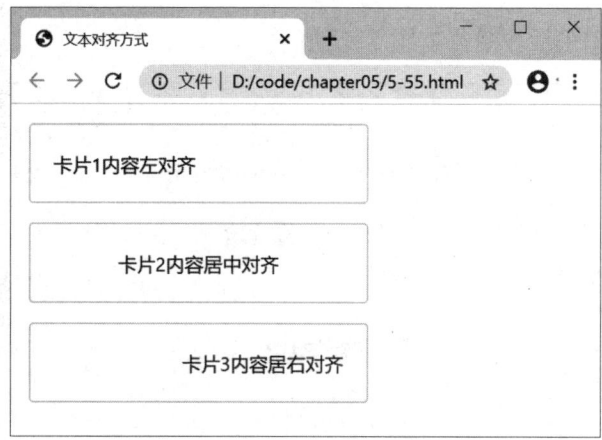

图 5.56 文本对齐效果

5.8.5 添加导航

可以将导航组件添加到卡片的标题或主体中。

例 5-56 添加导航示例。

```
<body class="container mt-3">
  <div class="card text-center">
    <div class="card-header">
      <ul class="nav nav-tabs card-header-tabs">
        <li class="nav-item"><a class="nav-link active" href="#a1" data-toggle="tab">财经</a></li>
        <li class="nav-item"><a class="nav-link" href="#a2" data-toggle="tab">股票</a></li>
        <li class="nav-item"><a class="nav-link" href="#a3" data-toggle="tab">理财</a></li>
      </ul>
    </div>
    <div class="card-body tab-content">
      <div class="tab-pane fade show active" id="a1">
        财经内容
      </div>
      <div class="tab-pane fade" id="a2">
        股票内容
      </div>
      <div class="tab-pane fade" id="a3">
        理财内容
      </div>
```

            </div>
        </div>
    </body>

在 Chrome 浏览器的运行效果如图 5.57 所示。

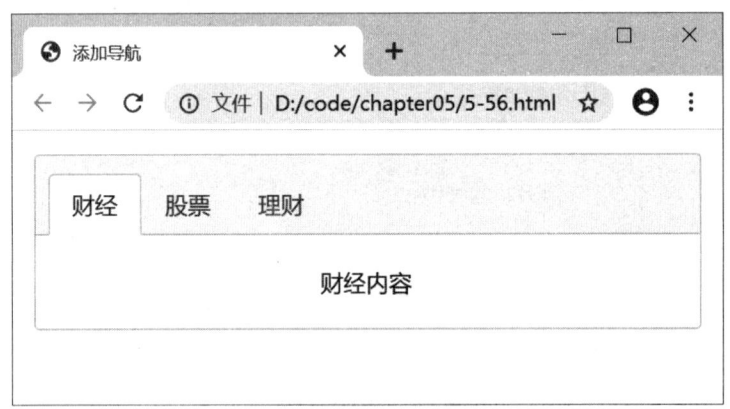

图 5.57 添加导航效果

5.8.6 图像背景

给<img>添加 card-img 类则可以将图像作为卡片的背景，如果图像上需要叠加文本，则将文本内容放在 card-img-overlay 类容器中。

例 5-57 图像背景示例。

    <body class="container mt-3">
        <div class="card text-white">
            <img class="card-img" src="img/card3.jpg" alt="Card image">
            <div class="card-img-overlay">
                <h5 class="card-title">中国最早的春天——云南罗平的油菜花</h5>
                <p class="card-text">从一月下旬开始，30 万亩的油菜花便会似金黄色的地毯一样，舒展开娇媚的身姿，铺满山野，妆点一座座孤峰，把淡淡的清香洒满人间...</p>
            </div>
        </div>
    </body>

在 Chrome 浏览器的运行效果如图 5.58 所示。

图5.58 图像背景效果

5.8.7 卡片风格

卡片可以自定义背景、文本颜色、边框和各种选项的颜色。

1. 背景与文本颜色

可以使用文字text-*类与背景bg-*类工具来改变卡片的显示颜色。

例5-58 背景与文本颜色示例。

```
<body class="container mt-3">
  <div class="card text-white bg-primary mb-3" style="max-width：18rem；">
    <div class="card-body">
      卡片1主体
    </div>
  </div>
  <div class="card text-white bg-secondary mb-3" style="max-width：18rem；">
    <div class="card-body">
      卡片2主体
    </div>
  </div>
  <div class="card text-white bg-success mb-3" style="max-width：18rem；">
    <div class="card-body">
      卡片3主体
    </div>
  </div>
```

```
    <div class="card text-white bg-danger mb-3" style="max-width:18rem;">
        <div class="card-body">
            卡片4主体
        </div>
    </div>
</body>
```

在 Chrome 浏览器的运行效果如图 5.59 所示。

图 5.59　背景与文本颜色效果

2. 边框颜色

使用边框 border-*工具，来改变卡片的边框颜色。

例 5-59　边框颜色示例。

```
<body class="container mt-3">
    <div class="card border-primary mb-3" style="max-width:18rem;">
        <div class="card-header">卡片 1 标题</div>
        <div class="card-body text-primary">
            <h5 class="card-title">卡片 1 主体</h5>
        </div>
    </div>
    <div class="card border-secondary" style="max-width:18rem;">
        <div class="card-header">卡片 2 标题</div>
        <div class="card-body text-secondary">
            <h5 class="card-title">卡片 2 主体</h5>
        </div>
```

        </div>
     </body>
在 Chrome 浏览器的运行效果如图 5.60 所示。

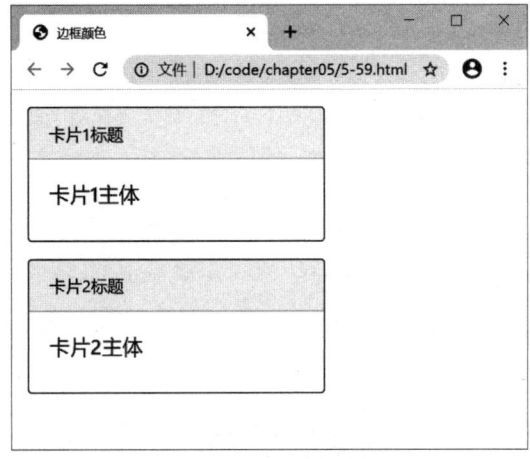

图 5.60　边框颜色效果

可以根据需要更改卡片页眉和页脚上的边框，也可以使用 bg-transparent 类删除卡片的背景颜色。

5.8.8　卡片排版

Bootstrap 除了对卡片内的内容进行设计外，还包括一些卡片布局的控制。目前这些排版还没包含响应式。

1. 卡片组

使用卡片组类 card-group 可以将多个卡片合成为一个群组，卡片群组使用 display: flex 实现统一的布局，群组中的卡片具有相同宽度和高度。当使用带页脚的卡片群组时，卡片页脚会自动对齐。

例 5-60　卡片组示例。

```
<body class="container mt-3">
    <div class="card-group">
        <div class="card">
            <img class="card-img-top" src="img/card4.jpg" alt="">
            <div class="card-body">
                <h5 class="card-title">高尔基著</h5>
                <p class="card-text">描绘了主人公八岁后走向社会谋生，他在鞋店、圣像作坊当过学徒，在绘图师家、轮船上做过活...</p>
            </div>
            <div class="card-footer">
                <small class="text-muted"><a href="#" class="card-link">了解更多</a></small>
```

```html
            </div>
        </div>
        <div class="card">
            <img class="card-img-top" src="img/card5.jpg" alt="">
            <div class="card-body">
                <h5 class="card-title">圣埃克苏佩里著</h5>
                <p class="card-text">纯净而深刻、唯美而忧伤的爱之隐喻,既献给孩子,也献给大人的哲理童话...</p>
            </div>
            <div class="card-footer">
                <small class="text-muted"><a href="#" class="card-link">了解更多</a></small>
            </div>
        </div>
        <div class="card">
            <img class="card-img-top" src="img/card6.jpg" alt="">
            <div class="card-body">
                <h5 class="card-title">马克·吐温著</h5>
                <p class="card-text">小说主人公汤姆天真活泼、追求自由,厌恶枯燥、刻板的生活环境,梦想...</p>
            </div>
            <div class="card-footer">
                <small class="text-muted"><a href="#" class="card-link">了解更多</a></small>
            </div>
        </div>
        <div class="card">
            <img class="card-img-top" src="img/card7.jpg" alt="">
            <div class="card-body">
                <h5 class="card-title">刘易斯·卡罗尔 著</h5>
                <p class="card-text">讲述的是小女孩爱丽丝追随一只会说话的白兔掉进兔子洞,进入一个神奇国度,遇到了...</p>
            </div>
            <div class="card-footer">
                <small class="text-muted"><a href="#" class="card-link">了解更多</a></small>
            </div>
        </div>
    </div>
</body>
```

在 Chrome 浏览器的运行效果如图 5.61 所示。

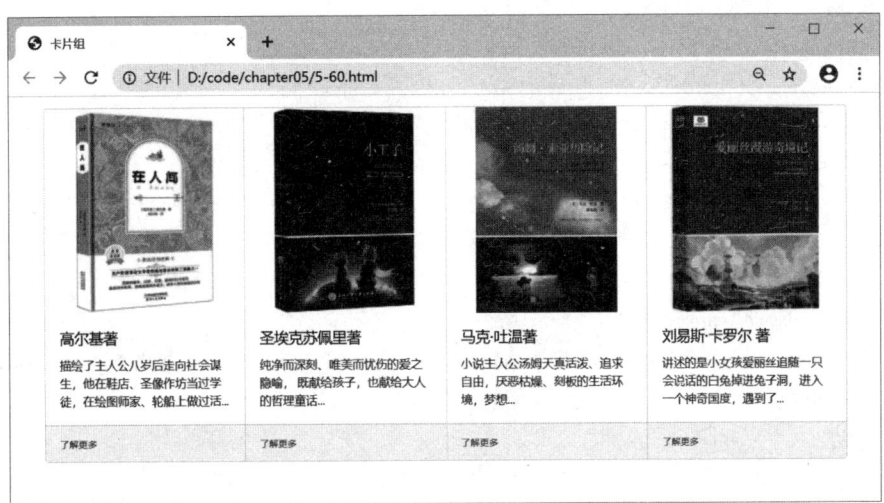

图 5.61 卡片组效果

2. 卡片阵列

如果需要一套互不相连，但宽度和高度相同的卡片，可以使用卡片阵列(.card-deck)来实现。

例 5-61 卡片阵列示例。

```
<body class="container mt-3">
  <div class="card-deck">
    <div class="card">
      <img class="card-img-top" src="img/card4.jpg" alt="">
      <div class="card-body">
        <h5 class="card-title">高尔基著</h5>
        <p class="card-text">描绘了主人公八岁后走向社会谋生,他在鞋店、圣像作坊当过学徒,在绘图师家、轮船上做过活...</p>
      </div>
      <div class="card-footer">
        <small class="text-muted"><a href="#" class="card-link">了解更多</a></small>
      </div>
    </div>
    <div class="card">
      <img class="card-img-top" src="img/card5.jpg" alt="">
      <div class="card-body">
        <h5 class="card-title">圣埃克苏佩里著</h5>
        <p class="card-text">纯净而深刻、唯美而忧伤的爱之隐喻,既献给孩子,也献给大人的哲理童话...</p>
      </div>
      <div class="card-footer">
        <small class="text-muted"><a href="#" class="card-link">了解更多</a></small>
      </div>
```

```
            </div>
            <div class="card">
                <img class="card-img-top" src="img/card6.jpg" alt="">
                <div class="card-body">
                    <h5 class="card-title">马克·吐温著</h5>
                    <p class="card-text">小说主人公汤姆天真活泼、追求自由,厌恶枯燥、刻板的生活环境,梦想...</p>
                </div>
                <div class="card-footer">
                    <small class="text-muted"><a href="#" class="card-link">了解更多</a></small>
                </div>
            </div>
            <div class="card">
                <img class="card-img-top" src="img/card7.jpg" alt="">
                <div class="card-body">
                    <h5 class="card-title">刘易斯·卡罗尔 著</h5>
                    <p class="card-text">讲述的是小女孩爱丽丝追随一只会说话的白兔掉进兔子洞,进入一个神奇国度,遇到了...</p>
                </div>
                <div class="card-footer">
                    <small class="text-muted"><a href="#" class="card-link">了解更多</a></small>
                </div>
            </div>
        </div>
    </body>
```

在 Chrome 浏览器的运行效果如图 5.62 所示。就像卡片组一样,卡片阵列上的卡片页脚会自动对齐。

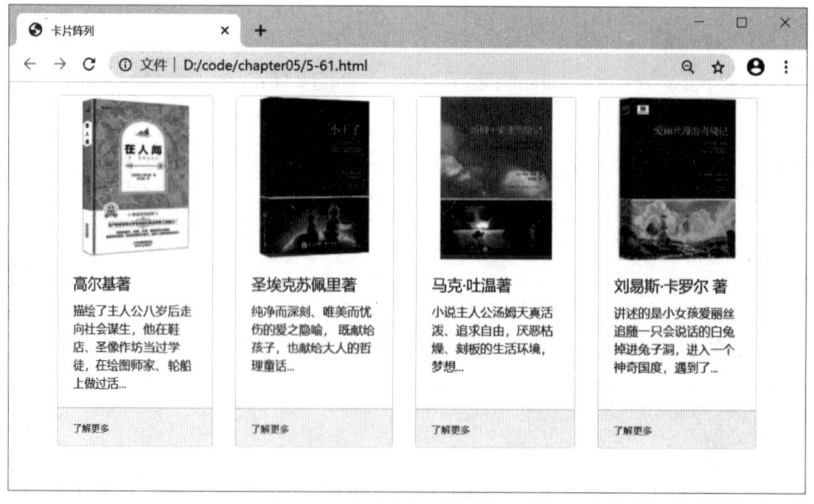

图 5.62 卡片阵列效果

3. 卡片排列

将多个卡片放在 card-columns 类中，可以将卡片设计成瀑布流的布局。卡片是使用 column 属性而不是 flexbox 来构建，更便于对齐，排列顺序是从上到下、从左到右。

例 5-62 多列卡片浮动排列示例。

```
<body class="container mt-3">
  <div class="card-columns">
    <div class="card bg-primary p-2">
      <img class="card-img-top" src="img/img01.jpg" alt="">
    </div>
    <div class="card bg-secondary p-2">
      <img class="card-img-top" src="img/img02.jpg" alt="">
    </div>
    <div class="card bg-info p-2">
      <img class="card-img-top" src="img/img03.jpg" alt="">
    </div>
    <div class="card bg-danger p-2">
      <img class="card-img-top" src="img/img04.jpg" alt="">
    </div>
    <div class="card bg-success p-2">
      <img class="card-img-top" src="img/img05.jpg" alt="">
    </div>
    <div class="card bg-warning p-2">
      <img class="card-img-top" src="img/img06.jpg" alt="">
    </div>
  </div>
</body>
```

在 Chrome 浏览器的运行效果如图 5.63 所示。

图 5.63 多列卡片浮动排列效果

5.9 媒体

媒体对象是一类特殊版式的区块样式，用来设计图文混排效果，也可以设计媒体与文本的混排效果，如博客评论，推文等。

5.9.1 定义媒体

创建媒体对象仅需要使用 media 和 media-body 两个类。

例 5-63 定义媒体示例。

```
<body class="container mt-3">
  <div class="media">
    <img class="mr-3" src="img/car01.jpg" alt="上汽大众-朗逸">
    <div class="media-body">
      <h3 class="mt-0">上汽大众-朗逸</h5>
      <div class="my-1">指导价:9.99-16.19 万元</div>
      <div class="my-1">发动机:涡轮增压/自然吸气</div>
    </div>
  </div>
</body>
```

在 Chrome 浏览器的运行效果如图 5.64 所示。

图 5.64 媒体效果

5.9.2 媒体嵌套

媒体对象可以被嵌套，方法是将嵌套的 media 放在父媒体对象的 media-body 中。

例 5-64 媒体嵌套示例。

```
<body class="container mt-3">
  <div class="media">
    <img class="mr-3" src="img/swallow.jpg" alt="燕子">
    <div class="media-body">
```

```
            <h5 class="mt-0">燕子</h5>
            <p>燕子形小,翅尖窄,凹尾短喙,足弱小,羽毛不算太多。羽衣单色,或有带金属光泽的蓝或绿色;大多数种类两性都很相似。燕子消耗大量时间在空中捕捉害虫,是最灵活的雀形类之一,主要以蚊、蝇等昆虫为主食,是众所周知的益鸟。</p>
            <div class="media mt-3">
                <a class="pr-3" href="#">
                    <img src="img/swallow.jpg" alt="燕子">
                </a>
                <div class="media-body">
                    <h5 class="mt-0">燕子</h5>
                    <p>燕子形小,翅尖窄,凹尾短喙,足弱小,羽毛不算太多。羽衣单色,或有带金属光泽的蓝或绿色;大多数种类两性都很相似。燕子消耗大量时间在空中捕捉害虫,是最灵活的雀形类之一,主要以蚊、蝇等昆虫为主食,是众所周知的益鸟。
                    </p>
                </div>
            </div>
        </div>
    </body>
```

在 Chrome 浏览器的运行效果如图 5.65 所示。

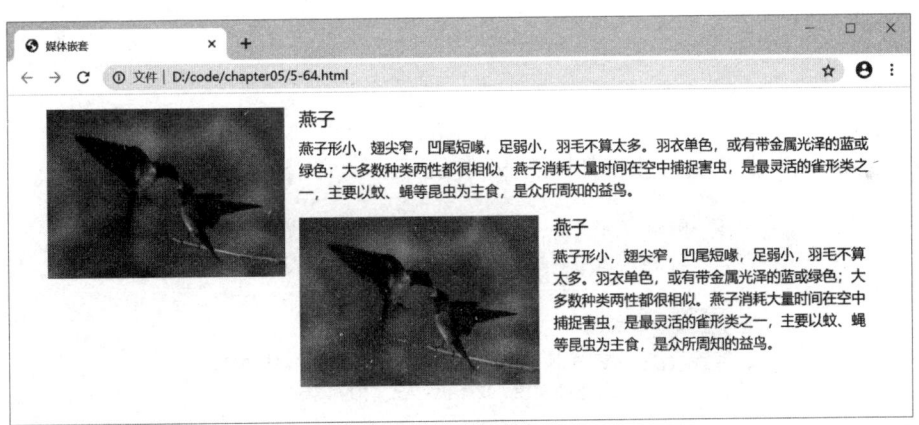

图 5.65 媒体嵌套效果

5.9.3 对齐方式

使用 Flexbox 样式类,可以设置媒体对象中的图片与 media-body 内容的顶部(默认)、中间或末尾对齐。

例 5-65 对齐方式示例。

```
    <body class="container mt-3">
        <div class="media">
            <img class="align-self-start mr-3" src="img/swallow.jpg" alt="燕子" width="80">
            <div class="media-body">
                <h5 class="mt-0">燕子</h5>
```

```
        <p>燕子形小,翅尖窄,凹尾短喙,足弱小,羽毛不算太多。羽衣单色,或有带金属光泽的蓝或绿色。</p>
    </div>
</div>
<hr />
<div class="media mt-3">
    <img class="align-self-center mr-3" src="img/swallow.jpg" alt="燕子" width="80">
    <div class="media-body">
        <h5 class="mt-0">燕子</h5>
        <p>燕子形小,翅尖窄,凹尾短喙,足弱小,羽毛不算太多。羽衣单色,或有带金属光泽的蓝或绿色。</p>
    </div>
</div>
<hr />
<div class="media mt-3">
    <img class="align-self-end mr-3" src="img/swallow.jpg" alt="燕子" width="80">
    <div class="media-body">
        <h5 class="mt-0">燕子</h5>
        <p>燕子形小,翅尖窄,凹尾短喙,足弱小,羽毛不算太多。羽衣单色,或有带金属光泽的蓝或绿色。</p>
    </div>
</div>
<hr />
</body>
```

在Chrome浏览器的运行效果如图5.66所示。

图5.66 对齐效果

5.9.4 排列顺序

通过修改 HTML 本身或通过添加一些自定义 Flexbox CSS 来设置 order 属性,从而更改媒体对象中的内容顺序。

例 5-66 排列顺序示例。

```
<body class="container mt-3">
  <div class="media">
    <div class="media-body">
      <h5 class="mt-0">燕子</h5>
      <p>燕子形小,翅尖窄,凹尾短喙,足弱小,羽毛不算太多。羽衣单色,或有带金属光泽的蓝或绿色。</p>
    </div>
    <img class="align-self-start mr-3" src="img/swallow.jpg" alt="燕子">
  </div>
</body>
```

在 Chrome 浏览器的运行效果如图 5.67 所示。

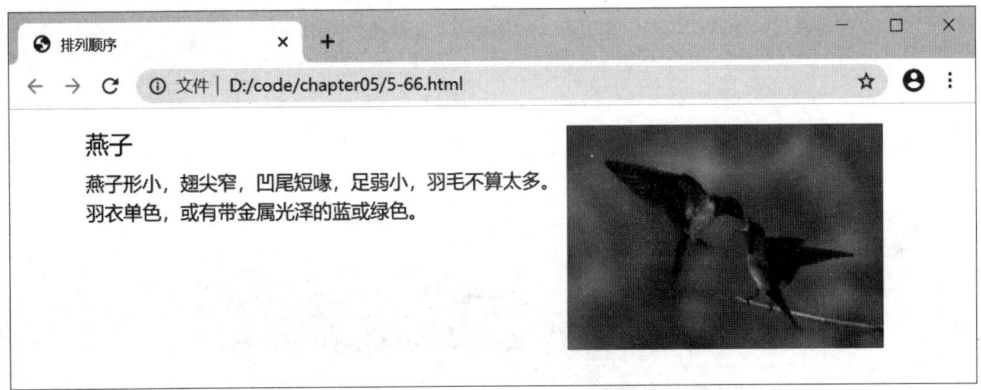

图 5.67 排列顺序效果

5.9.5 媒体列表

实现媒体列表非常简单,方法是在<ul>或<ol>上,添加 list-unstyled 以删除任何浏览器默认列表样式,然后将 media 应用于<li>,再根据需要进行样式的微调。

例 5-67 媒体列表示例。

```
<body class="container">
  <ul class="list-unstyled">
    <li class="media mt-3">
      <img class="mr-3" src="img/car01.jpg" alt="上汽大众-朗逸">
      <div class="media-body">
        <h3 class="mt-0">上汽大众-朗逸</h5>
```

```
            <div class="my-1">指导价:9.99-16.19万元</div>
            <div class="my-1">发动机:涡轮增压/自然吸气</div>
        </div>
    </li>
    <li class="media mt-3">
        <img class="mr-3" src="img/car02.jpg" alt="东风日产-轩逸">
        <div class="media-body">
            <h3 class="mt-0">东风日产-轩逸</h5>
            <div class="my-1">指导价:9.98-14.3万元</div>
            <div class="my-1">发动机:自然吸气</div>
        </div>
    </li>
    <li class="media mt-3">
        <img class="mr-3" src="img/car03.jpg" alt="一汽丰田-卡罗拉">
        <div class="media-body">
            <h3 class="mt-0">一汽丰田-卡罗拉</h5>
            <div class="my-1">指导价:11.98-15.98万元</div>
            <div class="my-1">发动机:涡轮增压/自然吸气</div>
        </div>
    </li>
</ul>
</body>
```

在Chrome浏览器的运行效果如图5.68所示。

图5.68　媒体列表效果

5.10 案例：仿白鹭科技网站游戏案例推荐

本案例是白鹭科技网站游戏案例推荐的页面效果。本案例使用 Bootstrap 网格系统进行布局，内容采用卡片组件进行设计，最后为卡片中的图片添加遮罩效果(遮罩效果是否用的恰当)，页面最终效果如图 5.69 所示。当鼠标悬浮图片上时，触发遮罩效果，图片透明度降低，并且在其上显示游戏二维码，效果如图 5.70 所示。

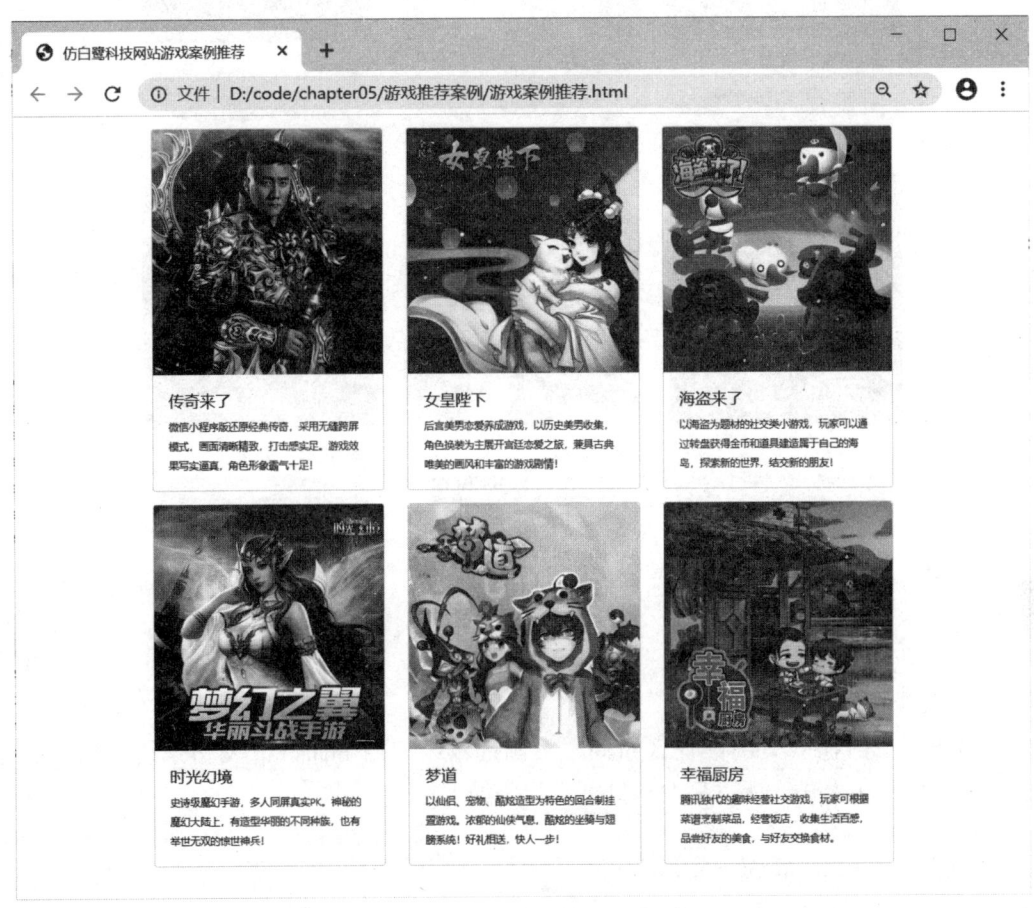

图 5.69 页面最终效果

Bootstrap 技术教程

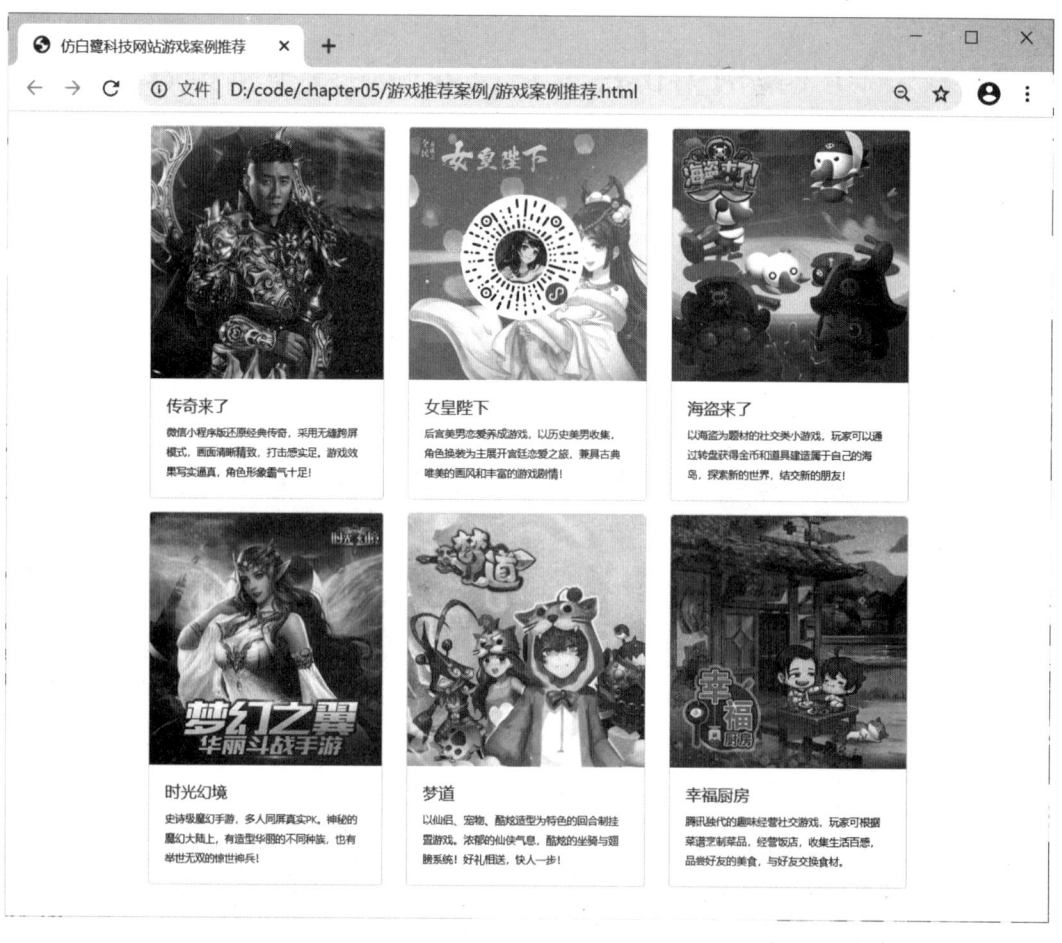

图 5.70 触发遮罩效果

下面来看具体的实现步骤。

第 1 步：设计游戏案例推荐区布局。案例推荐区使用 Bootstrap 网格系统布局，设计 1 行 6 列，每列占 4 份，所以呈两行排列。代码如下：

```
<div class="row">
    <div class="col-md-4></div>
    <div class="col-md-4"></div>
    <div class="col-md-4"></div>
    <div class="col-md-4"></div>
    <div class="col-md-4"></div>
    <div class="col-md-4"></div>
</div>
```

第 2 步：在网格系统中添加卡片组件，设计内容。内容主要包括卡片图片、标题和介绍内容。代码如下：

```
<divclass="row">
```

```html
<div class="col-md-4 mb-3">
    <div class="card">
        <div class="card-cover">
            <img class="card-img-top" src="img/role01.jpg">
            <img class="imgContain" src="img/icon01.png">
        </div>
        <div class="card-body">
            <h5>传奇来了</h5>
            <small>微信小程序版还原经典传奇,采用无缝跨屏模式,画面清晰精致,打击感实足。游戏效果写实逼真,角色形象霸气十足!</small>
        </div>
    </div>
</div>
<div class="col-md-4 mb-3">
    <div class="card">
        <div class="card-cover">
            <img class="card-img-top" src="img/role02.jpg">
            <img class="imgContain" src="img/icon02.png">
        </div>
        <div class="card-body">
            <h5>女皇陛下</h5>
            <small>后宫美男恋爱养成游戏,以历史美男收集,角色换装为主展开宫廷恋爱之旅,兼具古典唯美的画风和丰富的游戏剧情!</small>
        </div>
    </div>
</div>
<div class="col-md-4 mb-3">
    <div class="card">
        <div class="card-cover">
            <img class="card-img-top" src="img/role03.jpg">
            <img class="imgContain" src="img/icon03.png">
        </div>
        <div class="card-body">
            <h5>海盗来了</h5>
            <small>以海盗为题材的社交类小游戏,玩家可以通过转盘获得金币和道具建造属于自己的海岛,探索新的世界,结交新的朋友!</small>
        </div>
    </div>
</div>
<div class="col-md-4 mb-3">
    <div class="card">
```

```html
            <div class="card-cover">
                <img class="card-img-top" src="img/role04.jpg">
                <img class="imgContain" src="img/icon04.png">
            </div>
            <div class="card-body">
                <h5>时光幻境</h5>
                <small>史诗级魔幻手游,多人同屏真实PK。神秘的魔幻大陆上,有造型华丽的不同种族,也有举世无双的惊世神兵!</small>
            </div>
        </div>
    </div>
    <div class="col-md-4 mb-3">
        <div class="card">
            <div class="card-cover">
                <img class="card-img-top" src="img/role05.jpg">
                <img class="imgContain" src="img/icon05.png">
            </div>
            <div class="card-body">
                <h5>梦道</h5>
                <small>以仙侣、宠物、酷炫造型为特色的回合制挂置游戏。浓郁的仙侠气息,酷炫的坐骑与翅膀系统!好礼相送,快人一步!</small>
            </div>
        </div>
    </div>
    <div class="col-md-4 mb-3">
        <div class="card">
            <div class="card-cover">
                <img class="card-img-top" src="img/role06.jpg">
                <img class="imgContain" src="img/icon06.png">
            </div>
            <div class="card-body">
                <h5>幸福厨房</h5>
                <small>腾讯独代的趣味经营社交游戏,玩家可根据菜谱烹制菜品,经营饭店,收集生活百感,品尝好友的美食,与好友交换食材。</small>
            </div>
        </div>
    </div>
</div>
```

第3步:自定义样式代码。代码如下:

```
<style>
    .container {
```

```
      width: 75%;
    }
    .card-cover {
      flex-shrink: 0;
    }
    .imgContain {
      position: absolute;
      top: 18%;
      left: 22%;
      display: none;
    }
</style>
```

第4步：使用js为卡片图片添加遮罩效果。代码如下：

```
<script>
  $(function() {
    $(".card-cover").on("mouseover", function() {
      $(this).children(".card-img-top").css("opacity", 0.5)
      $(this).children(".imgContain").show()
    }).on("mouseout", function() {
      $(this).children(".card-img-top").css("opacity", 1)
      $(this).children(".imgContain").hide()
    })
  })
</script>
```

5.11　本章小结

本章介绍了Bootstrap4的其他组件，包括分页、表单、输入框组、徽章、警告框、进度条、列表组、卡片和媒体。最后介绍如何使用卡片等组件模仿实现某科技网站游戏案例推荐效果。

本章习题

一、选择题

1. Bootstrap实现分页的原理不包括(　　)。

A. <ul>元素上添加pagination类

B. <li>元素上添加page-item类

C. 超链接中添加page-link类

D. 以上都不是

2. 给表单元素添加圆角属性和阴影效果的是(　　)类。

　A. form-group　　　　　　　　B. form-control

　C. form-check　　　　　　　　D. form-inline

3. 给输入框前面添加额外元素，需要使用(　　)类。

　A. input-group　　　　　　　　B. input-group-text

　C. input-group-prepend　　　　D. input-group-append

4. 设置徽章的水平内边距和较大的圆角边框，使徽章看起来更圆润。需要使用(　　)类。

　A. badge-pill　　　　　　　　　B. badge

　C. badge-primary　　　　　　　D. badge-secondary

5. 下列哪个类不是定义警告框(　　)。

　A. alert-light　　　　　　　　　B. alert-dark

　C. alert-danger　　　　　　　　D. alert-default

6. 下列关于进度条说法错误的是(　　)。

　A. progress 类用于定义进度条的外层容器

　B. progress-bar 用于定义进度条样式

　C. 1 个进度组件中只能包含 1 个进度条

　D. 给进度条元素添加 progress-bar-striped 类可以得到带条纹效果的进度条。

7. 给 list-group-item 添加(　　)类使其呈现活动状态。

　A. active　　　B. disabled　　　C. show　　　D. open

8. 下列不属于 card 三要素的是(　　)。

　A. card-title　　B. card-body　　C. card-footer　　D. card-content

9. 下列关于媒体组件说法错误的是(　　)。

　A. 媒体对象主要是用来设计图文混排效果

　B. 将嵌套的 media 放在父媒体对象的 media-body 中可以实现媒体对象的嵌套

　C. 不可以更改媒体对象中的内容顺序

　D. 在<ul>上添加 list-unstyled，然后将 media 应用于<li>上可以实现媒体列表

二、简答题

1. 简述列表组的实现过程。

2. 简述卡片的应用场景。

第 6 章

Bootstrap 插件

前面介绍的 Bootstrap 组件仅仅是个开始,为了赋予组件更加丰富的"生命",我们还需要学习 Bootstrap 插件的知识。下面列出 Bootstrap 中常用的 jQuery 插件库。

- 警告框:alert.js。
- 按钮:button.js。
- 轮播:carousel.js。
- 折叠:collapse.js。
- 下拉菜单:dropdown.js。
- 模态框:modal.js。
- 弹窗:popover.js。
- 滚动监听:scrollspy.js。
- 标签页:tab.js。
- 弹出提示框:toast.js
- 工具提示:tooltip.js。

6.1 插件概述

6.1.1 安装插件

在页面中引入 Bootstrap 插件的方式有以下两种:

(1)单个引入。

单个引入 Bootstrap 提供的 *.js 文件,但是某些插件和 CSS 组件依赖于其他插件。因此单个引入每个插件时,要确保在文档中检查插件之间的依赖关系。

注意:所有 Bootstrap 插件都依赖于 util.js,它必须在插件之前引入。如果要单独使用某一个插件,引用时必须包含 util.js 文件。如果使用的是已编译 bootstrap.js 或者 bootstrap.min.js 文件,就没有必要再引入该文件了,因为其中已经包含了。

(2)全部引入。

bootstrap.js 和 bootstrap.min.js 都包含了所有插件,使用时只需选择一个引入到页面就可以了。

注意：无论是哪种引入方式，所有插件都依赖 jQuery，jQuery 必须在所有插件之前引入页面。

6.1.2 调用插件

Bootstrap 提供了两种调用插件的方法，包括 data 属性调用、JavaScript 调用。

1. data 属性调用

前面章节中，我们实际已经接触了 data 属性，比如下面的代码：

```
<div class="dropdown">
    <button class="btn btn-default dropdown-toggle" data-toggle="dropdown">
        Web 前端开发技术<span class="caret"></span>
    </button>
    <ul class="dropdown-menu">
        <li><a href="#">HTML5</a></li>
        <li><a href="#">CSS3</a></li>
        <li><a href="#">JavaScript</a></li>
    </ul>
</div>
```

上面代码中定义了 data-* 属性，它是 html5 中的一种新特性，所有主流浏览器都支持 data-* 属性。主要用于存储页面或应用程序的自定义数据，使 HTML 元素上具有嵌入自定义 data 属性的能力。这些自定义数据能够被页面的 JavaScript 程序使用，以创建更好的用户体验。

Bootstrap 提供了 data 属性用于扩展功能，我们不需要写任何 JavaScript 代码，仅通过 data 属性 API 就能使用所有的 Bootstrap 插件。这种方式是 Bootstrap 框架推荐的首选设计方式。

当然，我们也可以使用编写 JavaScript 代码来调用这些插件，这个时候我们就需要取消 data-* 上绑定的事件。

上面代码实现了一个下拉菜单，通过 data-toggle="dropdown" 让菜单显示或隐藏。如果要禁用 button 元素上 data-* 属性的点击功能，可以使用下面的代码：

```
$(document).off(".button.data-api");
```

如果要禁用所有元素的 data-* 属性，则可以使用下面的代码：

```
$(document).off(".data-api");
```

2. JavaScript 调用

Bootstrap 插件也可以使用 JavaScript 脚本进行调用。例如使用脚本调用下拉菜单和模态框，代码如下：

```
$(function(){
    $(".btn").dropdown();//调用下拉菜单
    $(".btn").click(function(){
        $("#myModal").modal();//调用模态框
```

});
})
所有的方法都可以接受三种不同类型的参数：
(1)不提供任何参数，使用默认参数初始化插件。
(2)可选的 option 对象参数。
(3)代表方法的字符串。
例如：
$('#myModal').modal()   //以默认值初始化插件
$('#myModal').modal({keyboard: false})   //取消 ESC 键关闭模态框
$('#myModal').modal('show')   //初始化后立即调用 show 方法

6.1.3 事件

Bootstrap 为大部分插件所具有的动作提供了自定义事件。一般来说，这些事件都有不定式和过去式两种动词的命名形式，例如，不定式形式的动词 show 表示其在事件开始时被触发；而过去式动词 shown 表示在动作执行完毕之后被触发。

所有以不定式形式的动词命名的事件都提供了 preventDefault 功能。这就赋予了动作开始执行前将其停止的能力。代码如下：

$('#myModal').on('show.bs.modal', function(e){
  if(!data) return e.preventDefault() //阻止模态框的展示
})

6.2 警告框

警告框插件需要 alert.js 文件的支持，在网页中使用警告框插件需要引入 jQuery.js、util.js 和 alert.js 文件。

<script src="js/jQuery3.4.1.js"></script>
<script src="js/util.js"></script>
<script src="js/alert.js"></script>

或者引入 jQuery.js 和 Bootstrap.js 文件。

<script src="js/jQuery3.4.1.js"></script>
<script src="js/bootstrap.js"></script>

6.2.1 关闭警告框

下面例子设计了一个带关闭按钮的警告框，通过 data-dismiss="alert" 属性即可实现关闭警告框的功能。

例 6-1 关闭警告框示例。

<body class="container mt-3">

```
    <div class="alert alert-warning fade show">
      <strong>警告！</strong>请再仔细检查一遍.
      <button type="button" class="close" data-dismiss="alert">
        <span>&times;</span>
      </button>
    </div>
</body>
```

在 Chrome 浏览器的运行效果如图 6.1 所示，当单击关闭按钮后，警告框将关闭。

图 6.1　关闭警告框

上面代码中，使用 data-dismiss="alert" 来关闭警告框。也可以使用 JavaScript 关闭警告框，添加下面代码：

```
<script>
  $(function(){
    $(".close").click(function(){
      $(".alert").alert("close")
    })
  })
</script>
```

6.2.2　添加用户行为

Bootstrap4 为警告框提供了 2 个事件，说明如下：
- close.bs.alert：当调用 close 方法时，将立即触发此事件。
- closed.bs.alert：当警报框已关闭时，将触发此事件。

下面例子定义了一个警告框，当关闭警告框之前，将显示一个对话框提示。

例 6-2　监听警告框示例。

```
<body class="container mt-3">
  <div class="alert alert-warning fade show">
    <strong>警告！</strong>请再仔细检查一遍.
    <button type="button" class="close">
```

```
            <span>&times;</span>
        </button>
    </div>
    <script>
        $(function(){
            $(".close").click(function(){
                $(".alert").alert("close")
            })
            $(".alert").on("close.bs.alert",function(){
                confirm("您确定要关闭警告框吗?")
            })
        })
    </script>
</body>
```

在 Chrome 浏览器的运行效果如图 6.2 所示。当单击关闭警告框时,将触发 close.bs.alert 事件,弹出对话框,效果如图 6.3 所示。

图 6.2 警告框效果

图 6.3 弹出对话框效果

6.3 按钮

按钮可以用在网页上的多种场合,如工具栏、按钮组等。按钮插件需要 button.js 文件支持,在使用按钮插件之前,需要先引入 jQuery.js、button.js 文件以及按钮所需要的样式表文件 bootstrap.css。

```
<link href="css/bootstrap.css" rel="stylesheet">
<script src="js/jQuery3.4.1.js"></script>
<script src="js/button.js"></script>
```

6.3.1 切换状态

给<button>添加 data-toggle="button"属性,可以切换按钮的 active 状态,如果预先需要切换按钮,必须将 .active 样式添加到<button>标签中。

下面例子中定义了一个按钮,添加 data-toggle="button"属性切换按钮 active 状态。

例 6-3 按钮切换示例。

```
<body class="container mt-3">
  <button type="button" class="btn btn-primary" data-toggle="button" autocomplete="off">
    按钮切换
  </button>
</body>
```

在 Chrome 浏览器的运行效果如图 6.4 所示。用鼠标单击按钮,按钮背景色进行切换,颜色变深,效果如图 6.5 所示。

图 6.4 按钮默认效果　　　　　图 6.5 单击后效果

也可以使用 JavaScript 脚本实现切换效果,添加下面代码:

```
<script>
  $(function(){
    $(".btn").click(function(){
      $(this).button("toggle")
    })
  })
</script>
```

6.3.2 按钮式复选框和单选框

Bootstrap 的 button 样式也可以作用于其他元素,比如<label>上,从而实现单选、复选的效果。添加 data-toggle="buttons" 到 btn-group 下的元素里,来启用它们的样式切换。如果是预先选中的按钮需要手动将 active 定义在<label>中。

1. 按钮式复选框

下面例子设计了 3 个复选框,包含在按钮组(btn-group)容器中,给容器添加 data-toggle="buttons" 属性实现样式切换,单击将显示深色背景色,再次单击将恢复浅色背景色。

例 6-4 按钮式复选框。

```
<body class="container mt-3">
  <h3>复选框</h3>
  <div class="btn-group" data-toggle="buttons">
    <label class="btn btn-success active">
      <input type="checkbox" checked autocomplete="off">选项 1
    </label>
```

```
        <label class="btn btn-success">
            <input type="checkbox" autocomplete="off">选项 2
        </label>
        <label class="btn btn-success">
            <input type="checkbox" autocomplete="off">选项 3
        </label>
    </div>
</body>
```

在 Chrome 浏览器的运行效果如图 6.6 所示,用鼠标多选效果如图 6.7 所示。

图 6.6 复选框默认效果

图 6.7 复选框多选效果

上面第 3 行代码中,也可以用 btn-group-toggle 替换 btn-group,可以将复选框前面的选框去掉。例如:

```
<div class="btn-group-toggle" data-toggle="buttons">
```

使用替换后的代码实现的按钮式复选框效果如图 6.8 所示,用鼠标多选效果如图 6.9 所示。

图 6.8 复选框默认效果

图 6.9 复选框多选效果

2. 按钮式单选框

下面例子设计了 3 个单选框,包含在按钮组(btn-group)容器中,给容器添加 data-toggle="buttons" 属性实现样式切换,单击将显示深色背景色,再次单击将恢复浅色背景色。

例 6-5 按钮式单选框。

```
<body class="container mt-3">
    <h3>单选框</h3>
    <div class="btn-group" data-toggle="buttons">
        <label class="btn btn-success active">
            <input type="radio" name="options" checked autocomplete="off">选项 1
```

```
      </label>
      <label class="btn btn-success">
        <input type="radio" name="options" autocomplete="off">选项2
      </label>
      <label class="btn btn-success">
        <input type="radio" name="options" autocomplete="off">选项3
      </label>
    </div>
  </body>
```

在Chrome浏览器的运行效果如图6.10所示，用鼠标选中"选项2"的效果如图6.11所示，选中的背景色变深，其他恢复原来的背景色。

图6.10　按钮式单选框效果　　　　图6.11　单选框切换效果

同样，上面第3行代码中，也可以用btn-group-toggle替换btn-group，可以将单选框前面的选框去掉。例如：

```
<div class="btn-group-toggle" data-toggle="buttons">
```

使用替换后的代码实现的按钮式单选框效果如图6.12所示，用鼠标选中"选项2"的效果如图6.13所示。

图6.12　按钮式单选框效果　　　　图6.13　单选框切换效果

6.4　轮播

轮播（carousel）是一个循环滚动的幻灯片组件，内容可以是图像、内嵌框架、视频或者其他任何类型的内容。轮播效果现在成了许多网站中必不可少的一个元素，图6.14是一个电商网站的活动推广的图片轮播。

图 6.14 轮播图效果

轮播插件需要 carousel.js 的支持，如果需要在网页中使用轮播效果，应在使用之前先引入 jquery.js、util.js 和 carousel.js 文件。

```
<script src="js/jQuery3.4.1.js"></script>
<script src="js/util.js"></script>
<script src="js/carousel.js"></script>
```

或者引入 jQuery.js 和 Bootstrap.js 文件。

```
<script src="js/jQuery3.4.1.js"></script>
<script src="js/bootstrap.js"></script>
```

6.4.1 轮播结构

Bootstrap 中轮播主要分为以下三个部分：
- 图文部分：用于展示内容的图片和文字。
- 指示图标：用于计算当前切换的图片索引。
- 控制按钮：控制幻灯片的显示对象。

使用 Bootstrap 制作一个轮播，主要分为以下几个步骤。

(1) 定义一个轮播容器<div>，添加 carousle 类样式用于定义轮播容器样式。

```
<div id="myCarousel" class="carousel">
```

(2) 设置指示图标容器<ol class="carousel-indicators">，用于指示图片的播放顺序。

```
<ol class="carousel-indicators">
    <li data-target="#myCarousel" data-slide-to="0" class="active"></li>
    <li data-target="#myCarousel" data-slide-to="1"></li>
    <li data-target="#myCarousel" data-slide-to="2"></li>
</ol>
```

该容器中定义了 3 个指示图标，用<li>来表示。<li>的个数应同幻灯片的个数一致。<li>中的 data-target="#myCarousel" 属性指定目标包含容器为<div id="myCarousel">，data-slide-to 定义播放顺序的下标。

（3）设置轮播图片。

每个图片放在<div class="carousel-item">里，默认显示的图片应添加 active 类。

```
<div class="carousel-inner">
    <div class="carousel-item active">
        <img src="img/lunbo01.jpg">
    </div>
    <div class="carousel-item">
        <img src="img/lunbo02.jpg">
    </div>
    <div class="carousel-item">
        <img src="img/lunbo03.jpg">
    /div>
</div>
```

（4）给图片添加文字。

在每个<div class="carousel-item">内添加<div class="carousel-caption">来设置轮播图片的描述文本。

```
<div class="carousel-item">
    <img src="img/lunbo03.jpg">
    <div class="carousel-caption">文字说明</div>
</div>
```

（5）设置左、右控制按钮。

```
<a class="carousel-control-prev" href="#myCarousel" role="button" data-slide="prev">
    <span class="carousel-control-prev-icon" aria-hidden="true"></span>
    <span class="sr-only">Previous</span>
</a>
<a class="carousel-control-next" href="#myCarousel" role="button" data-slide="next">
    <span class="carousel-control-next-icon" aria-hidden="true"></span>
    <span class="sr-only">Next</span>
</a>
```

左、右按钮分别使用 carousel-control-prev 类和 carousel-control-next 类来控制，使用 carousel-control-prev-icon 类和 carousel-control-next-icon 类来设计左右箭头。href="#Carousel"绑定轮播框，data-slide="prev"和 data-slide="next"激活按钮行为。

以上是轮播的基本构成，下面通过一个实例演示轮播效果。

例 6-6 轮播实例。

```
<div id="myCarousel" class="carousel slide" data-ride="carousel" style="width:400px;margin:20px auto;">
```

```html
<ol class="carousel-indicators">
    <li data-target="#myCarousel" data-slide-to="0" class="active"></li>
    <li data-target="#myCarousel" data-slide-to="1"></li>
    <li data-target="#myCarousel" data-slide-to="2"></li>
</ol>
<div class="carousel-inner">
    <div class="carousel-item active">
        <img src="img/lunbo01.jpg" class="d-block w-100" alt="...">
        <div class="carousel-caption">东湖</div>
    </div>
    <div class="carousel-item">
        <img src="img/lunbo02.jpg" class="d-block w-100" alt="...">
        <div class="carousel-caption">黄鹤楼</div>
    </div>
    <div class="carousel-item">
        <img src="img/lunbo03.jpg" class="d-block w-100" alt="...">
        <div class="carousel-caption">木兰天池</div>
    </div>
</div>
<a class="carousel-control-prev" href="#myCarousel" role="button" data-slide="prev">
    <span class="carousel-control-prev-icon" aria-hidden="true"></span>
    <span class="sr-only">Previous</span>
</a>
<a class="carousel-control-next" href="#myCarousel" role="button" data-slide="next">
    <span class="carousel-control-next-icon" aria-hidden="true"></span>
    <span class="sr-only">Next</span>
</a>
</div>
```

上面示例代码中使用的类说明如下：

（1）carousel 类用于设置轮播容器的样式。slide 类设置了幻灯片切换时的滑动效果。data-ride="carousel" 属性用于定义轮播在页面加载时就开始自动播放。

（2）carousel-indicators 为轮播添加一个指示符，就是轮播图底下的一个个小点，轮播的过程可以显示目前是第几张图。

（3）carousel-inner 添加要切换的图片，carousel-item 指定每个图片的内容。

（4）carousel-control-prev、carousel-control-next 分别添加左侧、右侧的按钮，点击会返回上一张、下一张。

（5）carousel-control-prev-icon 与 carousel-control-prev 一起使用，设置左侧的按钮。

（6）carousel-control-next-icon 与 carousel-control-next 一起使用，设置右侧的按钮。

在 Chrome 浏览器的运行效果如图 6.15 所示。

图 6.15 轮播效果

6.4.2 轮播风格

上面例子使用 slide 类样式实现图片切换时滑动的效果，也可以在此基础上添加 carousel-fade 类样式，实现交叉淡入淡出效果。

同时，也可以使用 data-interval 属性设置图片循环播放的间隔时间，这个属性可以作用在轮播容器上（每个幻灯片切换时的间隔时间是相同的），也可以分别为每个轮播项目设置间隔时间。

下面通过实例介绍轮播图片的交叉淡入淡出效果、图片自动循环间隔时间。

例 6-7 轮播风格示例。

```html
<div id="myCarousel" class="carousel slide carousel-fade" data-ride="carousel" style="width:400px;margin:20px auto;">
    <ol class="carousel-indicators">
        <li data-target="#myCarousel" data-slide-to="0" class="active"></li>
        <li data-target="#myCarousel" data-slide-to="1"></li>
        <li data-target="#myCarousel" data-slide-to="2"></li>
    </ol>
    <div class="carousel-inner">
        <div class="carousel-item active" data-interval="1000">
            <img src="img/lunbo01.jpg" class="d-block w-100" alt="...">
            <div class="carousel-caption">东湖</div>
        </div>
```

```html
        <div class="carousel-item" data-interval="2000">
          <img src="img/lunbo02.jpg" class="d-block w-100" alt="...">
          <div class="carousel-caption">黄鹤楼</div>
        </div>
        <div class="carousel-item" data-interval="3000">
          <img src="img/lunbo03.jpg" class="d-block w-100" alt="...">
          <div class="carousel-caption">木兰天池</div>
        </div>
      </div>
      <a class="carousel-control-prev left" href="#myCarousel" role="button" data-slide="prev">
        <span class="carousel-control-prev-icon" aria-hidden="true"></span>
        <span class="sr-only">Previous</span>
      </a>
      <a class="carousel-control-next right" href="#myCarousel" role="button" data-slide="next">
        <span class="carousel-control-next-icon" aria-hidden="true"></span>
        <span class="sr-only">Next</span>
      </a>
    </div>
```

上面例子中，每个轮播项目上添加 data-interval 来设置自动循环间隔时间，间隔时间分别为 1s、2s 和 3s。

在 Chrome 浏览器的运行效果如图 6.16 所示。

图 6.16 轮播效果

6.4.3 插件调用

调用轮播插件的方式分为两种：data 属性调用、JavaScript 调用。

1. data 属性调用

使用 data 属性可以轻松地控制轮播的位置。

- data-ride="carousel" 属性用于轮播在加载页面时自动播放图片。如果在轮播容器中不使用该属性，则需要在 JavaScript 脚本初始化它。
- data-slide-to 属性可以传递某个帧的下标，例如 data-slide-to="1"，这样就可以直接跳转到这个指定的帧(下标从 0 开始算起)。
- data-slide 属性可以改变当前轮播的帧，包括 prev 和 next。prev 切换前一个图片，next 切换下一个图片。

2. JavaScript 调用

如果在轮播容器中不使用 data-ride="carousel" 属性，则需要在 JavaScript 脚本初始化它：

$('.carousel').carousel()

上面代码中的 carousel() 传递的是空参数，实际这个方法是可以传递对象参数的，说明如表 6.1 所示。

表 6.1 carousel 方法对象参数

名称	Type 类型	默认值	描述
interval	number	5000	自动循环项目之间的延迟时间(即滚动时间)，如果为 false，则整个轮播组件不会自动滚动(仅支持手动滚动)
keyboard	boolean	true	是否应对键盘事件作出反应，如果选择 true 则可以通过键盘上的左、右方向键进行切换控制。
pause	string | boolean	"hover"	如果设置为"hover"，则鼠标移在动画屏幕上暂停旋转，并在移开鼠标后恢复旋转事件；如设置为 false，则鼠标移上去轮播动画不会暂停。
ride	string	false	在用户手动循环第一个项目后自动播放传送带，如果"carousel"则加载时自动播放传送带。
wrap	boolean	true	轮播是否连续循环播放

比如下面代码定义轮播的速度为 3 秒。

```
<script>
    $(".carousel").carousel({
        interval:3000
    })
</script>
```

上述参数也可以通过 data 属性传递，将参数名称附着到 data- 之后，例如 data-interval=""。

carousel 方法除了可以传递对象参数，还可以传递以下字符串：

- .carousel('cycle')：从左到右循环播放。
- .carousel('pause')：通过事件停止幻灯片播放。
- .carousel(number)：将轮播循环到制定帧，从 0 开始计数。
- .carousel('prev')：将轮播指向前一帧幻灯片。

- .carousel('next')：将轮播指向后一帧幻灯片。
- .carousel('dispose')：销毁轮播的控件。

6.4.4 事件

Bootstrap 为轮播插件提供了两个事件，说明如下：
- slide.bs.carousel：当调用 slide 方法时触发该事件。
- slid.bs.carousel：当轮播完成幻灯片切换后触发该事件。

下面 JavaScript 脚本为轮播添加了以上两个事件。

```
<script>
  $(".carousel").on('slide.bs.carousel',function(e){
    定义幻灯片滑动时的效果...
  }).on('slid.bs.carousel',function(e){
    定义幻灯片切换完成时的效果...
  })
</script>
```

6.5 折叠

Bootstrap 折叠插件允许在网页中用一点点 JavaScript 以及 CSS 类切换内容，控制内容的可见性。它是一个灵活的插件，使用少量的类便可实现内容的切换。折叠插件可以用来创建折叠搜索、折叠导航、折叠内容面板等。

折叠插件需要 collapse.js 文件的支持，在网页中使用折叠插件之前，应首先引入 jQuery.js、util.js 和 collapse.js 文件。

```
<script src="js/jQuery3.4.1.js"></script>
<script src="js/util.js"></script>
<script src="js/collapse.js"></script>
```

或者引入 jQuery.js 和 Bootstrap.js 文件。

```
<script src="js/jQuery3.4.1.js"></script>
<script src="js/bootstrap.js"></script>
```

6.5.1 定义折叠

实现折叠主要分为下面两个步骤。

（1）定义折叠的触发器，触发器可以是<a>或<button>元素。在触发器中添加 href 或 data-target 属性指定触发的目标，属性值是 id 选择器或 class 选择器。添加 data-toggle="collapse" 调用折叠。

（2）定义折叠包含框容器，折叠内容放在包含框容器中。设置包含框容器的 id 或 class 值与触发器元素中 data-target 属性值保持一致。在包含框容器中添加下面三个类中的一个类。

- .collapse：隐藏内容。
- .collapsing：带动态效果的切换。
- .collapse .show：显示内容。

完成以上两个步骤便可实现折叠效果，下面通过一个示例来讲解。

例 6-8 折叠示例。

```
<body class="container mt-3">
    <h3>定义折叠</h3>
    <p>
        <a class="btn btn-success" data-toggle="collapse" href="#collapse1">
            a with href
        </a>
        <button class="btn btn-success" type="button" data-toggle="collapse" data-target="#collapse2">
            Button with data-target
        </button>
    </p>
    <div class="collapse" id="collapse1">
        <div class="card card-body">
            这是 &lt;a&gt;使用 href 属性触发的内容
        </div>
    </div>
    <div class="collapse" id="collapse2">
        <div class="card card-body">
            这是 &lt;button&gt;使用 data-target 属性触发的内容
        </div>
    </div>
</body>
```

在 Chrome 浏览器的运行效果如图 6.17 所示。

图 6.17 折叠效果

6.5.2 多目标控制

Bootstrap 中，一个触发器可以控制多个目标元素的显示或隐藏，也可以多个触发器控制一个目标元素的显示或隐藏。

下面例子定义了 3 个触发器，单击"切换目标内容 1"触发器切换目标内容 1，单击"切换目标内容 2"触发器切换目标内容 2，单击"切换目标内容 1、2"触发器切换目标内容 1、2。

例 6-9 多目标控制示例。

```html
<body class="container mt-3">
  <p>
    <a class="btn btn-primary" data-toggle="collapse" href="#multiCollapse1">切换目标内容 1</a>
    <button class="btn btn-primary" type="button" data-toggle="collapse" data-target="#multiCollapse2">切换目标内容 2</button>
    <button class="btn btn-primary" type="button" data-toggle="collapse"
      data-target=".multi-collapse">切换目标内容 1、2</button>
  </p>
  <div class="row">
    <div class="col">
      <div class="collapse multi-collapse" id="multiCollapse1">
        <div class="card card-body">
          目标内容 1
        </div>
      </div>
    </div>
    <div class="col">
      <div class="collapse multi-collapse" id="multiCollapse2">
        <div class="card card-body">
          目标内容 2
        </div>
      </div>
    </div>
  </div>
</body>
```

在 Chrome 浏览器运行，单击切换目标内容 1，结果如图 6.18 所示，单击切换目标内容 2，结果如图 6.19 所示，单击切换目标内容 1、2，结果如图 6.20 所示。

图 6.18 切换目标内容 1 效果　　图 6.19 切换目标内容 2 效果

图 6.20 切换目标内容 1、2 效果

6.5.3 手风琴效果

下面实例将卡片组件同折叠插件结合起来实现手风琴效果。

例 6-10 手风琴示例。

```
<div id="accordion">
  <div class="card">
    <div class="card-header">
      <a class="card-link" data-toggle="collapse" href="#collapseOne">
        标题一
      </a>
    </div>
    <div id="collapseOne" class="collapse show" data-parent="#accordion">
      <div class="card-body">
        标题一的内容
      </div>
    </div>
  </div>
  <div class="card">
    <div class="card-header">
      <a class="collapsed card-link" data-toggle="collapse" href="#collapseTwo">
        标题二
      </a>
```

        </div>
        <div id="collapseTwo" class="collapse" data-parent="#accordion">
            <div class="card-body">
                标题二的内容
            </div>
        </div>
    </div>
    <div class="card">
        <div class="card-header">
            <a class="collapsed card-link" data-toggle="collapse" href="#collapseThree">
                标题三
            </a>
        </div>
        <div id="collapseThree" class="collapse" data-parent="#accordion">
            <div class="card-body">
                标题三的内容
            </div>
        </div>
    </div>
</div>

在 Chrome 浏览器的运行效果如图 6.21 所示。

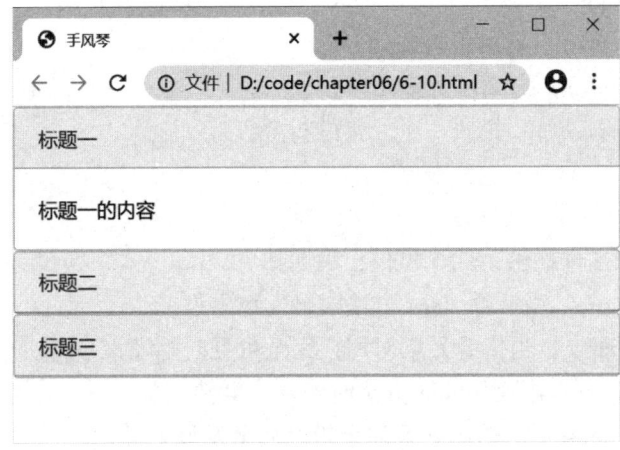

图 6.21　手风琴效果

6.5.4　插件调用

调用折叠插件的方式分为两种：data 属性调用、JavaScript 调用。

1. data 属性调用

给<a>或<button>元素添加 data-toggle="collapse" 和 data-target 属性，便可指定折叠面

板的控制项，其中 data-target 属性值是 CSS 选择器。如果使用超链接，则不需要 data-target 属性，直接在 href 属性中定义目标锚点即可。如果希望它默认是打开的，可定义添加 show 类。

为了给一个折叠块控件添加类似手风琴的效果，还需要添加 data 属性 data-parent="#selector"。

2. JavaScript 调用

除了使用 data 属性调用折叠插件以外，还可以使用 JavaScript 脚本来调用它。

$('.collapse').collapse()

carousel() 方法还可以传递配置对象，该对象包含两个参数，如表 6.2 所示。

表 6.2　carousel() 的配置参数

名称	Type 类型	默认值	描述
parent	选择器	false	添加了该属性的折叠块，当某个折叠块打开时，这个指定的父元素下面所有别的折叠块元素都将自动关闭。
toggle	boolean	true	在调用中折叠块元素。

上述参数也可以通过 data 属性传递，将参数名称附着到 data- 之后，例如 data-parent=""。

collapse 方法除了可以传递配置对象参数，还可以传递以下字符串，调用它们可以实现特定的效果。

- .collapse('toggle')：切换可折叠元素，显示或者隐藏该元素。
- .collapse('show')：显示可折叠元素。
- .collapse('hide')：隐藏可折叠元素。
- .collapse('dispose')：销毁一个元素的折叠。

6.5.5　事件

Bootstrap 为折叠插件提供了四个事件，说明如下：

- show.bs.collapse：当调用 show 方法时触发该事件。
- shown.bs.collapse：当折叠元素对用户完全可见时触发该事件。
- hide.bs.collapse：当调用 hide 方法时触发该事件。
- hidden.bs.collapse：当折叠元素完全折叠后触发该事件。

下面例子为一个折叠添加了 show.bs.collapse、shown.bs.collapse、hide.bs.collapse 和 hidden.bs.collapse 四个事件。

当折叠元素开始打开时，触发 show.bs.collapse，页面主题变成绿色，标题更改为"show.bs.collapse 事件触发"。

当折叠元素完全打开时，触发 shown.bs.collapse，页面主题变成红色，标题更改为"shown.bs.collapse 事件触发"。

当折叠元素开始折叠时，触发 hide.bs.collapse，页面主题变成蓝色，标题更改为

"hide.bs.collapse 事件触发"。

当折叠元素完全折叠时,触发 hidden.bs.collapse,页面主题变成灰色,标题更改为"hidden.bs.collapse 事件触发"。

例 6-11 监听折叠示例。

```html
<body class="container">
    <h3> </h3>
    <p>
        <button class="btn btn-success" type="button" data-toggle="collapse" data-target="#collapse1">
            Button with data-target
        </button>
    </p>
    <div class="collapse" id="collapse1">
        <div class="card card-body">
            这是 &lt;button&gt;使用 data-target 属性触发的内容
        </div>
    </div>
    <script>
        $(function(){
            $(".collapse").on("show.bs.collapse", function(){
                $("h3").html("show.bs.collapse 事件触发")
                $("body").css("background", "green")
            }).on("shown.bs.collapse", function(){
                $("h3").html("shown.bs.collapse 事件触发")
                $("body").css("background", "red")
            }).on("hide.bs.collapse", function(){
                $("h3").html("hide.bs.collapse 事件触发")
                $("body").css("background", "blue")
            }).on("hidden.bs.collapse", function(){
                $("h3").html("hidden.bs.collapse 事件触发")
                $("body").css("background", "gray")
            })
        })
    </script>
</body>
```

在 Chrome 浏览器运行,单击触发按钮,折叠内容显示,效果如图 6.22、图 6.23 所示;再次单击按钮,折叠内容隐藏,效果如图 6.24、图 6.25 所示。

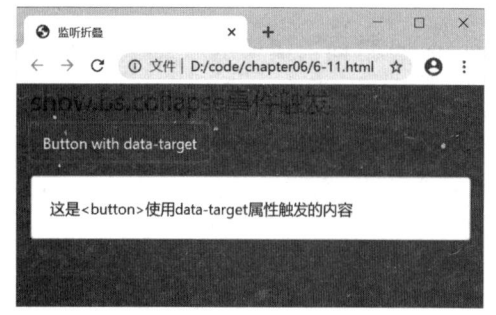
图 6.22 show.bs.collapse 事件触发

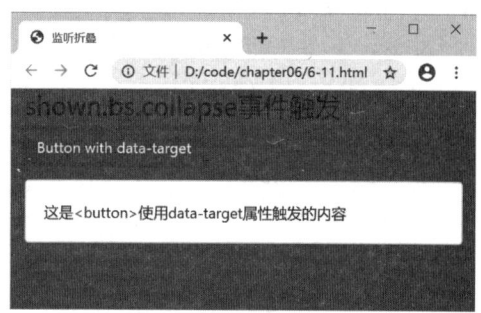
图 6.23 shown.bs.collapse 事件触发

图 6.24 hide.bs.collapse 事件触发

图 6.25 hidden.bs.collapse 事件触发

6.6 模态框

模态框(Modal)是覆盖在父窗体上的子窗体。可以在不离开父窗体的情况下显示来自一个单独的源的内容。

模态框插件需要 modal.js 文件的支持,在网页中使用折叠插件之前,应首先引入 jQuery.js、util.js 和 modal.js 文件。

<script src="js/jQuery3.4.1.js"></script>
<script src="js/util.js"></script>
<script src="js/modal.js"></script>

或者引入 jQuery.js 和 Bootstrap.js 文件。

<script src="js/jQuery3.4.1.js"></script>
<script src="js/bootstrap.js"></script>

6.6.1 定义模态框

Bootstrap 中的模态框分为以下几个部分:
(1) class="modal",最外层容器,定义弹出模态框的外框。
(2) class="modal-dialog",第二层容器,定义模态对话框层。

（3）class="modal-content"，第三层容器，定义模态对话框显示样式。主要控制模态对话框的边框、背景、阴影等样式。这个容器中包含模态框头部 modal-header、主体 modal-body、脚注 modal-footer。

例 6-12 一个模态框的基本结构。

```
<button type="button" class="btn btn-default" data-toggle="modal" data-target="#myModal">弹出模态框</button>
<div class="modal" id="myModal">
    <div class="modal-dialog">
        <div class="modal-content">
            <div class="modal-header">
                <button type="button" class="close" data-dismiss="modal">
                    <span>&times;</span>
                </button>
                <h4 class="moadl-title">标题</h4>
            </div>
            <div class="modal-body">
                <p>主体内容</p>
            </div>
            <div class="modal-footer">
                <button type="button" class="btn btn-default" data-dismiss="modal">关闭</button>
                <button type="button" class="btn btn-primary">保存</button>
            </div>
        </div>
    </div>
</div>
```

模态框默认是隐藏的，模态框的显示是通过单击<button>元素来实现的，其中 data-target="#myModal"用于指定弹出的模态框，data-toggle="modal"用于显示弹出模态框。

modal-header 是为模态窗口的头部定义样式的类。

close 是一个 CSS class，用于为模态窗口的关闭按钮设置样式

data-dismiss="modal"，是一个自定义的 HTML5 data 属性，在这里它被用于关闭模态窗口。

class="modal-body"，是 Bootstrap CSS 的一个 CSS class，用于为模态窗口的主体设置样式。

class="modal-footer"，是 Bootstrap CSS 的一个 CSS class，用于为模态窗口的底部设置样式。

在 Chrome 浏览器运行，单击弹出模态框按钮，弹出一个模态框，效果如图 6.26 所示。

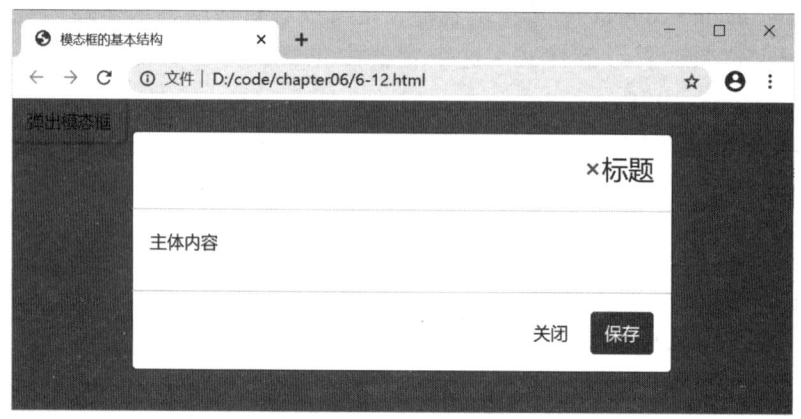

图 6.26 模态框结构

6.6.2 调用模态框

模态框默认是隐藏在页面中的,需要对触发元素进行一定的操作才能显示出来,比如上面例子中通过单击触发按钮来显示模态框。Bootstrap 中调用模态框的有两种方法。

(1) Data 属性调用。

通过 data 属性调用,无需编写 JavaScript 代码,即可调用一个模态框。具体操作是在触发元素上定义 data-toggle="modal"、data-target="选择器"属性。

例如:触发元素为按钮,通过单击按钮弹出一个模态框。代码如下:

<button type="button" data-toggle="modal" data-target="#myModal" class="btn btn-primary">打开模态框</button>

其中,data-target 属性定义目标对象,即打开的模态框。属性值可以是 ID 选择器,或类选择器。

例如:触发元素是超链接元素时,通过单击超链接弹出一个模态框。代码如下:

<a href="#myModal" data-toggle="modal" class="btn btn-primary">打开模态框</a>

超链接元素中,可以用 href 设置目标对象。

(2) JavaScript 调用。

我们也可以通过调用 modal() 函数来打开模态框。具体使用请看下面的例子。

例 6-13 针对 6-12 实例,为按钮<button>元素绑定 click 事件,当单击该按钮时,打开模态框。

```
<body>
    <button type="button" class="btn btn-default">弹出模态框</button>
    <div class="modal" id="myModal">
        <div class="modal-dialog">
            <div class="modal-content">
                <div class="modal-header">
                    <button type="button" class="close" data-dismiss="modal">
                        <span>&times;</span>
```

```
        </button>
        <h4 class="moadl-title">标题</h4>
      </div>
      <div class="modal-body">
        <p>主体内容</p>
      </div>
      <div class="modal-footer">
        <button type="button" class="btn btn-default" data-dismiss="modal">关闭</button>
        <button type="button" class="btn btn-primary">保存</button>
      </div>
    </div>
  </div>
</div>
<script>
  $(function(){
    $(".btn").click(function(){
      $("#myModal").modal();
    })
  })
</script>
</body>
```

6.6.3 modal()方法

modal()方法有三种传递参数的方式：空参数、传递一个对象参数、传递一个字符串参数。

1. 空参数

第一种传递空参数，表示默认的打开模态框的方式。

下面介绍后两种参数传递。

2. 传递一个对象参数

modal()函数可以传递一个对象参数，对象属性如表6.3所示。

表6.3 通过 JavaScript 传递的对象参数

名称	类型	默认值	描述
backdrop	boolean	true	是否显示背景遮罩层，默认值为 true，表示显示遮罩层。
keyboard	boolean	true	是否允许 Esc 键关闭模态框，默认值为 true，按下 Esc 键，关闭模态框。
show	boolean	true	指定对话框在初始化的时候是否显示，默认值为 true，表示显示模态框。
remote	path	false	获取远程 URL 地址内容填充模态框主体。

例 6-14 下面的代码可以打开模态框,但不显示遮罩层。

```html
<body>
    <button type="button" class="btn btn-default">弹出模态框</button>
    <div class="modal" id="myModal">
        <div class="modal-dialog">
            <div class="modal-content">
                <div class="modal-header">
                    <button type="button" class="close" data-dismiss="modal">
                        <span>&times;</span>
                    </button>
                    <h4 class="moadl-title">标题</h4>
                </div>
                <div class="modal-body">
                    <p>主体内容</p>
                </div>
                <div class="modal-footer">
                    <button type="button" class="btn btn-default" data-dismiss="modal">关闭</button>
                    <button type="button" class="btn btn-primary">保存</button>
                </div>
            </div>
        </div>
    </div>
    <script>
        $(function(){
            $(".btn").click(function(){
                $("#myModal").modal({
                    backdrop: false
                });
            })
        })
    </script>
</body>
```

在 Chrome 浏览器的运行效果如图 6.27 所示。

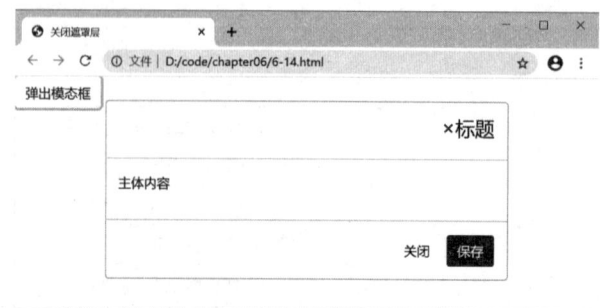

图 6.27 关闭遮罩层效果

对于上面使用 JavaScript 调用 modal() 函数和传递参数的方式，我们也可以在 HTML 文档中通过 data 属性实现相同的效果，代码如下：

```
<button type="button" data-toggle="modal" data-backdrop=
"false" data-target="#myModal" class="btn btn-default">弹出模态框</button>
```

3. 传递一个字符串参数

modal() 函数可以传递一个字符串，方便手动控制模态框显示或隐藏。传递字符串参数有以下几种情况：

modal("toggle")：手动打开或隐藏一个模态框。

modal("show")：手动打开一个模态框。

modal("hide")：手动隐藏一个模态框。

例 6-15 单击按钮显示或隐藏模态框。

```
<body>
  <button type="button" class="btn btn-default">显示/隐藏模态框</button>
  <div class="modal" id="myModal">
    <div class="modal-dialog">
      <div class="modal-content">
        <div class="modal-header">
          <button type="button" class="close" data-dismiss="modal">
            <span>&times;</span>
          </button>
          <h4 class="moadl-title">标题</h4>
        </div>
        <div class="modal-body">
          <p>主体内容</p>
        </div>
        <div class="modal-footer">
          <button type="button" class="btn btn-default" data-dismiss="modal">关闭</button>
          <button type="button" class="btn btn-primary">保存</button>
        </div>
      </div>
    </div>
  </div>
  <script>
    $(function(){
      $(".btn").click(function(){
        $("#myModal").modal("toggle");
      })
    })
  </script>
</body>
```

在 Chrome 浏览器的运行效果如图 6.28、图 6.29 所示。

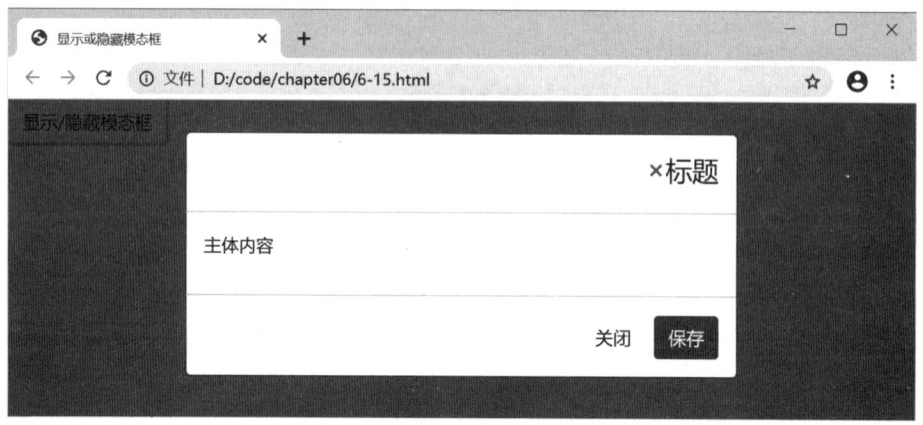

图 6.28　单击按钮弹出模态框

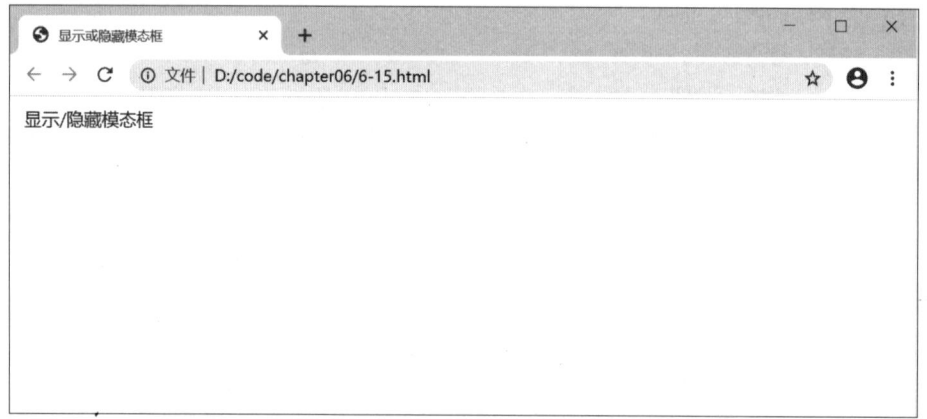

图 6.29　再次单击按钮隐藏模态框

6.6.4　模态框事件

Bootstrap 为模态框插件提供了一些事件，以响应用户行为，如表 6.4 所示。

表 6.4　模态框事件

事件	描述
show.bs.modal	当调用显示模态框的方法时触发该事件
shown.bs.modal	当模态框显示完毕后触发该事件
hide.bs.modal	当调用隐藏模态框的方法时触发该事件
hidden.bs.modal	当模态框隐藏完毕后触发该事件

例 6-16　为模态框绑定 4 个监听事件，分别是 show、shown、hide、hidden。为按钮绑

定单击事件,调用 modal("toggle")方法。在显示或隐藏模态框过程中,依次看到4个事件的执行顺序,结果如图 6.30、图 6.31、图 6.32、图 6.33 所示。

```html
<body>
    <button type="button" class="btn btn-default">显示/隐藏模态框</button>
    <div class="modal" id="myModal">
        <div class="modal-dialog">
            <div class="modal-content">
                <div class="modal-header">
                    <button type="button" class="close" data-dismiss="modal">
                        <span>&times;</span>
                    </button>
                    <h4 class="moadl-title">标题</h4>
                </div>
                <div class="modal-body">
                    <p>主体内容</p>
                </div>
                <div class="modal-footer">
                    <button type="button" class="btn btn-default" data-dismiss="modal">关闭</button>
                    <button type="button" class="btn btn-primary">保存</button>
                </div>
            </div>
        </div>
    </div>
    <script>
        $(function(){
            $(".btn").click(function(){
                $("#myModal").modal("toggle");
            })
            $("#myModal").on("show.bs.modal", function(){
                alert("show.bs.modal 事件");
            })
            $("#myModal").on("shown.bs.modal", function(){
                alert("shown.bs.modal 事件");
            })
            $("#myModal").on("hide.bs.modal", function(){
                alert("hide.bs.modal 事件");
            })
            $("#myModal").on("hidden.bs.modal", function(){
                alert("hidden.bs.modal 事件");
            })
        })
```

</script>
</body>

上述代码中,通过 on 方法为模态框绑定了 4 个事件。当事件触发时,会回调一个函数,弹出一个 alert 对话框。

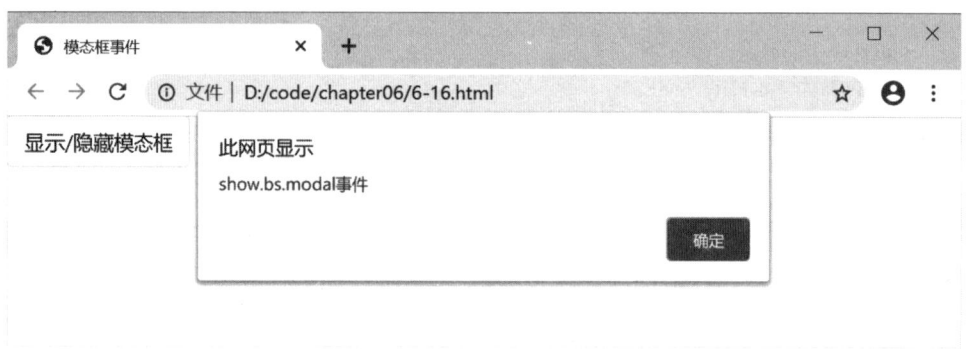

图 6.30　模态框开始打开

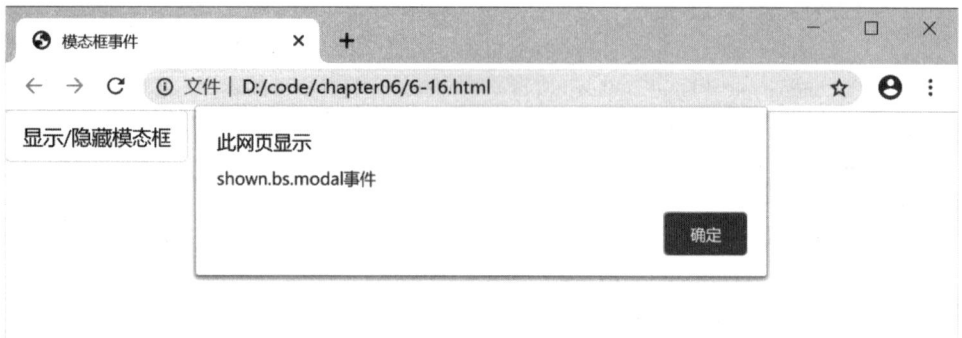

图 6.31　模态框已经打开

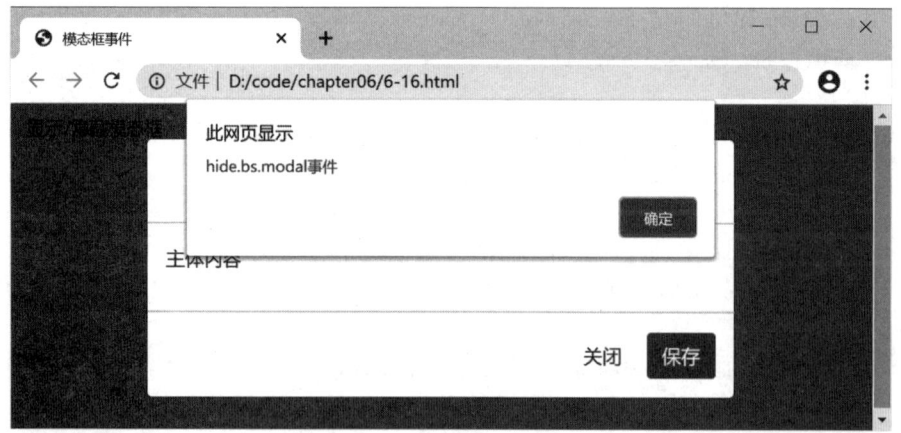

图 6.32　模态框开始关闭

第 6 章 Bootstrap 插件

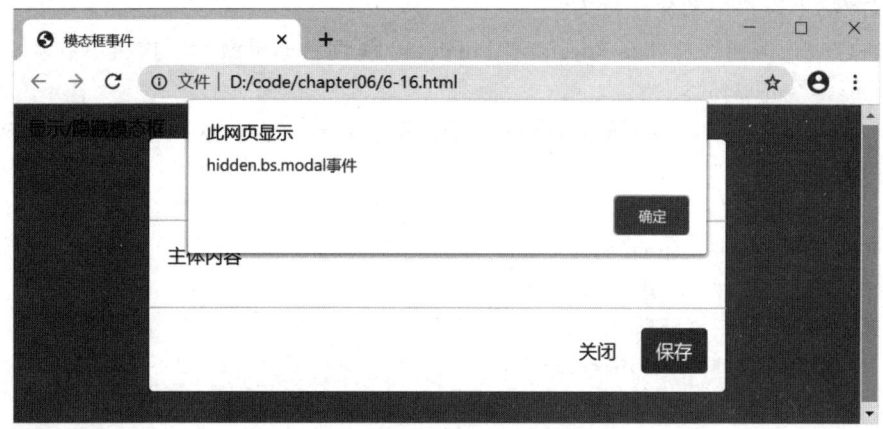

图 6.33 模态框已经关闭

6.7 下拉菜单

下拉菜单插件需要 dropdown.js 文件的支持，在网页中使用下拉菜单插件之前，应首先引入 jQuery.js、util.js 和 dropdown.js 文件。下拉菜单插件还依赖于第三方插件 popper.js 实现，所以在使用下拉菜单时需引入 popper.js 文件。

<script src="js/jQuery3.4.1.js"></script>
<script src="js/util.js"></script>
<script src="js/popper.js"></script>
<script src="js/dropdown.js"></script>

或者引入 jQuery.js、popper.js、bootstrap.js 文件。

<script src="js/jQuery3.4.1.js"></script>
<script src="js/popper.js"></script>
<script src="js/bootstrap.js"></script>

bootstrap.bundle.js 文件包含了 popper.js，所以也可以只引入 jQuery.js 和 bootstrap.bundle.js 文件。

<script src="js/jQuery3.4.1.js"></script>
<script src="js/bootstrap.bundle.js"></script>

下拉菜单可以添加到几乎任何东西中，包括导航栏、标签页等。下拉菜单组件在前面已经介绍过了，这里只介绍 Bootstrap 对下拉菜单的 JavaScript 支持等。下拉菜单同模态框一样，也提供了两种触发方式来显示下拉菜单——声明式触发和 JavaScript 触发。

6.7.1 声明式触发

声明式触发需要用到 data-* 属性，在超链接或按钮上添加 data-toggle="dropdown" 属性，可以激活下拉菜单的交互行为。

例 6-17 为按钮添加 data-toggle="dropdown" 属性，即可激活下拉菜单。

```
<div class="dropdown">
    <button class="btn btn-primary dropdown-toggle" data-toggle="dropdown" id="dropBtn">Web 前端开发技术<span
        class="caret"></span></button>
    <ul class="dropdown-menu">
        <li><a href="#">HTML5</a></li>
        <li><a href="#">CSS3</a></li>
        <li><a href="#">JavaScript</a></li>
    </ul>
</div>
```

在 IE 11 浏览器中运行，效果如图 6.34 所示。

图 6.34 声明式触发下拉菜单

6.7.2 JavaScript 触发

下拉菜单也可以使用 JavaScript 方式来触发，即通过调用 dropdown() 方法来显示或隐藏下拉菜单。

例 6-18 使用 dropdown() 方法来激活下拉菜单。

```
<body>
    <div class="dropdown">
        <button class="btn btn-primary dropdown-toggle">Web 前端开发技术<span class="caret"></span></button>
        <ul class="dropdown-menu">
            <li><a href="#">HTML5</a></li>
            <li><a href="#">CSS3</a></li>
            <li><a href="#">JavaScript</a></li>
        </ul>
    </div>
    <script>
```

```
          $(function(){
              $(".btn").dropdown()
          })
      </script>
</body>
```

当调用 dropdown( )方法后,单击按钮会弹出下拉菜单,但再次单击时不再收起下拉菜单,需要使用脚本进行关闭。在 Chrome 浏览器的运行效果如图 6.35 所示。

图 6.35　JavaScript 触发下拉菜单

可以通过数据属性或 JavaScript 传递配置参数,如表 6.5 所示。对于数据属性,选项名称追加到 data-,如:data-offset=" "。

表 6.5　dropdown( )配置参数

名称	类型	默认值	描述
offset	number | string | function	0	下拉菜单相对于其目标的偏移量。
flip	boolean	true	允许下拉菜单在引用元素重叠的情况下翻转

dropdown( )方法除了可以传递配置对象参数,还可以传递以下字符串,调用它们可以实现特定的效果。

- .dropdown('toggle'):给导航栏或分页启用下拉菜单功能。
- .dropdown('update'):更新下拉列表的位置。
- .dropdown('dispose'):销毁一个元素的下拉菜单。

6.7.3　事件

Bootstrap 为下拉菜单插件提供了一些事件,以响应用户行为,如表 6.6 所示。

表6.6 下拉菜单事件

事件	描述
show.bs.dropdown	当调用显示下拉菜单的方法时触发该事件
shown.bs.dropdownl	当下拉菜单显示完毕后触发该事件
hide.bs.dropdown	当调用隐藏下拉菜单的方法时触发该事件
hidden.bs.dropdown	当下拉菜单隐藏完毕后触发该事件

例6-19 为下拉菜单绑定4个监听事件，分别是show、shown、hide、hidden。在显示或隐藏下拉菜单过程中，依次看到4个事件的执行顺序，结果如图6.36、图6.37、图6.38、图6.39所示。

```
<body>
  <divclass="dropdown">
    <buttonclass="btn btn-primary dropdown-toggle" data-toggle="dropdown" id="dropBtn">Web前端开发技术<span
    class="caret"></span></button>
    <ulclass="dropdown-menu">
      <li><ahref="#">HTML5</a></li>
      <li><ahref="#">CSS3</a></li>
      <li><ahref="#">JavaScript</a></li>
    </ul>
  </div>
  <script>
    $(".dropdown").on("show.bs.dropdown",function(){
      alert("show.bs.dropdown事件");
    })
    $(".dropdown").on("shown.bs.dropdown",function(){
      alert("shown.bs.dropdown事件");
    })
    $(".dropdown").on("hide.bs.dropdown",function(){
      alert("hide.bs.dropdown事件");
    })
    $(".dropdown").on("hidden.bs.dropdown",function(){
      alert("hidden.bs.dropdown事件");
    })</script>
</body>
```

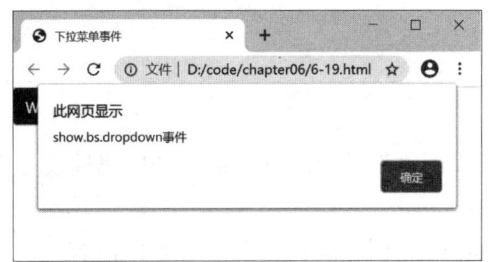
图6.36 下拉菜单开始显示

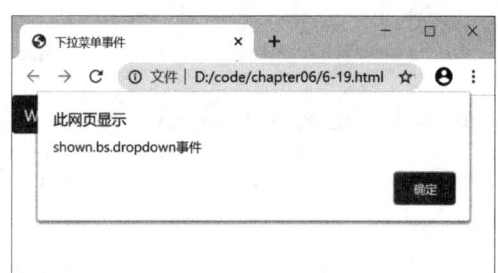
图6.37 下拉菜单已经显示

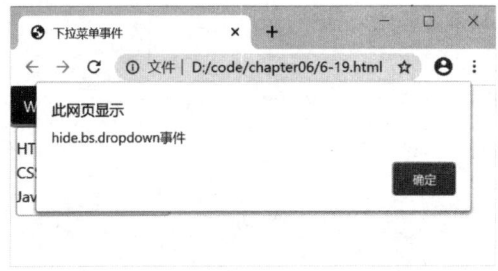
图6.38 下拉菜单开始隐藏

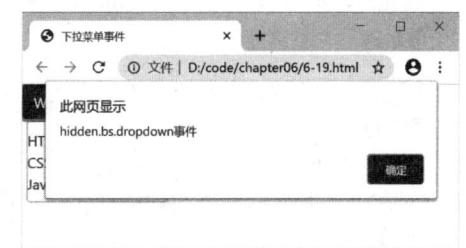
图6.39 下拉菜单已经隐藏

上述代码中为下拉菜单绑定了四个事件，在四个事件触发时分别调用一个函数弹出警告对话框显示相应的事件名。需要注意的是，触发事件绑定的是下拉菜单最外层容器 class="dropdown"，而不是按钮。

6.8 工具提示

工具提示是一个小小的弹窗，把鼠标移动到元素上显示提示信息，鼠标移到元素外就消失。工具提示插件需要 tooltip.js 文件的支持，在网页中使用工具提示插件之前，应首先引入 jQuery.js、util.js 和 tooltip.js 文件。工具提示插件还依赖于第三方 popper.js 插件实现，所以在使用工具提示时需引入 popper.js 文件。

```
<script src="js/jQuery3.4.1.js"></script>
<script src="js/util.js"></script>
<script src="js/popper.js"></script>
<script src="js/tooltip.js"></script>
```

或者引入 jQuery.js、popper.js、bootstrap.js 文件。

```
<script src="js/jQuery3.4.1.js"></script>
<script src="js/popper.js"></script>
<script src="js/bootstrap.js"></script>
```

bootstrap.bundle.js 文件包含了 popper.js，所以也可以只引入 jQuery.js 和 bootstrap.bundle.js 文件。

```
<script src="js/jQuery3.4.1.js"></script>
<script src="js/bootstrap.bundle.js"></script>
```

6.8.1 定义工具提示

给元素添加 data-toggle="tooltip" 属性,即可以创建工具提示框。使用 title 属性设置工具提示的内容。

下面代码定义了一个超链接,添加 data-toggle="tooltip" 属性,并设置 title 内容。

例 6-20 定义工具提示。

```
<body class="container mt-3">
  <a href="#" data-toggle="tooltip" title="我是提示内容!">
请将鼠标移动到我这
</a>
  <script>
    $(function(){
      $('[data-toggle="tooltip"]').tooltip();
    })
  </script>
</body>
```

由于性能原因,Bootstrap 中没有提供 data 属性来激活工具提示插件,所以需要使用 JavaScript 脚本方式来调用。

在 Chrome 浏览器的运行效果如图 6.40 所示。

图 6.40 工具提示效果

需要注意的是,具有 diasabled 属性的元素(禁用元素)是不能实现交互的,不能悬浮或单击来触发工具提示。一种解决方法是将禁用元素包裹在一个容器中(div 或 span),然后在该容器上触发工具提示。

下面代码将一个禁用按钮包裹在<span>元素中,在<span>中触发工具提示。

例 6-21 禁用元素设置工具提示效果。

```
<body class="container mt-3">
  <span data-toggle="tooltip" title="我是禁用的按钮">
    <button type="button" class="btn btn-primary">禁用按钮</button>
```

```
    </span>
    <script>
      $(function(){
        $('[data-toggle="tooltip"]').tooltip();
      })
    </script>
</body>
```

在 Chrome 浏览器的运行效果如图 6.41 所示。

图 6.41 禁用按钮设置工具提示效果

6.8.2 工具提示方向

使用 data-placement 属性可以设置工具提示的显示方向，属性值可以是 top、right、bottom、left，分别表示向上、向右、向下、向左。

下面例子定义了 4 个按钮，在每个按钮触发工具提示，设置不同的提示显示方向。

例 6-22 工具提示方向示例。

```
<body class="container mt-5">
    <button type="button" class="btn btn-secondary" data-toggle="tooltip" data-placement="top" title="向上">
        top
    </button>
    <button type="button" class="btn btn-secondary" data-toggle="tooltip" data-placement="right" title="向右">
        right
    </button>
    <button type="button" class="btn btn-secondary" data-toggle="tooltip" data-placement="bottom" title="向下">
        bottom
    </button>
    <button type="button" class="btn btn-secondary" data-toggle="tooltip" data-placement="left" title="向左">
        left
```

```
    </button>
    <script>
      $(function(){
        $('[data-toggle="tooltip"]').tooltip();
      })
    </script>
  </body>
```

在 Chrome 浏览器的运行效果如图 6.42 所示。

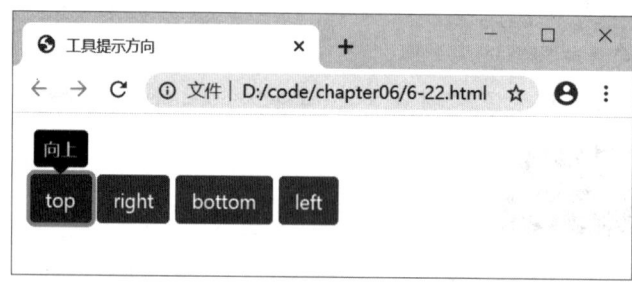

图 6.42　设置工具提示方向效果

6.8.3　调用工具提示

使用 JavaScript 脚本来调用工具提示代码如下：

$('#example').tooltip(options);

tooltip(options)方法接收配置参数对象，工具提示的相关的配置参数如表 6.7 所示。

表 6.7　tooltip( )的配置参数

名称	类型	默认值	描述
animation	boolean	true	是否将 CSS 淡入淡出应用于工具提示。
container	string | element | false	false	将工具提示附加到特定的元素，如 container:'body'。
delay	number | object	0	设置提示工具显示和隐藏的延迟时间，但不适用于手动触发类型。 语法结构是：delay:{"show":500,"hide":100}。 如果只提供一个数字，则显示、隐藏都会应用这个延迟时间。
html	boolean	false	是否插入 HTML 字符串。如果为 true，则工具提示中的标题字符串将在工具提示中呈现。如果为 false，则使用 jQuery 的 Text()方法插入内容，可以防止 XSS 攻击。
placement	string | function	'top'	设置工具提示的位置，包括 top、right、bottom、left、auto。如果指定为 auto，它会动态地调整工具提示的位置。

续表

名称	类型	默认值	描述
selector	string | false	false	设置选择器字符串，工具提示将被委派给指定的目标。
title	string | Element | function	''	如果 title 属性不存在，则提供默认的 title 值。
trigger	string	'hover focus'	设置工具提示的触发方式。包括 click、hover、focus、manual，可以指定多种方式，多种方式之间用空格分隔，但是 manual 不能与别的触发器结合使用。
offset	number | string	0	设置工具提示窗口相对于其目标的偏移量。

上述参数可以通过 data 属性传递或 JavaScript 传递。对于 data 属性，将参数名称附着到 data-之后，例如 data-container=" "。

下面例子，通过 JavaScript 传递参数来设置工具提示，应用 CSS 淡入淡出过渡特效，支持 HTML 字符串，让提示信息以 HTML 文本格式显示一个段落，偏移量设置为 200px，同时延迟 0.5 秒钟显示，推迟 0.3 秒钟隐藏。

例 6-23 JavaScript 传递参数示例。

```
<body class="container mt-3">
    <button type="button" class="btn btn-primary" data-toggle="tooltip">
        Bootstrap
    </button>
    <script>
        $(function(){
            $('[data-toggle="tooltip"]').tooltip({
                animation: true,
                html: true,
                title: "<p class='text-danger text-left'>Bootstrap 是目前最受欢迎的前端框架之一,用于快速开发响应式布局、移动设备优先的 WEB 项目。</p>",
                offset: "200px",
                delay: {show: 500, hide: 300}
            });
        })
    </script>
</body>
```

在 Chrome 浏览器的运行效果如图 6.43 所示。

图 6.43　JavaScript 传递参数设置效果

tooltip( )方法除了可以传递配置对象参数，还可以传递以下字符串，调用它们可以实现特定的效果。

- .tooltip('show')：显示页面某个元素的工具提示。
- .tooltip('hide')：隐藏页面某个元素的工具提示。
- .tooltip('toggle')：显示或隐藏页面某个元素的工具提示。
- .tooltip('dispose')：隐藏和销毁元素的工具提示。
- .tooltip('enable')：赋予元素工具提示显示的能力。默认情况下，工具提示是启用的。
- .tooltip('disable')：移除显示元素的工具提示功能。只有在重新启用时，才能显示工具提示。
- .tooltip('toggleEnabled')：切换显示或隐藏元素工具提示的能力。
- .tooltip('update')：更新元素的工具提示位置。

6.8.4　事件

Bootstrap 为工具提示插件提供了下面五个事件，说明如下：

- how.bs.tooltip：当调用 show 方法时触发该事件。
- shown.bs.tooltip：当工具提示对用户来说可见时触发该事件。
- hide.bs.tooltip：当调用 hide 方法时触发该事件。
- hidden.bs.tooltip：当工具提示对用户完成隐藏时触发该事件。
- inserted.bs.tooltip：在 show.bs.tooltip 事件结束后触发此事件。

下面示例为一个工具提示绑定上述 5 个监听事件，然后激活工具提示交互行为，5 个监听事件将依次执行，执行过程中，为每个过程添加 alert( )方法，弹出对应的事件。

例 6-24　监听工具提示示例。

```
<body class="container mt-3">
    <button type="button" class="btn btn-primary" data-toggle="tooltip">
```

工具提示
</button>
<script>
　　$(function(){
　　　　$('button').tooltip({
　　　　　　placement:'bottom',
　　　　　　title:'底部的工具提示',
　　　　　　trigger:'click'
　　　　})
　　　　$('button').on("show.bs.tooltip",function(){
　　　　　　alert("show.bs.tooltip")
　　　　}).on("inserted.bs.tooltip",function(){
　　　　　　alert("inserted.bs.tooltip")
　　　　}).on("shown.bs.tooltip",function(){
　　　　　　alert("shown.bs.tooltip")
　　　　}).on("hide.bs.tooltip",function(){
　　　　　　alert("hide.bs.tooltip")
　　　　}).on("hidden.bs.tooltip",function(){
　　　　　　alert("hidden.bs.tooltip")
　　　　})
　　})
</script>
</body>

在 Chrome 浏览器运行，单击"工具提示"按钮对用户显示工具提示，再次单击"工具提示"按钮对用户隐藏工具提示，效果如图 6.44~图 6.48 所示。

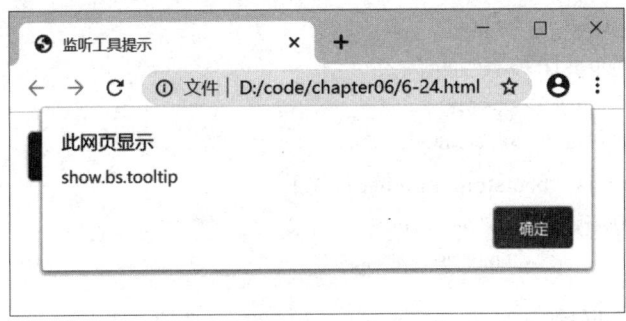

图 6.44　触发 show.bs.tooltip 事件

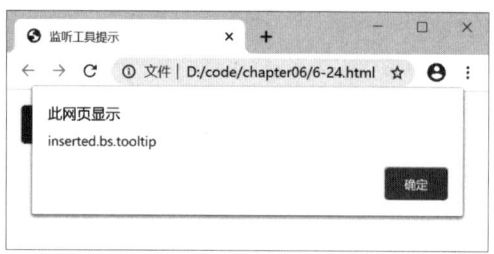

图 6.45　触发 inserted.bs.tooltip 事件

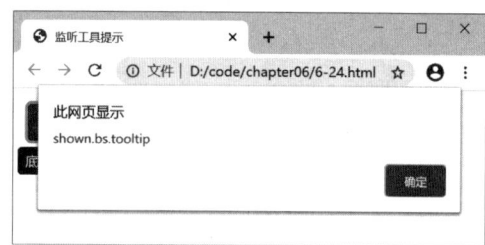

图 6.46　触发 shown.bs.tooltip 事件

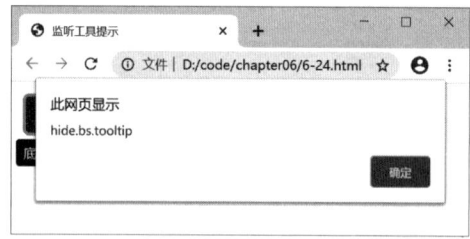

图 6.47　触发 hide.bs.tooltip 事件

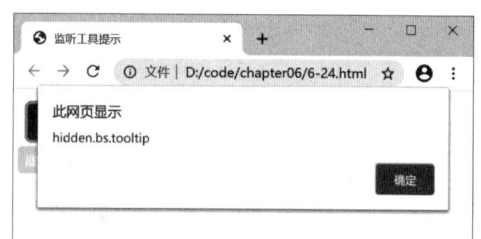

图 6.48　触发 hidden.bs.tooltip 事件

6.9　弹窗

弹窗类似于工具提示，都提供了扩展的视图，与工具提示不同的是它可以显示更多的内容。弹窗需要 popover.js 文件的支持，并且依赖于 tooltip.js，在网页中使用弹窗插件之前，应首先引入 jQuery.js、util.js、popper.js、tooltip.js 和 popover.js 文件。

<script src="js/jQuery3.4.1.js"></script>
<script src="js/util.js"></script>
<script src="js/popper.js"></script>
<script src="js/tooltip.js"></script>
<script src="js/popover.js"></script>

或者引入 jQuery.js、bootstrap.bundle.js 文件。

<script src="js/jQuery3.4.1.js"></script>
<script src="js/bootstrap.bundle.js"></script>

6.9.1　定义弹窗

给元素添加 data-toggle="popover" 属性，即可以创建弹窗。使用 title 属性来设置弹窗的标题，使用 data-contenet 属性设置弹窗的内容。

下面代码定义了一个按钮，给按钮元素添加 data-toggle="popover" 属性，并设置 title、data-content 属性。

例 6-25　弹窗示例。
```
<body class="container mt-3">
    <button type="button" class="btn btn-primary" data-toggle="popover" title="弹窗标题" data-content="弹窗内容">
        弹窗
    </button>
    <script>
      $(function(){
        $('button').popover();
      })
    </script>
</body>
```
由于性能原因，Bootstrap 中没有提供 data 属性来激活弹窗插件，所以需要使用 JavaScript 脚本方式来调用。

在 Chrome 浏览器的运行效果如图 6.49 所示。

图 6.49　弹窗效果

6.9.2　弹窗方向

与工具提示一样，弹窗可以使用 data-placement 属性来设置弹窗的显示方向，属性值可以是 top、right、bottom、left。分别表示向上、向右、向下、向左。

下面例子定义了 4 个按钮，在每个按钮触发弹窗，设置不同的显示方向。

例 6-26　弹窗方向示例。
```
<body class="container">
    <div class="mt-3 mb-5">弹窗方向</div>
    <button type="button" class="btn btn-secondary ml-5 " data-toggle="popover" data-placement="left" title="弹窗标题"
        data-content="弹窗内容">
        left
    </button>
    <button type="button" class="btn btn-secondary" data-toggle="popover" data-placement="top" title="弹窗标题"
```

```
      data-content="弹窗内容">
      top
    </button>
    <button type="button" class="btn btn-secondary" data-toggle="popover" data-placement="bottom" title="弹窗标题"
      data-content="弹窗内容">
      bottom
    </button>
    <button type="button" class="btn btn-secondary" data-toggle="popover" data-placement="right" title="弹窗标题"
      data-content="弹窗内容">
      right
    </button>
    <script>
      $(function(){
        $('button').popover();
      })
    </script>
  </body>
```

在 Chrome 浏览器的运行效果如图 6.50 所示。

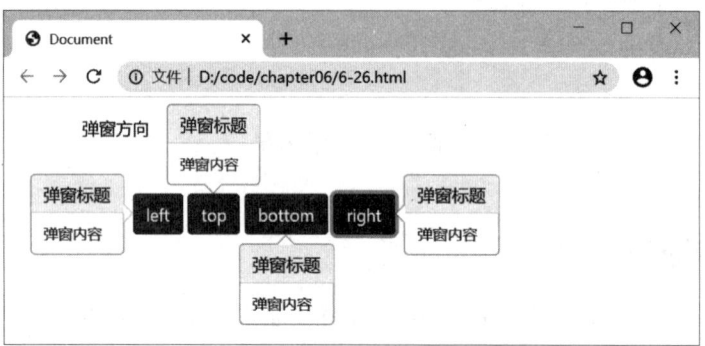

图 6.50 设置弹窗显示方向效果

6.9.3 调用弹窗

使用 JavaScript 脚本来调用弹窗代码如下:

```
$('#example').popover(options);
```

popover(options)方法接收配置参数对象,工具提示的相关配置参数如表 6.8 所示。

表 6.8 popover( ) 的配置参数

名称	类型	默认值	描述
animation	boolean	true	是否将 CSS 淡入淡出应用于弹窗。
container	string｜element｜false	false	将弹窗附加到特定的元素，如 container: 'body'。
content	string｜element｜function	''	如果 data-content 属性不存在，则默认内容值。如果给定一个函数，则调用该函数，它的引用集将指向弹出窗口所附加的元素。
delay	number｜object	0	设置弹窗显示和隐藏的延迟时间，但不适用于手动触发类型。语法结构是：delay:｛"show": 500, "hide": 100｝。如果只提供一个数字，则显示、隐藏都会应用这个延迟时间。
html	boolean	false	是否插入 HTML 字符串。如果为 false，则使用 jQuery 的 text( ) 方法插入内容，可以防止 XSS 攻击。
placement	string｜function	'top'	设置弹窗的位置，包括 top、right、bottom、left、auto。如果指定为 auto，它会动态地调整弹窗的位置。
selector	string｜false	false	设置选择器字符串，弹窗将被委派给指定的目标。
title	string｜Element｜function	''	如果 title 属性不存在，则提供默认的 title 值。
trigger	string	'click'	设置弹窗的触发方式。包括 click、hover、focus、manual，可以指定多种方式，多种方式之间用空格分隔。
offset	number｜string	0	设置弹窗窗口相对于其目标的偏移量。

上述参数可以通过 data 属性传递或 JavaScript 传递。对于 data 属性，将参数名称附着到 data-之后，例如 data-container=""。

下面例子，通过 JavaScript 传递参数来设置弹窗，应用 CSS 淡入淡出过渡特效，支持 HTML 字符串，弹窗标题为"桂花"，内容为一幅图片，偏移量设置为 200px，同时延迟 0.5 秒钟显示，推迟 0.5 秒钟隐藏。

例 6-27 JavaScript 传递参数示例。

```
<body class="container mt-3">
    <button type="button" class="btn btn-secondary" data-toggle="popover">
    弹窗
    </button>
    <script>
        $(function(){
            $('button').popover({
                animation: true,
                html: true,
                offset: "200px",
                title: "桂花",
```

```
            content: "<img src='img/guihua.jpg' class='img-fluid'>",
            delay: { show: 500, hide: 500 }
        });
    })
</script>
</body>
```

在 Chrome 浏览器的运行效果如图 6.51 所示。

图 6.51　JavaScript 传递参数设置效果

popover( )方法除了可以传递配置对象参数，还可以传递以下字符串，调用它们可以实现特定的效果。

- .popover('show')：显示页面某个元素的弹窗。
- .popover('hide')：隐藏页面某个元素的弹窗。
- .popover('toggle')：显示或隐藏页面某个元素的弹窗。
- .popover('dispose')：隐藏和销毁元素的弹窗。
- .popover('enable')：赋予元素弹窗显示的能力。默认情况下，弹窗是启用的。
- .popover('disable')：移除显示元素的弹窗功能。只有在重新启用时，才能显示弹窗。
- .popover('toggleEnabled')：切换显示或隐藏元素弹窗的能力。
- .popover('update')：更新元素的弹窗位置。

6.9.4　事件

Bootstrap 为弹窗插件提供了下面五个事件，说明如下：
- show.bs.popover：当调用 show 方法时触发该事件。
- shown.bs.popover：当弹窗对用户来说可见时触发该事件。
- hide.bs.popover：当调用 hide 方法时触发该事件。
- hidden.bs.popover：当弹窗对用户完成隐藏时触发该事件。

- inserted.bs.popover：在 show.bs.popover 事件结束后触发此事件。

下面示例为一个弹窗绑定上述5个监听事件，然后激活弹窗交互行为，5个监听事件将依次执行，执行过程中，为每个过程添加 alert() 方法，弹出对应的事件。

例 6-28 监听弹窗示例。

```html
<body class="container mt-3">
  <button type="button" class="btn btn-primary" data-toggle="tooltip">
    弹窗
  </button>
  <script>
    $(function(){
      $('button').popover({
        placement:'bottom',
        title:'弹窗标题',
        content:"弹窗内容"
      })
      $('button').on("show.bs.popover",function(){
        alert("show.bs.popover")
      }).on("inserted.bs.popover",function(){
        alert("inserted.bs.popover")
      }).on("shown.bs.popover",function(){
        alert("shown.bs.popover")
      }).on("hide.bs.popover",function(){
        alert("hide.bs.popover")
      }).on("hidden.bs.popover",function(){
        alert("hidden.bs.popover")
      })
    })
  </script>
</body>
```

在 Chrome 浏览器运行，单击"弹窗"按钮对用户显示弹窗，再次单击"弹窗"按钮对用户隐藏弹窗，效果如图 6.52~图 6.56 所示。

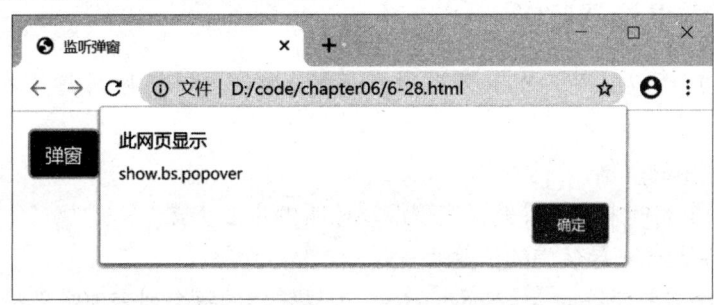

图 6.52 触发 show.bs.popover 事件

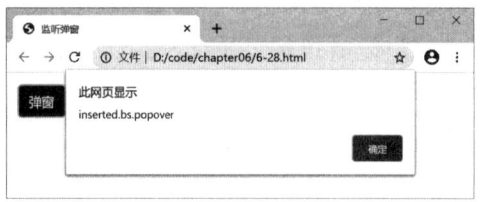

图 6.53 触发 inserted.bs.popover 事件

图 6.54 触发 shown.bs.popover 事件

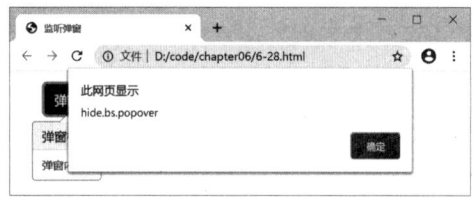

图 6.55 触发 hide.bs.popover 事件

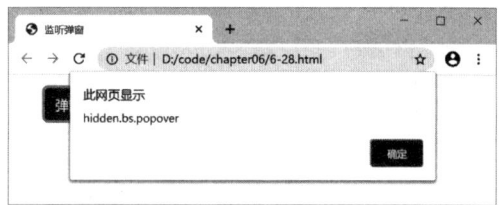

图 6.56 触发 hidden.bs.popover 事件

6.10 滚动监听

滚动监听(Scrollspy)插件,即自动更新导航栏组件或列表组组件,会根据滚动条的位置自动更新对应的目标。实现滚动的方法是基于滚动条的位置给导航栏或列表组添加 active 类。

滚动监听需要 scrollspy.js 文件的支持,在网页中使用滚动监听插件之前,应首先引入 jQuery.js、util.js 和 scrollspy.js 文件。

<script src="js/jQuery3.4.1.js"></script>

<script src="js/util.js"></script>

<script src="js/scrollspy.js"></script>

或者引入 jQuery.js、bootstrap.js 文件。

<script src="js/jQuery3.4.1.js"></script>

<script src="js/bootstrap.js"></script>

6.10.1 定义滚动监听

滚动监听被广泛应用到了 Web 开发中,下面分别使用导航和列表组来实现滚动监听的操作。

1. 在导航栏中的示例

下面通过一个实例来介绍导航栏实现滚动监听的主要步骤。

例 6-29 在 navbar 导航中的示例。

(1)制作一个导航栏<nav id="navbar">,为导航栏的每个列表项定义一个锚点链接。

<nav id="navbar" class="navbar navbar-light bg-light">

```html
<ul class="nav nav-pills">
  <li class="nav-item">
    <a class="nav-link" href="#introduction">公司简介</a>
  </li>
  <li class="nav-item">
    <a class="nav-link" href="#model">经营模式</a>
  </li>
  <li class="nav-item">
    <a class="nav-link" href="#service">服务网点</a>
  </li>
  <li class="nav-item dropdown">
    <a class="nav-link dropdown-toggle" data-toggle="dropdown" href="#">工程案例</a>
    <div class="dropdown-menu">
      <a class="dropdown-item" href="#case1">案例 1</a>
      <a class="dropdown-item" href="#case2">案例 2</a>
      <div role="separator" class="dropdown-divider"></div>
      <a class="dropdown-item" href="#case3">案例 3</a>
    </div>
  </li>
</ul>
</nav>
```

（2）定义监听对象容器`<div data-spy="scroll" data-target="#navbar">`，在这个容器中存放多个子容器。每个子容器中需要定义一个标题，标题的 ID 和导航条中的菜单项的锚点对应。data-target="#navbar" 的属性值要与导航栏的 ID 值对应。

```html
<div data-spy="scroll" data-target="#navbar" data-offset="0" class="scrollspy">
  <h4 id="introduction">公司简介</h4>
  <p>...</p><p>...</p><p>...</p><p>...</p><p>...</p>
  <h4 id="model">经营模式</h4>
  <p>...</p><p>...</p><p>...</p><p>...</p><p>...</p>
  <h4 id="service">服务网点</h4>
  <p>...</p><p>...</p><p>...</p><p>...</p><p>...</p>
  <h4 id="case1">案例 1</h4>
  <p>...</p><p>...</p><p>...</p><p>...</p><p>...</p>
  <h4 id="case2">案例 2</h4>
  <p>...</p><p>...</p><p>...</p><p>...</p><p>...</p>
  <h4 id="case3">案例 3</h4>
  <p>...</p><p>...</p><p>...</p><p>...</p><p>...</p>
</div>
```

（3）为监听对象`<div class="scrollspy">`自定义样式。

```html
<style>
```

```
.scrollspy{
    position:relative;
    height:200px;
    overflow: scroll;
}
</style>
```

在 Chrome 浏览器运行，则可以看到当滚动<div class=" scrollspy">容器的滚动条时，导航条会实时监听并更新当前被激活的菜单项，效果如图 6.57 所示。

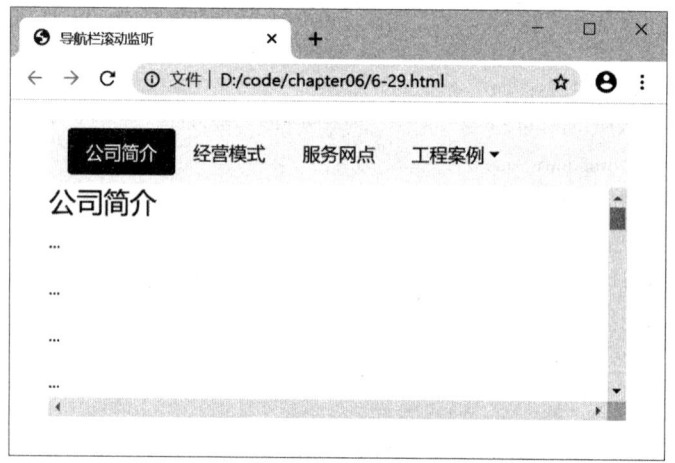

图 6.57 滚动监听效果

2. 在列表组中的示例

列表组滚动监听常见的布局是两列布局，左侧是列表组，右侧是监听对象。下面通过一个实例来介绍列表组实现滚动监听的主要步骤。

例 6-30 在列表组中的示例。

(1) 设计布局。使用 Bootstrap 的网格系统进行设计，左侧占 3 份，右侧占 9 份。

```
<div class=" row">
    <div class=" col-3">左侧列表组</div>
    <div class=" col-3">右侧监听对象</div>
</div>
```

(2) 设计左侧的列表组。给列表组容器添加一个 ID 值(id=" list-example")，并分别为每个列表项添加锚链接。

```
<div id=" list-example" class=" list-group">
    <a class=" list-group-item list-group-item-action" href=" #list-item-1">Item 1</a>
    <a class=" list-group-item list-group-item-action" href=" #list-item-2">Item2</a>
    <a class=" list-group-item list-group-item-action" href=" #list-item-3">Item 3</a>
    <a class=" list-group-item list-group-item-action" href=" #list-item-4">Item 4</a>
</div>
```

(3) 设计右侧的监听对象。

```
<div data-spy="scroll" data-target="#list-example" data-offset="0" class="scrollspy">
    <h4 id="list-item-1">Item 1</h4>
    <p>...</p> <p>...</p> <p>...</p> <p>...</p>
    <h4 id="list-item-2">Item 2</h4>
    <p>...</p> <p>...</p> <p>...</p> <p>...</p>
    <h4 id="list-item-3">Item 3</h4>
    <p>...</p> <p>...</p> <p>...</p> <p>...</p>
    <h4 id="list-item-4">Item 4</h4>
    <p>...</p> <p>...</p> <p>...</p> <p>...</p>
</div>
```

(4) 为监听对象<div class="scrollspy">自定义样式。

```
<style>
    .scrollspy{
        position: relative;
        width: 500px;
        height: 300px;
        overflow: scroll;
    }
</style>
```

6.10.2　调用滚动监听

调用滚动监听的方式分为两种：data 属性调用、JavaScript 调用。

1. data 属性调用

滚动监听是导航栏或列表组件针对目标（监听对象）的滚动进行监听控制。在监听对象上使用 data-spy="scroll"，即可激活 Bootstrap 滚动监听插件，然后，使用 data-target="目标对象"定义监听的导航或列表组结构。

如果是针对浏览器窗口的滚动，方法是为<body>标签添加 data-spy="scroll"属性，使用 data-target=""指定监听的导航。另外需要设置 body 的定位方式为相对定位。代码如下：

```
body{
    position: relative;
}
<body data-spy="scroll" data-target="#navbar-example">
    ...
    <div id="navbar-example">
        <ul class="nav nav-tabs">
            ...
        </ul>
    </div>
```

...
</body>

2. JavaScript 调用

除了使用 data 属性调用滚动监听插件以外，还可以使用 JavaScript 脚本来调用它。

$('.scrollspy').scrollspy()

scrollspy( )方法还可以传递一个配置参数 offset，说明如表 6.9 所示。

表 6.9　scrollspy( )的配置参数

名称	类型	默认值	描述
offset	number	10	设置滚动定位的偏移量

上述参数可以通过 data 属性传递或 JavaScript 传递参数。对于 data 属性，将参数名称附着到 data-之后，例如 data-offset="300"。使用 JavaScript 传递参数代码如下：

$('.scrollspy').scrollspy({
  offset:200
})

scrollspy( )方法除了可以传递配置对象参数，还可以传递以下字符串，调用它们可以实现特定的效果。

- .scrollspy('refresh')：当滚动监听到作用的 DOM 有增加或删除页面元素的操作时，需要调用下面的 refresh 方法。

$('[data-spy="scroll"]').each(function () {
  var $spy = $(this).scrollspy('refresh')
})

- .scrollspy('dispose')：销毁一个滚动元素。

6.10.3　事件

滚动监听插件定义了一个事件：activate.bs.scrollspy。每当新项目被滚动激活时，就触发该事件。

$('[data-spy="scroll"]').on('activate.bs.scrollspy',function () {
  // do something…
})

6.11　选项卡

选项卡(Tab)在 Web 页面中非常常见，只要单击相应的选项卡菜单就能够显示相应的内容。图 6.58 和图 6.59 是新浪网上的选项卡截图，使用鼠标在财经、股票和理财 3 个标签上滑动时可以切换到相应的内容。

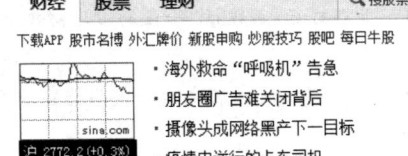

图 6.58 新浪网首页——财经选项卡　　图 6.59 新浪网首页——股票选项卡

标签页插件需要 tab.js 文件支持，因此在使用该插件之前，应先导入 jquery.js、util.js 和 tab.js 文件。

<script src="js/jQuery3.4.1.js"></script>
<script src="js/util.js"></script>
<script src="js/tab.js"></script>

或者引入 jQuery.js、bootstrap.js 文件。

<script src="js/jQuery3.4.1.js"></script>
<script src="js/bootstrap.js"></script>

6.11.1 定义选项卡

选项卡由两部分组成，分别是：

导航区。导航区使用 Bootstrap 导航组件设计，把导航区中的每个超链接定义为锚点链接，锚点值指向对应的选项卡内容框的 ID 值。同时，为每个超链接定义 data-toggle="tab"，作用是激活标签页插件。

内容面板。使用 tab-content 类定义内容面板的外层包含框，使用 tab-pane 类定义每个选项卡内容框。

例 6-31 选项卡示例。

```
<div class="container">
  <ul class="nav nav-tabs">
    <li class="nav-item active"><a class="nav-link" href="#news" data-toggle="tab">新闻</a></li>
    <li class="nav-item"><a class="nav-link" href="#ent" data-toggle="tab">娱乐</a></li>
    <li class="nav-item"><a class="nav-link" href="#fin" data-toggle="tab">财经</a></li>
    <li class="nav-item"><a class="nav-link" href="#tech" data-toggle="tab">科技</a></li>
  </ul>
  <div class="tab-content">
    <div class="tab-pane fade show active" id="news">
      <ul class="list-group border-0">
        <li class="list-group-item border-0"><a href="#">全球合作共驱疫情阴霾 共迎春暖花开
```

```
        </a></li>
            <li class="list-group-item border-0"><a href="#">打好"后疫情"阶段的心理防疫战 疫情新热点</a></li>
            <li class="list-group-item border-0"><a href="#">湖北及武汉生活必需品储备库存充足</a></li>
        </ul>
    </div>
    <div class="tab-pane fade" id="ent">
        <li class="list-group-item border-0"><a href="#">国家电影局:所有影院暂不复业 已复业的立即暂停</a></li>
        <li class="list-group-item border-0"><a href="#">首部抗疫题材电影启动 改编自大连小伙的真实故事</a></li>
        <li class="list-group-item border-0"><a href="#">2021年金球奖改规则 疫情期间线上首映影片有资格</a></li>
    </div>
    <div class="tab-pane fade" id="fin">
        <li class="list-group-item border-0"><a href="#">人民日报:抓防疫促发展 为农业丰收打下好基础</a></li>
        <li class="list-group-item border-0"><a href="#">外汇局报告显示:我国仍是长期资本投资主要目的地</a></li>
        <li class="list-group-item border-0"><a href="#">多地楼市新政"秒宣"又"秒撤" 背后有什么"猫腻"?</a></li>
    </div>
    <div class="tab-pane fade" id="tech">
        <li class="list-group-item border-0"><a href="#">如何利用数据科学应对全球大流行的新冠肺炎疫情?</a></li>
        <li class="list-group-item border-0"><a href="#">朋友圈广告难以关闭背后:腾讯不忍割舍的千亿社交广告蛋糕</a></li>
        <li class="list-group-item border-0"><a href="#">华为宣布今年将投入2亿美元推动鲲鹏计算产业发展</a></li>
    </div>
</div>
</div>
```

为了使代码结构清晰,实例代码中省略了内容面板上的信息。将 fade 类添加到 tab-pane 可以使在切换选项卡时面板内容产生淡入的效果,第一个选项卡面板还必须添加到 show 使初始内容默认可见。在 Chrome 浏览器的运行效果如图 6.60 所示。

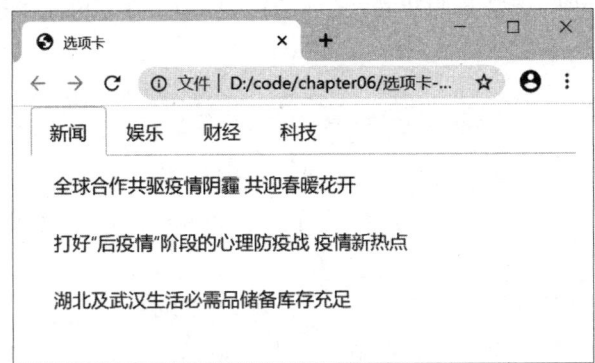

图 6.60 选项卡效果

6.11.2 调用选项卡

调用选项卡插件有两种方式，包括 data 属性调用、JavaScript 调用。

1. data 属性调用

在导航栏中的超链接元素上添加 data-toggle="tab" 或者 data-toggle="pill" 属性即可激活选项卡插件。

如果导航包含框添加的是 nav-tabs 类，则给导航中的超链接添加 data-toggle="tab"。

```
<ul class="nav nav-tabs">
  <li class="nav-item active"><a class="nav-link" href="#one" data-toggle="tab"></a></li>
  <li class="nav-item"><a class="nav-link" href="#two" data-toggle="tab"></a></li>
  <li class="nav-item"><a class="nav-link" href="#three" data-toggle="tab"></a></li>
</ul>
```

如果导航包含框添加的是 .nav-pills 类，则给导航中的超链接添加 data-toggle="pill"。

```
<ul class="nav nav-pills">
  <li class="nav-item active"><a class="nav-link" href="#one" data-toggle="pill"></a></li>
  <li class="nav-item"><a class="nav-link" href="#two" data-toggle="pill"></a></li>
  <li class="nav-item"><a class="nav-link" href="#three" data-toggle="pill"></a></li>
</ul>
```

2. JavaScript 调用

使用 JavaScript 触发选项卡插件，方法是给每个超链接的单击事件中调用 tab('show') 方法显示对应的选项卡内容框。代码如下：

```
<script>
  $(".nav-tabs a").on("click",function(e){
    e.preventDefault()
    $(this).tab("show")
  })
</script>
```

其中 preventDefault() 方法是阻止超链接的默认行为，$(this).tab('show') 显示当前选项卡对应的内容框内容。

6.11.3 事件

Bootstrap 中为选项卡插件定义了 4 个事件，说明如下：
- show.bs.tab：当一个选项卡被激活前触发该事件，但是必须在新选项卡被显示之前。
- shown.bs.tab：当一个选项卡被激活之后触发该事件。
- hide.bs.tab：切换选项卡时，旧的选项卡开始隐藏时触发该事件。
- hidden.bs.tab：切换选项卡时，旧的选项卡隐藏完成时触发该事件。

例 6-32 针对 6-31 的示例，为当前选项卡绑定 show 事件，将前一个选项卡的 tab 地址信息和当前选项卡的 tab 地址信息显示在页面中。

```
<div class="container">
    <ul class="nav nav-tabs">
      ...
    </ul>
    <div class="tab-content">
      ...
    </div>
    <div class="info1"></div>
    <div class="info2"></div>
</div>
<script>
    $(function(){
      $(".nav-tabs a").on("click", function(e){
        e.preventDefault()
        $(this).tab("show")
      }).on("show.bs.tab", function(e){
        $(".info1").html("前一个 Tab 选项目标" + e.relatedTarget)
        $(".info2").html("当前 Tab 选项目标" + e.target)
      })
    })
</script>
```

在 Chrome 浏览器运行，当由"新闻"选项卡切换到"娱乐"选项卡时，激活 show.bs.tab 事件，效果如图 6.61 所示。

第 6 章 Bootstrap 插件

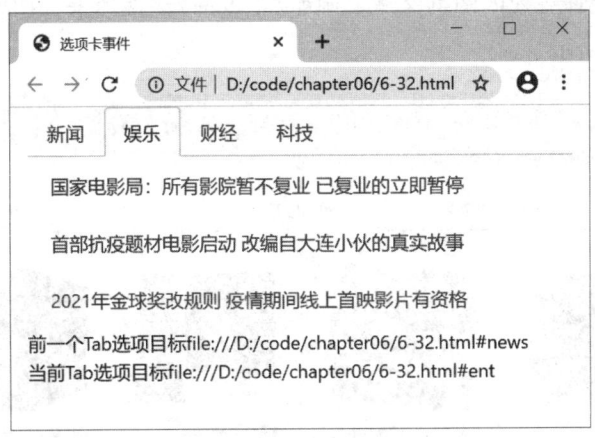

图 6.61　选项卡切换

6.12　案例：仿当当图书推荐区

本案例使用 Bootstrap 框架仿当当图书商品推荐区，主要使用选项卡插件，辅以网格系统进行局部设计，最终效果如图 6.62 所示。

图 6.62　仿当当商品推荐区效果

单击选项卡来选择喜欢的图书区域，例如"重点推荐"选项卡，切换到重点推荐面板内容，效果如图6.63所示。

图6.63 切换效果

下面介绍具体的实现步骤。

第1步：设计标签页导航。直接套用Bootstrap4提供的代码，然后定制nav-tabs、nav-item等类的样式，改变默认的背景颜色、边框样色和圆角等样式。代码如下：

```
<ul class="nav nav-tabs nav-justified custom">
    <li class="nav-item">
        <a class="nav-link active" href="#one">最新上架</a>
    </li>
    <li class="nav-item">
        <a class="nav-link" href="#two">独家畅品</a>
    </li>
    <li class="nav-item">
        <a class="nav-link" href="#three">重点推荐</a>
    </li>
    <li class="nav-item">
        <a class="nav-link" href="#four">电子书</a>
    </li>
    <li class="nav-item">
        <a class="nav-link" href="#five">网络文学</a>
```

```
    </li>
</ul>
```
修改导航的默认样式,代码如下:
```css
.container{
    width:790px;
}
.nav-tabs{
    border-bottom:1px solid black;
}
.nav-tabs .nav-link{
    border:1px solid #ddd;
    border-bottom-color:#000;
    background:#f5f5f5;
    border-radius:0;
}
.nav-tabs .nav-link:hover,
.nav-tabs .nav-link:focus{
    border-color:#000 #000 #fff;
}
.nav-tabs .nav-link.active,
.nav-tabs .nav-item.show .nav-link{
    color:#495057;
    background-color:#fff;
    border-color:#000 #000 #fff;
}
```
运行效果如图6.64所示。

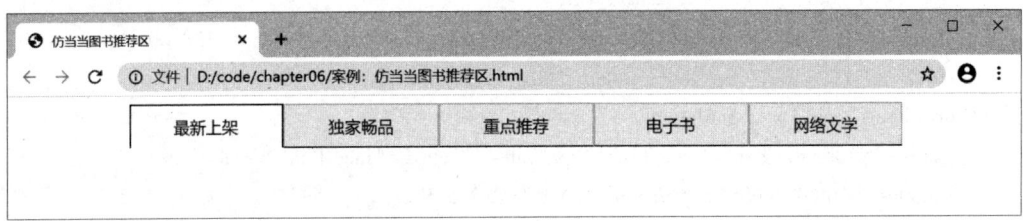

图6.64 选项卡导航效果

第2步:设计选项卡面板内容。基本结构如下:
```html
<div class="tab-content border mt-2">
    <div class="tab-pane fade show active" id="one">
        最新上架面板内容
    </div>
    <div class="tab-pane fade" id="two">
```

```
            独家畅品面板内容
        </div>
        <div class="tab-pane fade" id="three">
            重点推荐面板内容
        </div>
        <div class="tab-pane fade" id="four">
            电子书面板内容
        </div>
        <div class="tab-pane fade" id="five">
            网络文学面板内容
        </div>
    </div>
```

接下来设置图书商品展示内容。内容使用 Bootstrap 网格系统进行布局设计，共设置了 8 列，每列占 1/4 份，所以呈两排显示，给每列添加 border 类样式。在 row 上添加 no-gutters 类来删除网格的默认边距。

最后，在网格的每列中添加图像超链接、标题、价格。以"最新上架"选项卡面板内容为例，实现代码如下：

```
<div class="row no-gutters">
    <div class="col-3 p-3 border">
        <a href="#"><img src="img/book11.jpg" alt="" class="img-fluid"></a>
        <a class="title" href="#">五万年中国简史</a>
        <div class="price">&yen;93.40  <span class="color">&yen;129.8</span></div>
    </div>
    <div class="col-3 p-3 border">
        <a href="#"><img src="img/book12.jpg" alt="" class="img-fluid"></a>
        <a class="title" href="#">星光的速度</a>
        <div class="price">&yen;69.00  <span class="color">&yen;138.00</span></div>
    </div>
    <div class="col-3 p-3 border">
        <a href="#"><img src="img/book13.jpg" alt="" class="img-fluid"></a>
        <a class="title" href="#">法医秦明精选套装全5册</a>
        <div class="price">&yen;91.30  <span class="color">&yen;182.60</span></div>
    </div>
    <div class="col-3 p-3 border">
        <a href="#"><img src="img/book14.jpg" alt="" class="img-fluid"></a>
        <a class="title" href="#">商业的本质和互联网</a>
        <div class="price">&yen;34.50  <span class="color">&yen;69.00</span></div>
    </div>
    <div class="col-3 p-3 border">
        <a href="#"><img src="img/book15.jpg" alt="" class="img-fluid"></a>
```

```html
            <a class="title" href="#">艺术通史:修订升级版</a>
            <div class="price">&yen;132.70  <span class="color">&yen;268.00</span></div>
        </div>
        <div class="col-3 p-3 border">
            <a href="#"><img src="img/book16.jpg" alt="" class="img-fluid"></a>
            <a class="title" href="#">被讨厌的勇气:自我启发</a>
            <div class="price">&yen;27.50  <span class="color">&yen;55.00</span></div>
        </div>
        <div class="col-3 p-3 border">
            <a href="#"><img src="img/book17.jpg" alt="" class="img-fluid"></a>
            <a class="title" href="#">小企鹅去旅行系列</a>
            <div class="price">&yen;39.60  <span class="color">&yen;79.20</span></div>
        </div>
        <div class="col-3 p-3 border">
            <a href="#"><img src="img/book18.jpg" alt="" class="img-fluid"></a>
            <a class="title" href="#">笑猫日记——幸运女神的宠儿</a>
            <div class="price">&yen;8.90  <span class="color">&yen;20.00</span></div>
        </div>
    </div>
```

设计样式，代码如下：

```css
.title{
    font-size:0.8rem;
    color:#495057;
}
.price{
    color:red;
}
.color{
    color:#000;
    text-decoration:line-through;
}
```

第3步：使用JavaScript脚本调用选项卡插件。

```javascript
$(function(){
    $(".nav-item a").on("click",function(e){
        e.preventDefault()
        $(this).tab("show")
    })
})
```

6.13 本章小结

本章介绍 Bootstrap 框架中各 JavaScript 插件的使用，包括警告框、按钮、轮播、模态框、下拉菜单、工具提示、弹窗、滚动监听、选项卡。最后的案例实现了仿当当图书推荐区。

本章习题

一、选择题

1. 在网页中使用警告框插件需要引入的文件不包括（　　）。
   A. jQuery.js　　　B. util.js　　　C. alert.js　　　D. popper.js
2. 给按钮添加（　　）可以切换按钮的 active 状态。
   A. data-toggle="button"　　　　B. data-toggle="active"
   C. class="button"　　　　　　　D. class="active"
3. 用于定义轮播在页面加载时就开始自动播放的代码是（　　）。
   A. class="carousel"　　　　　　B. class="slide"
   C. data-toggle="carousel"　　　D. data-ride="carousel"
4. 下列（　　）类用于轮播在切换时滑动的效果。
   A. show　　　　B. slide　　　　C. open　　　　D. fade in
5. 下列关于折叠插件说法错误的是（　　）。
   A. 给触发元素添加 data-toggle="collapse" 的作用是调用折叠
   B. 一个触发器只能控制一个目标元素的显示或隐藏
   C. 给包含框容器添加 collapse 类可以隐藏内容
   D. 给包含框容器添加 collapsing 类可以实现带动态效果的切换
6. 下列（　　）类可以实现关闭模态框。
   A. data-toggle="modal"　　　　B. data-dismiss="modal"
   C. class="modal"　　　　　　　D. class="moda-dialog"
7. 下列关于工具提供说法错误的是（　　）
   A. Bootstrap 中提供 data 属性来激活工具提示插件
   B. 需要使用 JavaScript 脚本方式来调用
   C. 给禁用元素包裹在一个容器中，可以实现在该容器上触发工具提示。
   D. 使用 data-placement 属性可以设置工具提示的显示方向
8. 使用（　　）属性设置弹窗的内容。
   A. title　　　　B. data-contenet　　　　C. data-placement　　　　D. data-toggle
9. 下列（　　）属性设置滚动条距离顶端的位置距离。

A. data-spy	B. data-toggle	C. data-dismiss	D. data-offset

10. 下列关于选项卡说法错误的是(　　)。

A. 使用 tab-content 类定义每个选项卡内容框。

B. 通常给第一个选项卡面板添加 show 类作用是使初始内容默认可见

C. 添加 data-toggle="tab" 的作用是激活标签页插件

D. 标签页插件需要 tab.js 文件支持

二、简答题

1. 简述轮播插件的实现过程。

2. 简述折叠插件的实现过程。

第 7 章

项目实训——学院网站项目

本章主要使用 Bootstrap 实现一个学校官网的首页制作,实例中涉及的学校武昌学院是由编者虚构出来的,案例内容仅供学习。本章主要内容包括:项目设计概述,页面布局,头部 Logo 与搜素框的制作,导航栏的制作,主体内容的制作及底部链接和版权信息的制作等。

7.1 项目设计概述

本项目是一个响应式的学院网站首页,案例使用 Bootstrap 和 CSS 技术设计整个布局,体现了简单明了、大方美观的风格。主要包括页面布局,头部 Logo 与搜素框的制作,导航的制作,主体内容的制作,版权页的制作等,页面效果如图 7.1 所示。

图 7.1 学校官网首页

7.2 页面布局设计

该页面主要包括 logo 与搜索框，导航条，图片轮播，通知公告，学校新闻，快速通道，专题网站，底部版权信息。下面通过 Bootstrap 框架的 CSS12 栅格系统进行响应式布局。

1. 引入必要文件

在根目录下新建页面、实例文件名 index.html。引入 Bootstrap 框架必要文件，引入文件代码如下：

```
<!--Bootstrap 核心 CSS 文件 -->
<link rel="stylesheet" href="css/bootstrap.min.css">
<!-- jQuery 文件。务必在 bootstrap.min.js 之前引入 -->
<script src="js/jquery.js"></script>
<!--最新的 Bootstrap 核心 JavaScript 文件 -->
<script src="js/bootstrap.min.js"></script>
```

2. 使用 Bootstrap 栅格系统进行布局

```
<div class="container">logo 与站内搜索框</div>
    <div class="navbar navbar-light bg-color">
        <div class="container">导航条</div>
    </div>
    <div class="container">
        <div class="row">
            <div class="col-12">图片新闻轮播</div>
        </div>
        <div class="row">
            <div class="col-12 col-md-4">通知公告列表</div>
            <div class="col-12 col-md-5">学校新闻列表</div>
            <div class="col-12 col-md-3">快速通道列表</div>
        </div>
        <div class="row">
            <div class="col-12">专题网站</div>
        </div>
    </div>
<div class="footer">底部版权信息</div>
```

通过以上两个步骤，完成了武昌学院网站的前台首页布局。首页布局示意图如图 7.2 所示。

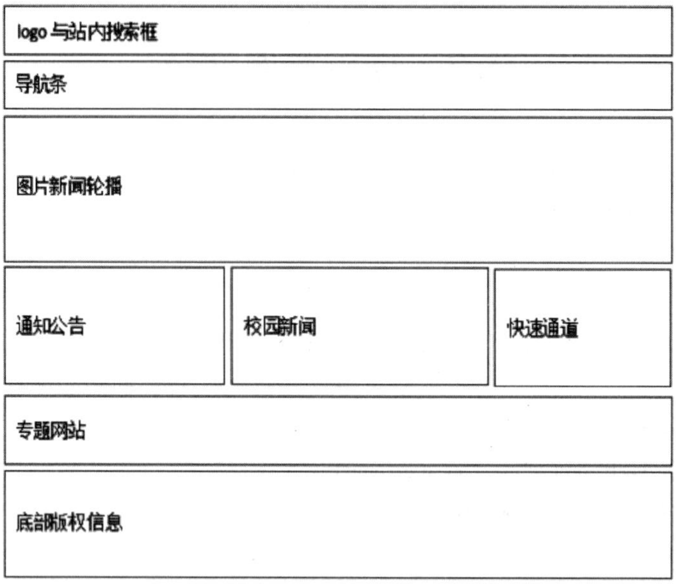

图 7.2　首页布局示意图

7.3　logo 与站内搜索框的制作

　　logo 与站内搜索框这一行分成两部分，左边是学校 logo，右边是站内搜索框。在小屏及以下设备中，logo 占网格系统的 6 份，站内搜索框占网格系统的 6 份。在中屏及以上设备中，logo 占网格系统的 5 份，站内搜索框占网格系统的 7 份。

```
<div class="container">
    <div class="row">
        <!--定义左边响应列,小屏及以下占6格,中屏及以上宽度占5格-->
        <div class="col-6 col-md-5">
            <!--定义 logo 图片-->
            <img src="img/logo.png" class="img-fluid">
        </div>
        <!--定义右边响应列,小屏及以下占6格,中屏及以上宽度占7格-->
        <div class="col-6 col-md-7" style="padding-top:2.5%;">
            <!--定义表单-->
            <form>
                <!--input-group 定义 Bootstrap 输入框组件容器-->
                <div class="input-group">
                    <!--定义一个单行文本输入框-->
                    <input type="text" class="form-control" placeholder="请输入关键字进行站内检索">
```

```
            <!--定义搜索按钮-->
            <div class="input-group-append">
               <button  class="btn btn-color" type="submit">搜索</button>
            </div>
         </div>
      </form>
   </div>
 </div>
</div>
```

整个网站的风格颜色是紫红色,这里自定义了一个按钮样式类 bg-color。自定义样式如下:

```
.btn-color{
  color: #fff;
  background-color: #ab2a84;
  border-color: #ab2a84;
}
.btn-color:hover{
  color: #fff;
  background-color: #ab2a84;
  border-color: #ab2a84;
}
.btn-color:focus, .btn-color.focus{
  color: #fff;
  background-color: #ab2a84;
  border-color: #ab2a84;
  box-shadow: 0 0 0 0.2rem rgba(171, 42, 132, 0.5);
}
.btn-color.disabled, .btn-color:disabled{
  color: #fff;
  background-color: #ab2a84;
  border-color: #ab2a84;
}
.btn-color:not(:disabled):not(.disabled):active, .btn-color:not(:disabled):not(.disabled).active,
.show > .btn-color.dropdown-toggle{
  color: #fff;
  background-color: #ab2a84;
  border-color: #ab2a84;
}
.btn-color:not(:disabled):not(.disabled):active:focus, .btn-color:not(:disabled):not(.disabled).active:focus,
.show > .btn-color.dropdown-toggle:focus{
```

box-shadow: 0 0 0 0.2rem rgba(171, 42, 132, 0.5);
}

效果如图 7.3 所示。

图 7.3　logo 与站内搜索框效果

7.4　导航栏的制作

导航是放在导航栏里的，该实例中导航栏的制作可以分为如下几个步骤：
(1) 基础导航条的制作。
导航条的代码如下：

```
<div class="navbar navbar-expand-md navbar-light bg-color">
  <div class="container">
    <ul class="navbar-nav">
      <li class="nav-item active">
          <a class="nav-link" href="#">首页</a>
      </li>
      <li class="nav-item">
         <a class="nav-link" href="#">学校概况</a>
      </li>
      <li class="nav-item">
         <a class="nav-link" href="#">组织机构</a>
      </li>
      <li class="nav-item">
         <a class="nav-link" href="#">人才培养</a>
      </li>
      <li class="nav-item">
         <a class="nav-link" href="#">学科科研</a>
      </li>
      <li class="nav-item">
         <a class="nav-link" href="#">师资队伍</a>
      </li>
      <li class="nav-item">
         <a class="nav-link" href="#">招生就业</a>
```

```
        </li>
        <li class="nav-item">
          <a class="nav-link" href="#">公共服务</a>
        </li>
        <li class="nav-item">
          <a class="nav-link" href="#">校园生活</a>
        </li>
        <li class="nav-item">
          <a class="nav-link" href="#">国际交流</a>
        </li>
      </ul>
    </div>
</div>
```

这里自定义了一个 bg-color 类，值为#ab2a84。效果如图 7.4 所示。

图 7.4　基础导航条效果

（2）制作二级下拉菜单。

以学校概况为例。二级菜单代码如下：

```
<li class="nav-item dropdown">
  <a class="nav-link" data-toggle="dropdown" href="#">学校概况</a>
  <div class="dropdown-menu">
    <a class="dropdown-item" href="#">学校简介</a>
    <a class="dropdown-item" href="#">历史沿革</a>
    <a class="dropdown-item" href="#">学校领导</a>
    <a class="dropdown-item" href="#">学校章程</a>
    <a class="dropdown-item" href="#">校园风光</a>
  </div>
</li>
```

效果如图 7.5 所示。

图 7.5　二级下拉菜单效果

（3）制作响应式导航。

设计导航栏在中屏及以上设备上完全显示，在小屏幕情况下，导航项内容通过按钮自动显示或隐藏。在此基础上需要完成三个方面的工作。

①在导航栏容器 navbar 上添加 navbar-expand-﹡类。

②在导航中添加一个触发折叠/显示内容的按钮元素。

③在导航栏中添加一个折叠/显示内容的容器。

代码如下：

```html
<nav class="navbar navbar-expand-md navbar-light bg-color">
  <div class="container">
    <button class="navbar-toggler" type="button" data-toggle="collapse" data-target="#menu">
      <span class="navbar-toggler-icon"></span>
    </button>
    <div class="collapse navbar-collapse" id="menu">
      <ul class="navbar-nav">
        <li class="nav-item active">
          <a class="nav-link" href="#">首页</a>
        </li>
        <li class="nav-item dropdown">
          <a class="nav-link" data-toggle="dropdown" href="#">学校概况</a>
          <div class="dropdown-menu">
            <a class="dropdown-item" href="#">学校简介</a>
            <a class="dropdown-item" href="#">历史沿革</a>
            <a class="dropdown-item" href="#">学校领导</a>
            <a class="dropdown-item" href="#">学校章程</a>
            <a class="dropdown-item" href="#">校园风光</a>
          </div>
        </li>
        ……
      </ul>
    </div>
  </div>
</nav>
```

效果如图 7.6 所示。

第7章 项目实训——学院网站项目

图7.6 响应式导航栏效果

7.5 新闻图片轮播的制作

新闻图片轮播框包含三部分内容：指示标签（carousel-indicators）、图文内容框（carousel-inner）、左右控制按钮（carousel-control-prev、carousel-control-next）。代码如下：

```
<div class="col-12" style="margin:20px 0px;">
    <div class="carousel slide" id="myCarousel" data-ride="carousel" data-interval="3000">
        <ol class="carousel-indicators">
            <li data-slide-to="0" data-target="#myCarousel" class="active"></li>
            <li data-slide-to="1" data-target="#myCarousel"></li>
            <li data-slide-to="2" data-target="#myCarousel"></li>
        </ol>
        <div class="carousel-inner">
            <div class="carousel-item active">
                <img alt="" class="d-block w-100" src="img/lunbo/lunbo01.jpg" />
                <div class="carousel-caption">
                    <h5>众志成城、共克时艰、抗击疫情</h5>
                </div>
            </div>
            <div class="carousel-item">
                <img alt="" class="d-block w-100" src="img/lunbo/lunbo02.jpg" />
                <div class="carousel-caption">
```

```
                <h5>欢迎报考</h5>
            </div>
        </div>
        <div class="carousel-item">
            <img alt="" class="d-block w-100" src="img/lunbo/lunbo03.jpg" />
            <div class="carousel-caption">
                <h5>最美校园</h5>
            </div>
        </div>
    </div>
    <a class="carousel-control-prev" data-slide="prev" href="#myCarousel" role="button">
        <span class="carousel-control-prev-icon"></span>
    </a>
    <a class="carousel-control-next" data-slide="next" href="#myCarousel" role="button">
        <span class="carousel-control-next-icon"></span>
    </a>
</div>
```

效果如图7.7所示。

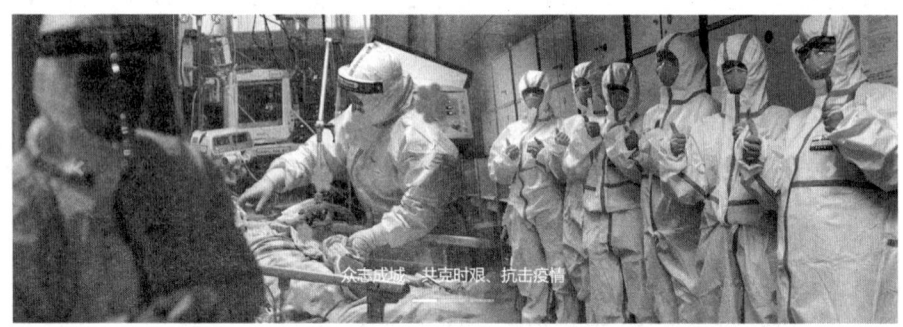

图7.7　新闻图片轮播效果

7.6　通知公告列表和学校新闻列表卡片的制作

通知公告和学校新闻列表使用卡片来实现。以通知公告板块为例进行说明。
通知公告卡片包括两部分内容：标题和列表组。
（1）标题。

```
<h5>
    <a href="#" style="float:right">更多  &gt;</a>
```

图标 通知公告

</h5>

这里的图标是Bootstrap自己开发的图标库，专门为Bootstrap的组件和文档定制开发的。Bootstrap图标库全部是SVG文件，可以轻松快捷地进行缩放，并可以通过CSS设置样式。

Bootstrap图标库可以通过以下几种方式应用在HTML中，Bootstrap图标库默认将width和height设置为1em，也可以通过font-size属性重置图标的大小。

①内嵌。

将图标直接嵌入HTML中，下面以 > 图标为例：

```
<svg class="bi bi-chevron-right" width="32" height="32" viewBox="0 0 20 20" fill="currentColor" xmlns="http://www.w3.org/2000/svg"><path fill-rule="evenodd" d="M6.646 3.646a.5.5 0 01.708 0l6 6a.5.5 0 010 .708l-6 6a.5.5 0 01-.708-.708L12.293 10 6.646 4.354a.5.5 0 010-.708z"/></svg>
```

②Sprite。

利用SVG sprite和<use>元素即可插入任何图标。使用图标的文件名作为片段标识符(fragment identifier。例如toggles就是#toggles)。SVG sprites允许引用类似<img>元素的外部文件，并支持currentColor的功能以便主题化。下面以 ♥ 为例：

```
<svg class="bi" width="32" height="32" fill="currentColor">
    <use xlink:href="bootstrap-icons.svg#heart-fill"/>
</svg>
```

③作为外部图像文件引用。

在官网下载Bootstrap图标库文件，将SVG文件复制到img目录中，并像引用普通图像一样使用<img>元素引入SVG图标。下面以 Ⓑ 为例：

```
<img src="img/bootstrap.svg" alt="" width="32" height="32" title="Bootstrap">
```

(2)列表组。

通知公告列表使用列表组list-group与list-group-flush类来实现。list-group-flush类的作用是去掉列表组的圆角边框。

通知公告卡片具体代码如下：

```
<div class="col-12 col-md-4">
    <div class="card">
        <h5>
            <a href="#" style="float:right">更多 &gt;</a>
            <img src="img/icons/volume-up.svg" alt="" width="20" height="20">
             通知公告
        </h5>
        <hr>
        <div class="list-group list-group-flush">
```

```
            <a class="list-group-item" href="#">计算机学院党委召开主题教育专题民主生活会</a>
            <a class="list-group-item" href="#">计算机学院赴扶贫村开展节前慰问</a>
            <a class="list-group-item" href="#">计算机学院搭建应用型人才培养特色平台</a>
            <a class="list-group-item" href="#">计算机学院党委召开主题教育专题民主生活会</a>
            <a class="list-group-item" href="#">计算机学院赴扶贫村开展节前慰问</a>
            <a class="list-group-item" href="#">计算机学院搭建应用型人才培养特色平台</a>
        </div>
    </div>
</div>
```

学校新闻列表面板：

```
<div class="col-12 col-md-5">
    <div class="card">
        <h5>
            <a href="#" style="float:right">更多  &gt;</a>
            <img src="img/icons/check2-square.svg" alt="" width="20" height="20">
             学校新闻
        </h5>
        <hr>
        <div class="list-group list-group-flush">
            <a class="list-group-item" href="#">诺贝尔奖获得者罗伊·格劳伯教授来我院讲学</a>
            <a class="list-group-item" href="#">学院获评"中国服务外包教育机构最佳实践五强"</a>
            <a class="list-group-item" href="#">我校代表队喜获"第四届中国大学生软件服务外包创新创业大赛"一、二等奖</a>
            <a class="list-group-item" href="#">计算机学院党委召开主题教育专题民主生活会</a>
            <a class="list-group-item" href="#">计算机学院赴扶贫村开展节前慰问</a>
            <a class="list-group-item" href="#">计算机学院搭建应用型人才培养特色平台</a>
        </div>
    </div>
</div>
```

样式的制作：

```
.card{
    border: none;
}
.card h5{
    line-height: 3rem;
}
.card h5 a{
    color: #343a40;
    font-size: 14px;
}
.card h5 a{
```

```css
    color: #ab2a84;
    font-family: garamond;
}
.card hr {
    border: 1px solid #ab2a84;
    margin: 0px;
}
.card .card-body {
    padding: 0.5rem 0px;
}
a.list-group-item {
    color: #343a40;
    border: 0;
    padding-left: 0px;
    white-space: nowrap;
    word-break: keep-all;
    overflow: hidden;
    text-overflow: ellipsis;
    display: block;
}
a.list-group-item:hover {
    text-decoration: none;
}
```

效果如图7.8所示。

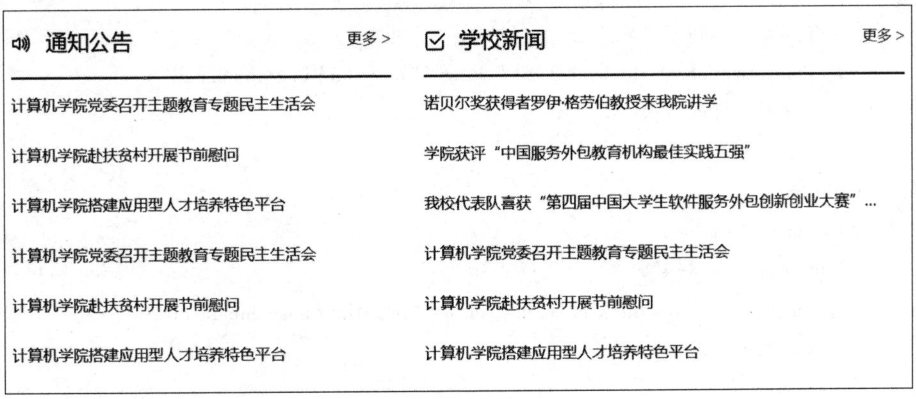

图7.8 通知公告和学校新闻效果

7.7 快速通道的制作

快速通道也是使用卡片组件来实现，包括标题和内容。标题是由 Bootstrap 图标和快速通道文本组成。内容部分使用网格系统布局，形成了 3 行 3 列的布局。每一列由一个图片和一个段落组成。具体代码如下：

```
<div class="col-12 col-md-3">
  <div class="card kstd">
    <h5>
      <img src="img/icons/hand-index.svg" alt="" width="20" height="20">
       快速通道
    </h5>
    <hr>
    <div class="card-body">
      <div class="row">
        <div class="col-4">
          <img src="img/kstd/kstd01.gif" class="img-fluid img-thumbnail">
          <p>办事大厅</p>
        </div>
        <div class="col-4">
          <img src="img/kstd/kstd02.gif" class="img-fluid img-thumbnail">
          <p>文件系统</p>
        </div>
        <div class="col-4 ">
          <img src="img/kstd/kstd03.gif" class="img-fluid img-thumbnail">
          <p>教工邮箱</p>
        </div>
      </div>
      <div class="row">
        <div class="col-4">
          <img src="img/kstd/kstd04.gif" class="img-fluid img-thumbnail">
          <p>教务系统</p>
        </div>
        <div class="col-4">
          <img src="img/kstd/kstd05.gif" class="img-fluid img-thumbnail">
          <p>图书馆</p>
        </div>
        <div class="col-4">
          <img src="img/kstd/kstd06.gif" class="img-fluid img-thumbnail">
```

```html
            <p>人才招聘</p>
        </div>
    </div>
    <div class="row">
        <div class="col-4">
            <img src="img/kstd/kstd04.gif" class="img-fluid img-thumbnail">
            <p>财务管理</p>
        </div>
        <div class="col-4">
            <img src="img/kstd/kstd05.gif" class="img-fluid img-thumbnail">
            <p>科研管理</p>
        </div>
        <div class="col-4">
            <img src="img/kstd/kstd06.gif" class="img-fluid img-thumbnail">
            <p>校友网</p>
        </div>
    </div>
  </div>
</div>
```

鼠标悬停在图片上，图片会上移0.5rem。具体样式的制作如下：

```css
.kstd img{
    transform: translateY(0rem);
    transition: all 1s ease-in-out;
}
.kstd img:hover{
    cursor: pointer;
    transform: translateY(-0.5rem);
}
.kstd p{
    text-align: center;
}
```

快速通道的效果如图7.9所示。鼠标悬停前在图片上的效果如图7.10所示。

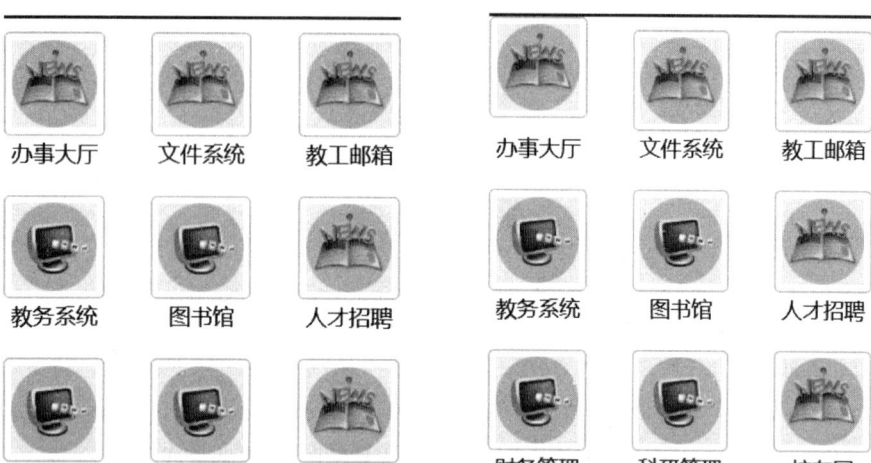

图 7.9 快速通道　　　　图 7.10 鼠标悬停在图片上的效果

7.8 专题网站的制作

专题网站使用卡片来实现，包括标题和内容。标题是由 Bootstrap 图标、快速通道文本、更多超链接组成。内容部分使用网格系统布局，形成了 2 行 4 列的布局。每一列由一个图片超链接和一个段落组成。具体代码如下：

```
<div class="row">
    <div class="col-12">
        <div class="card ztwz">
            <h5>
                <a href="#" style="float:right;">更多  &gt;</a>
                <img src="img/icons/card-heading.svg" alt=""
                    width="20" height="20">
                 专题网站
            </h5>
            <hr>
            <div class="card-body">
                <div class="row">
                    <div class="col-12 col-md-3">
                        <a href="#"><img src="img/ztwz/ztwz01.jpg"></a>
                        <p>"不忘初心、牢记使命"主题教育专题网</p>
                    </div>
```

```html
            <div class="col-12 col-md-3">
                <a href="#"><img src="img/ztwz/ztwz02.jpg"></a>
                <p>新型肺炎防控专题网</p>
            </div>
            <div class="col-12 col-md-3">
                <a href="#"><img src="img/ztwz/ztwz03.jpg"></a>
                <p>本科教学审核评估</p>
            </div>
            <div class="col-12 col-md-3">
                <a href="#"><img src="img/ztwz/ztwz04.jpg"></a>
                <p>干部在线学习中心</p>
            </div>
        </div>
        <div class="row">
            <div class="col-12 col-md-3">
                <a href="#"><img src="img/ztwz/ztwz05.jpg"></a>
                <p>群众路线专题网</p>
            </div>
            <div class="col-12 col-md-3">
                <a href="#"><img src="img/ztwz/ztwz06.jpg"></a>
                <p>学习十九大专题</p>
            </div>
            <div class="col-12 col-md-3">
                <a href="#"><img src="img/ztwz/ztwz07.jpg"></a>
                <p>三严三实专题网</p>
            </div>
            <div class="col-12 col-md-3">
                <a href="#"><img src="img/ztwz/ztwz08.jpg"></a>
                <p>庆祝中华人民共和国成立70周年</p>
            </div>
        </div>
      </div>
    </div>
  </div>
</div>
```

鼠标悬停在图片上，图片会放大。具体样式的制作如下：

```css
.ztwz p {
    text-align: center;
}
.ztwz a img {
```

```
    transition：all 0.5s；
    width：100%；
}
.ztwz a:hover img{
    transform：scale(1.1)；
}
```

专题网站效果如图7.11所示。

专题网站　　　　　　　　　　　　　　　　　　　　　　　　　　　　　　　　　更多

图7.11　专题网站效果

鼠标悬停在图片上的效果如图7.12所示。

专题网站　　　　　　　　　　　　　　　　　　　　　　　　　　　　　　　　　更多

图7.12　鼠标悬停在图片上效果

7.9　底部链接及版权信息的制作

页脚信息分成两部分，分别是底部链接及版权信息。效果如图7.13所示。

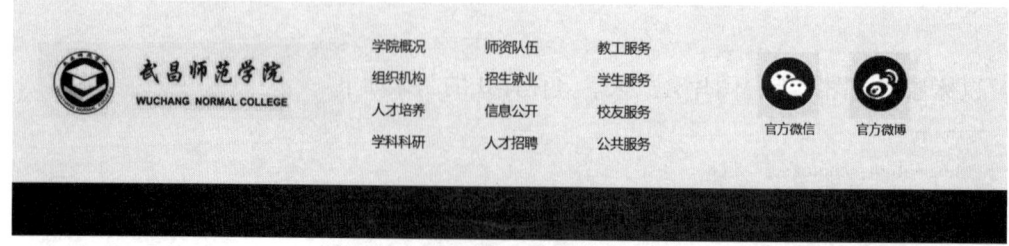

图7.13　底部链接及版权信息效果

布局代码如下:
```html
<div class="footer">
  <!--相关链接-->
  <div class="divLink">
    <div class="container">
      <div class="row">
        相关链接
      </div>
    </div>
  </div>
  <!--地址及版权信息-->
  <div class="divCopyright">
    <div class="container">
      <div class="row">
        相关链接
      </div>
    </div>
  </div>
</div>
```

(1)底部链接包括左、中、右三部分,左边是学校 logo,中间是个学校导航链接,右边是学校微信链接。具体代码如下:
```html
<div class="divLink">
  <div class="container">
    <div class="row">
      <div class="col-12 col-md-4 leftLink">
        <center>
          <img class="img-fluid" src="img/logoBottom.jpg" style="padding-top:16px;">
        </center>
      </div>
      <div class="col-12 col-md-4 centerLink">
        <div class="row">
          <div class="col-4">
            <ul>
              <li><a href="#">学院概况</a></li>
              <li><a href="#">组织机构</a></li>
              <li><a href="#">人才培养</a></li>
              <li><a href="#">学科科研</a></li>
            </ul>
          </div>
          <div class="col-4">
            <ul>
```

```
                <li><a href="#">师资队伍</a></li>
                <li><a href="#">招生就业</a></li>
                <li><a href="#">信息公开</a></li>
                <li><a href="#">人才招聘</a></li>
              </ul>
            </div>
            <div class="col-4">
              <ul>
                <li><a href="#">教工服务</a></li>
                <li><a href="#">学生服务</a></li>
                <li><a href="#">校友服务</a></li>
                <li><a href="#">公共服务</a></li>
              </ul>
            </div>
          </div>
        </div>
        <div class="col-12 col-md-4 rightLink">
          <div class="row">
            <div class="col-3 offset-2">
              <a href="#"><img src="img/weixin.png" /></a>
              <p>官方微信</p>
            </div>
            <div class="col-3">
              <a href="#"><img src="img/weibo.png" /></a>
              <p>官方微博</p>
            </div>
          </div>
        </div>
      </div>
    </div>
</div>
```

(2) 地址及版权信息代码代码如下：

```
<div class="divCopyright">
  <div class="container">
    <div class="row">
      <div class="col-12">
        <center>地址:湖北省武汉市 XX 区 XX 街道 XX 号  | 版权所有:武昌师范学院</center>
      </div>
    </div>
  </div>
</div>
```

</div>
样式的制作代码如下：
```css
.footer .divLink{
    padding:30px 0px;
    background-color:#f6f6f6;
}
.footer .row a{
    color:#333;
    font:15px "microsoft yahei";
}
.centerLink ul{
    list-style:none;
    margin:0px;
    padding:0px;
}
.centerLink ul li{
    line-height:2.5;
}
.rightLink{
    padding:20px 0px 0px 0px;
}
.rightLink p{
    text-align:center;
}
.divCopyright{
    background-color:#ab2a84;
    padding:20px 0px;
    text-align:center;
}
.divCopyright center{
    color:#333;
    font:15px "microsoft yahei";
}
```

参考文献

[1] 贺臣,陈鹏. Bootstrap 基础教程. 北京:电子工业出版社,2016.
[2] 杨旺功. Bootstrap Web 设计与开发实战. 北京:清华大学出版社,2017.
[3] 未来科技. Bootstrap 实战从入门到精通. 北京:中国水利水电出版社,2017.
[4] 赵丙秀,张松慧. Bootstrap 基础教程. 北京:人民邮电出版社,2018.
[5] 李爱玲. Bootstrap 从入门到项目实战. 北京:清华大学出版社,2019.
[6] [荷兰]巴斯·乔布森(Bass Jobsen),[美]戴维·科克伦(David Cochran),[美]伊恩·惠特利(Ian Whitley). Bootstrap 实战. 2 版. 邵钏,李松峰,译. 北京:人民邮电出版社,2019.